DEIN COACH ZUM ERFOLG!

Dein ActiveBook auf MySTARK:

Du kannst auf alle digitalen Inhalte zu diesem Band online zugreifen. Registriere dich dazu unter **www.stark-verlag.de/mystark** mit deinem **persönlichen Zugangscode:**

C09600-000705

Die Inhalte dieser Auflage stehen bis Schuljahresende zur Verfügung.

MySTARK

Das ActiveBook *bietet dir:*

- Viele zusätzliche interaktive Übungsaufgaben zu allen prüfungsrelevanten Kompetenzbereichen
- Sofortiges Feedback und Auswertung der Ergebnisse
- Interaktive Lösungen: in kleinen Schritten zum Ergebnis
- Vorgerechnete Beispiele als weitere Hilfe

DEIN COACH ZUM ERFOLG!

So kannst du interaktiv lernen:

Interaktive Aufgaben

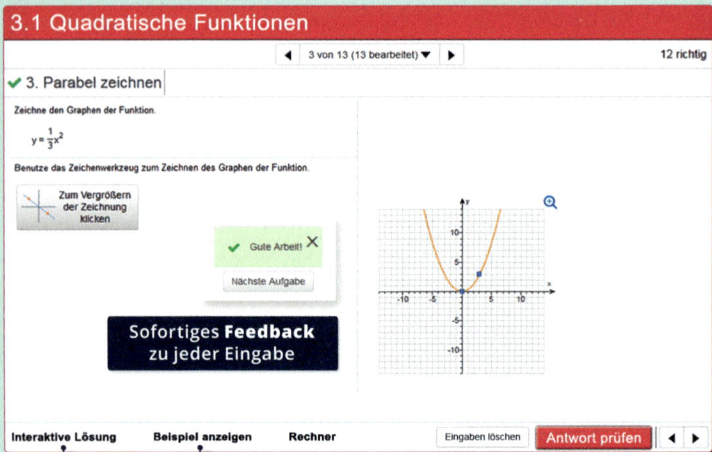

Interaktive Lösung mit kleinschrittiger Anleitung zu jeder Aufgabe

Vorgerechnetes **Beispiel** zu jeder Aufgabe

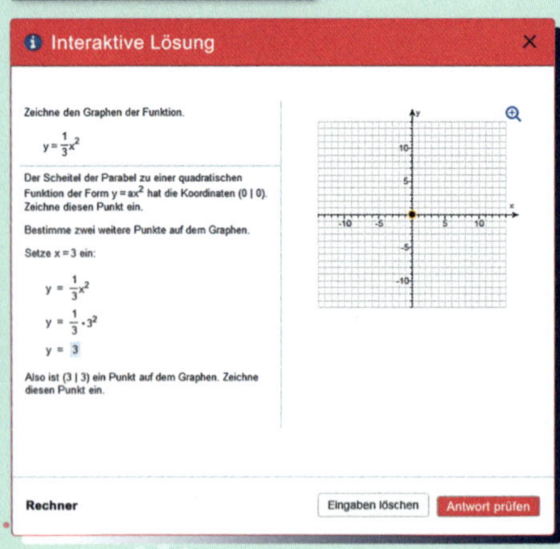

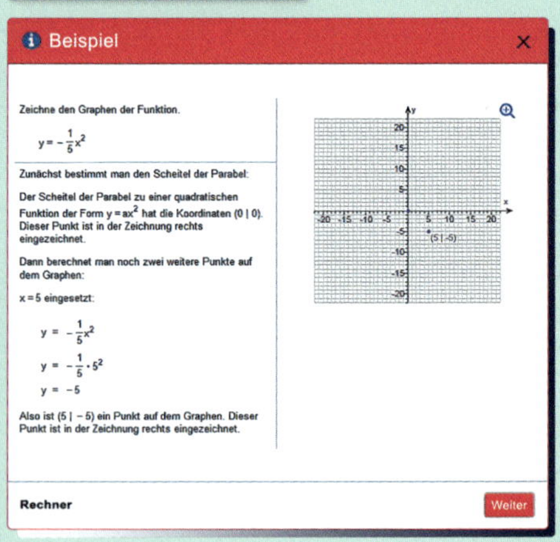

Systemvoraussetzungen:

- Mindestens 1024×768 Pixel Bildschirmauflösung
- Chrome, Firefox oder ähnlicher Webbrowser
- Internetzugang

2023

Wirtschaftsschule

Original-Prüfungsaufgaben mit Lösungen

Bayern

Mathematik

STARK

25. ergänzte Auflage
www.stark-verlag.de

Inhalt

Sobald die Original-Prüfungsaufgaben 2022 freigegeben sind, kannst du sie als PDF auf der Plattform MyStark herunterladen (Zugangscode vgl. Farbseiten vorne im Buch).

PDF-Download

Autorin und Autor:

Musterprüfung und Lösungen der offiziellen Musterprüfung: Johann Müller

Offizielle Musterprüfung: Bayerisches Staatsministerium für Bildung und Kultus, Wissenschaft und Kunst

Lösungen der Abschlussprüfungen: Johann Müller (2017–2021)

PDF-Download: Lösungen der Abschlussprüfungen: Edith Rullert (2002–2005); Redaktion (2006–2009); Johann Müller (2010–2016 und 2022)

Digitale Zusätze

ActiveBook Interaktives Training

Dein Coach zum Erfolg: Mit dem **interaktiven Training** kannst du online mit vielen zusätzlichen interaktiven Aufgaben zu allen prüfungsrelevanten Kompetenzbereichen trainieren. Am besten gleich ausprobieren!

Ausführliche Infos inkl. Zugangscode findest du auf den **Farbseiten** vorne in diesem Buch.

Zu den folgenden Themen bietet dir das Buch **Lernvideos** und **GeoGebra-Anwendungen**:

- Dreisatz
- lineare Funktionen
- verschobene Normalparabel
- gestreckte und gestauchte Parabel
- Strahlensätze
- Diagramme in Mathe
- Baumdiagramm
- Exponentialfunktionen

Mit einem **Smartphone / Tablet** kannst du den abgebildeten **QR-Code** scannen und so die Lernvideos starten.

Am **PC** kannst du dir die Lernvideos von der Plattform **MyStark** herunterladen oder über folgenden Link öffnen:

http://qrcode.stark-verlag.de/91501_lernvideos

Um dir die **Prüfung 2022** schnellstmöglich zur Verfügung stellen zu können, bringen wir sie in digitaler Form heraus. Auf die **PDF-Dateien** mit den **Abschlussprüfungen 2002 bis 2016** sowie **2022** kannst du ebenfalls über die Plattform **MyStark** zugreifen.

Hinweise

Liebe Schülerin, lieber Schüler,

mit dem vorliegenden Buch kannst du dich bestmöglich auf die **Abschlussprüfung** im Fach **Mathematik** vorbereiten. Seit dem Schuljahr 2017/2018 findet die Prüfung nach einem neuen Lehrplan statt. Um dir dafür eine optimale Vorbereitung zu ermöglichen, beinhaltet das Buch neben der vom Bayerisches Staatsministerium für Bildung und Kultus, Wissenschaft und Kunst veröffentlichten **offiziellen Musterprüfung** noch eine weitere **Musterprüfung** im Stil der neuen Prüfung. Außerdem enthält das Buch die **Original-Abschlussprüfungen** der Jahrgänge 2017–2021. Die **Original-Abschlussprüfungsaufgaben** der Jahrgänge 2002–2016 sowie des Jahrgangs 2022 (nach der Freigabe zur Veröffentlichung) sind als PDF-Download verfügbar (siehe Zugangscode auf den Farbseiten vorne im Buch).

Die Abschlussprüfung wird zentral vom Kultusministerium für alle bayerischen Wirtschaftsschulen gestellt. Sie wird in zwei Teile gegliedert:

- ***Prüfungsteil A:*** Aufgabenteil ohne Taschenrechner

  Teil A besteht aus kurzen kompetenzorientierten Aufgaben aus verschiedenen Themengebieten. Teil A ist für alle Schülerinnen und Schüler verpflichtend und muss in 20 Minuten ohne Taschenrechner gelöst werden. Einziges Hilfsmittel ist die zugelassene Merkhilfe.

- ***Prüfungsteil B:*** Aufgabenteil mit allen zugelassenen Hilfsmitteln

  Teil B besteht aus Pflicht- und Wahlaufgaben aus den folgenden fünf Bereichen:

  Pflichtaufgaben:
  1. Aufgabe: Finanzmathematik
  2. Aufgabe: Funktionaler Zusammenhang

  Wahlaufgaben:
  3. Aufgabe: Trigonometrie
  4. Aufgabe: Daten und Zufall
  5. Aufgabe: Figuren- und Raumgeometrie

  Die Pflichtaufgaben (Aufgaben 1 und 2) sind jedes Jahr Teil der Prüfung. Von den drei Wahlaufgaben (Aufgaben 3 bis 5) wählt ein Mitglied des Prüfungsausschusses (in der Regel Fachlehrkraft) zwei Aufgaben zur Bearbeitung aus. Somit müssen vier dieser fünf Aufgaben gelöst werden. Dafür stehen 130 Minuten zur Verfügung. Zugelassene Hilfsmittel sind ein elektronischer, nicht programmierbarer Taschenrechner, die zugelassene Merkhilfe sowie bekannt gegebene Ergänzungen.

Zusammenfassung:
Arbeitszeit:
Teil A: 20 Minuten
Teil B: 130 Minuten
insgesamt: 150 Minuten

Zugelassene Hilfsmittel:
elektronischer, nicht programmierbarer Taschenrechner, zugelassene Merkhilfe sowie die bekannt gegebenen Ergänzungen.
Achtung: Teil A muss ohne Taschenrechner gelöst werden!

Zusätzlicher Hinweis:
Mit dem neuen Lehrplan haben sich u. a. die Notationen für Geraden- und Streckenbezeichnungen geändert. In diesem Buch werden in jeder Abschlussprüfung die Notationen verwendet, die in dem entsprechenden Prüfungsjahr gegolten haben.

Informationen zur alten Prüfung:
Die alte Abschlussprüfung bestand aus sieben vorgegeben Aufgaben, von denen fünf bearbeitet werden mussten, und die aus folgenden Bereichen stammten:

1. Aufgabe: Finanzmathematik 2. Aufgabe: Folgen und Reihen 3. Aufgabe: Trigonometrie/Geometrie	Pflichtaufgaben
4. Aufgabe: Stochastik 5. Aufgabe: Funktionen 6. Aufgabe: Körperberechnung 7. Aufgabe: Potenz-, Exponential- und Logarithmusfunktion und Gleichungen 8. Aufgabe: Aufgaben mit verschiedenen Themenbezügen	Wahlaufgaben

Die Aufgaben 1 bis 3 waren Pflichtaufgaben und damit jedes Jahr Teil der Prüfung. Die Aufgaben 4 bis 8 waren Wahlaufgaben, wobei in jeder Prüfung von den Aufgaben 5 bis 8 nur drei Aufgaben angeboten wurden. Von diesen (mit Aufgabe 4) insgesamt vier angebotenen Wahlaufgaben wurden zwei Aufgaben durch ein Mitglied des Prüfungsausschusses (in der Regel Fachlehrkraft) zur Bearbeitung ausgewählt.

Arbeitszeit: 180 Minuten
Zugelassene Hilfsmittel: elektronischer, nicht programmierbarer Taschenrechner, zugelassene Formelsammlung sowie die bekannt gegebenen Ergänzungen.

Zu allen Aufgaben gibt es in diesem Buch **ausführliche Lösungen**, bei denen besonders auf kleinschrittige und damit leicht nachvollziehbare Rechenwege Wert gelegt wurde. Die im Buch abgedruckte **Merkhilfe** entspricht der zugelassenen Merkhilfe, die du in der Prüfung verwenden darfst. Um das Üben bestimmter Aufgabentypen bzw. Themen zu erleichtern, wurde ein **Stichwortverzeichnis** angelegt, das ein gezieltes Auffinden bestimmter Aufgaben ermöglicht. (Teil)Aufgaben, die ab dem Schuljahr 2017/2018 **nicht mehr prüfungsrelevant** sind, sind im PDF-Download, im Buch sowie im Stichwortverzeichnis **mit einem Sternchen * markiert**.

Sollten nach Erscheinen dieses Bandes noch wichtige Änderungen in der Prüfung vom Kultusministerium bekannt gegeben werden, findest du aktuelle Informationen dazu ebenfalls auf der **Plattform MyStark** unter: **www.stark-verlag.de/mystark**

Mit den besten Wünschen für die Prüfung!

Zugelassene Merkhilfe

Algebra

1. Prozent- und Zinsrechnung

$PW = \frac{GW \cdot p}{100}$ $\qquad Z = \frac{K \cdot p \cdot t}{100 \cdot 360}$

2. Binomische Formeln

$(a+b)^2 = a^2 + 2ab + b^2$ $\qquad (a-b)^2 = a^2 - 2ab + b^2$ $\qquad (a+b) \cdot (a-b) = a^2 - b^2$

3. Potenzen (mit a, b ≠ 0)

$a^0 = 1$

$a^m \cdot a^n = a^{m+n}$

$a^m : a^n = a^{m-n}$

$a^{-n} = \frac{1}{a^n}$

$(a^m)^n = a^{m \cdot n}$

$a^m \cdot b^m = (a \cdot b)^m$

$a^m : b^m = (a : b)^m$

4. Wurzeln (mit a, b > 0)

$\sqrt{a} \cdot \sqrt{b} = \sqrt{a \cdot b}$

$\sqrt{a} : \sqrt{b} = \sqrt{a : b}$

$\sqrt[n]{a} = a^{\frac{1}{n}}$

$\sqrt[n]{a^m} = a^{\frac{m}{n}}$

5. Logarithmus (mit a, b > 0 und a ≠ 1)

$a^x = b \Leftrightarrow x = \log_a b$ $\qquad \log_a u^n = n \cdot \log_a u$ $\qquad \lg u^n = n \cdot \lg u$

Funktionen

6. Lineare Funktionen

Normalform

$g: y = m \cdot x + t$

Zweipunkteform

$\frac{y - y_1}{x - x_1} = \frac{y_2 - y_1}{x_2 - x_1}$

Steigung

$m = \frac{y_2 - y_1}{x_2 - x_1}$

$m = \tan\alpha$

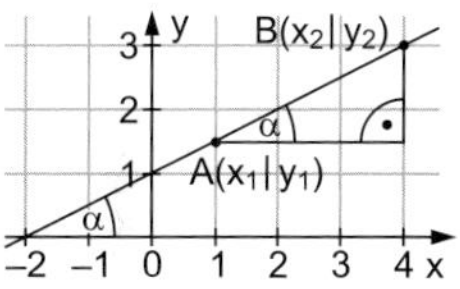

7. Quadratische Gleichungen und Funktionen (mit a ≠ 0)

allgemeine Gleichung

$a \cdot x^2 + b \cdot x + c = 0$

allgemeine Form

$p: y = a \cdot x^2 + b \cdot x + c$

Lösungsformel

$x_{1/2} = \frac{-b \pm \sqrt{b^2 - 4 \cdot a \cdot c}}{2 \cdot a}$

Scheitelform

$p: y = a \cdot (x - x_S)^2 + y_S$

Scheitelpunktkoordinaten

$S(x_S \mid y_S) = S\left(-\frac{b}{2 \cdot a} \;\middle|\; c - \frac{b^2}{4 \cdot a}\right)$

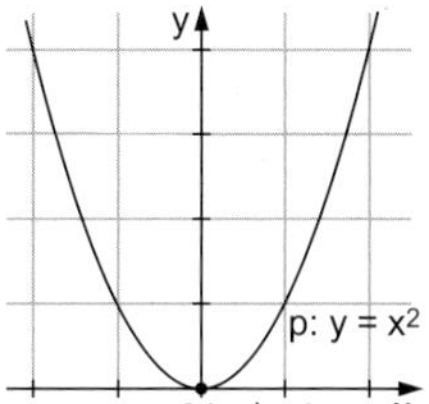

8. Exponentialfunktion

$y = b \cdot a^x$ mit $a, b \in \mathbb{R}^+$

Figurengeometrie

9. Berechnungen im Dreieck

allgemeines Dreieck

$$A = \frac{\text{Grundlinie} \cdot \text{Höhe}}{2}$$

$$A = \frac{g \cdot h}{2}$$

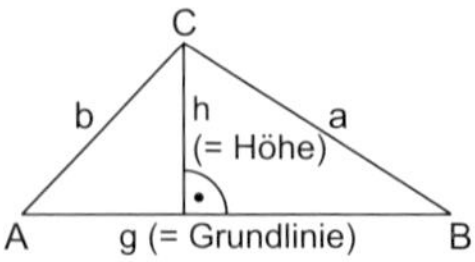

gleichseitiges Dreieck

$$A = \frac{a^2}{4} \cdot \sqrt{3}$$

$$h = \frac{a}{2} \cdot \sqrt{3}$$

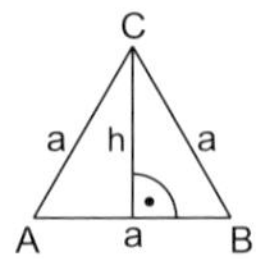

rechtwinkliges Dreieck – Satz des Pythagoras

$$A = \frac{a \cdot b}{2}$$

$$c^2 = a^2 + b^2$$

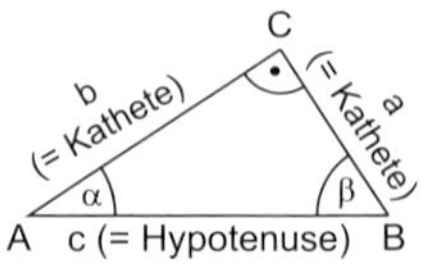

10. Berechnungen im Viereck

Quadrat

$$u = 4 \cdot a$$

$$A = a^2$$

$$e = f = a\sqrt{2}$$

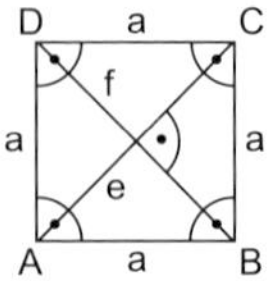

Rechteck

$$u = 2 \cdot (a + b)$$

$$A = a \cdot b$$

$$e = f = \sqrt{a^2 + b^2}$$

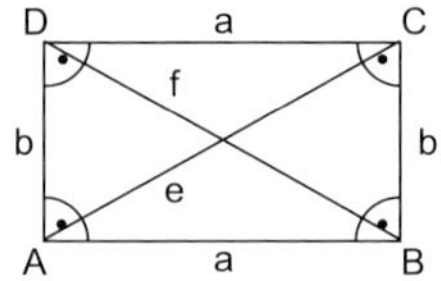

Raute

$$u = 4 \cdot a$$

$$A = a \cdot h_a = \frac{e \cdot f}{2}$$

$$a = \frac{\sqrt{e^2 + f^2}}{2}$$

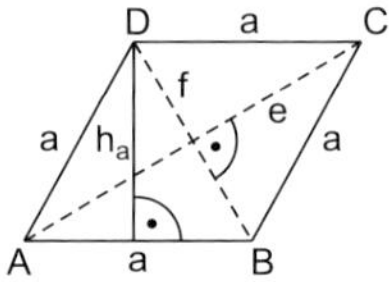

Parallelogramm

$$u = 2 \cdot (a + b)$$

$$A = a \cdot h_a$$

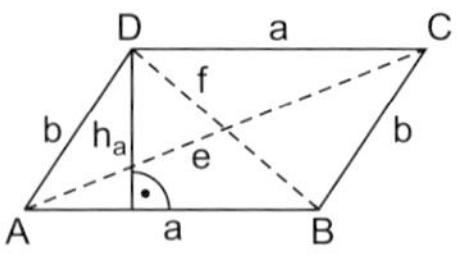

allgemeines Trapez

$$u = a + b + c + d$$

$$A = m \cdot h_a = \frac{a + c}{2} \cdot h_a$$

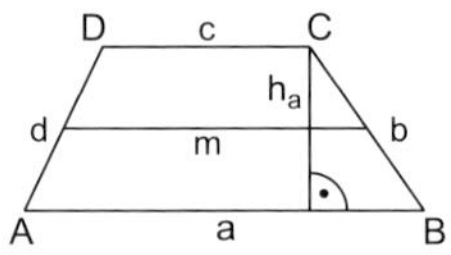

11. Berechnungen am Kreis

$$u = 2 \cdot r \cdot \pi$$

$$A = r^2 \cdot \pi$$

12. Strahlensätze

1. Strahlensatz

$$\frac{|\overline{ZA}|}{|\overline{ZA'}|} = \frac{|\overline{ZB}|}{|\overline{ZB'}|}$$

$$\frac{|\overline{ZA}|}{|\overline{AA'}|} = \frac{|\overline{ZB}|}{|\overline{BB'}|}$$

2. Strahlensatz

$$\frac{|\overline{AB}|}{|\overline{A'B'}|} = \frac{|\overline{ZA}|}{|\overline{ZA'}|} = \frac{|\overline{ZB}|}{|\overline{ZB'}|}$$

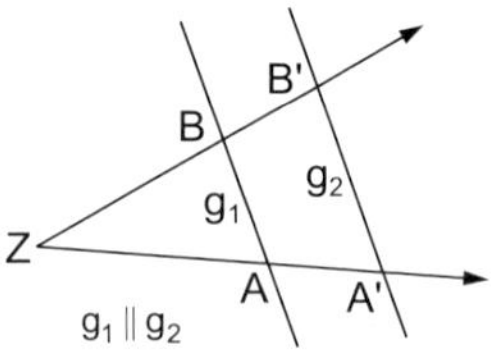

13. Prismen

Würfel

$O = 6 \cdot a^2$

$V = a^3$

$e = a\sqrt{2}$

$d = a\sqrt{3}$

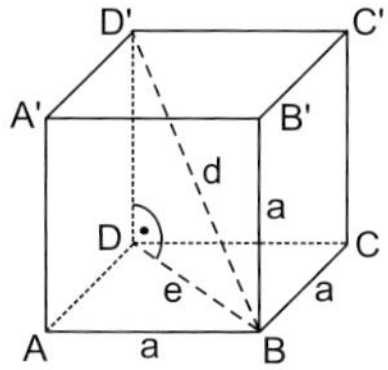

Quader

$O = 2 \cdot (a \cdot b + b \cdot h + a \cdot h)$

$V = G \cdot h = a \cdot b \cdot h$

$e = \sqrt{a^2 + b^2}$

$d = \sqrt{a^2 + b^2 + h^2}$

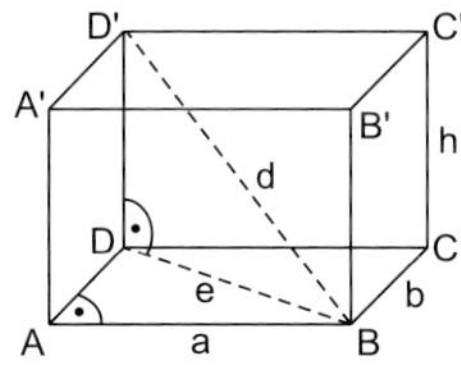

Dreiseitiges Prisma

$O = 2 \cdot G + M$

$O = c \cdot h_c + h \cdot (a + b + c)$

$V = G \cdot h = \frac{1}{2} \cdot c \cdot h_c \cdot h$

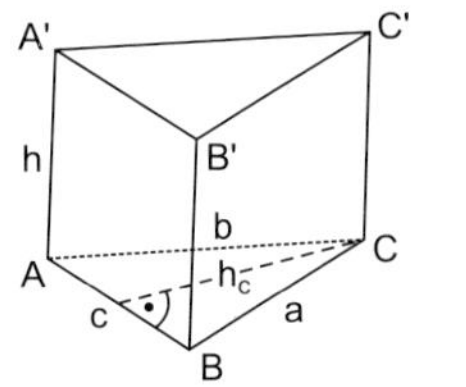

14. Gerader Kreiszylinder

$G = r^2 \cdot \pi$

$M = u \cdot h = 2 \cdot r \cdot \pi \cdot h$

$O = 2 \cdot G + M$

$V = G \cdot h = r^2 \cdot \pi \cdot h$

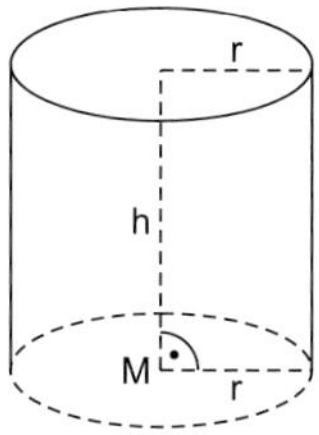

15. Gerade quadratische Pyramide

$G = a^2$

$M = 4 \cdot A_\Delta = 4 \cdot \frac{h_s \cdot a}{2}$

$O = G + M$

$V = \frac{1}{3} \cdot G \cdot h = \frac{1}{3} \cdot a^2 \cdot h$

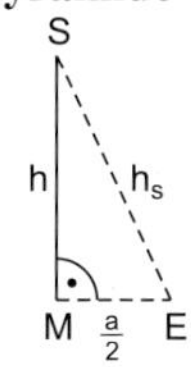

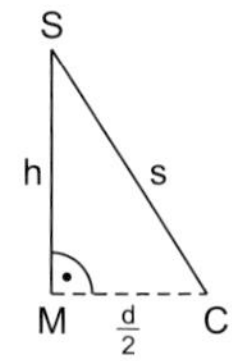

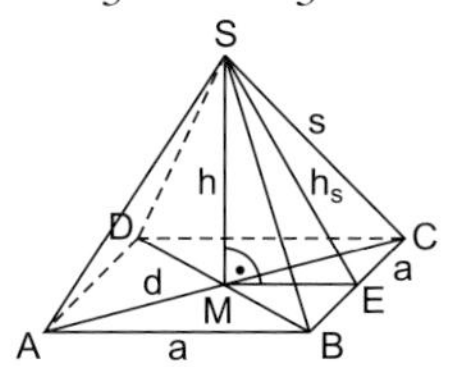

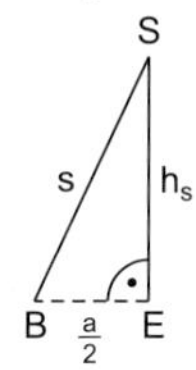

16. Gerader Kreiskegel

$G = r^2 \cdot \pi$

$M = r \cdot s \cdot \pi$

$O = G + M$

$V = \frac{1}{3} \cdot G \cdot h = \frac{1}{3} \cdot r^2 \cdot \pi \cdot h$

$s = \sqrt{r^2 + h^2}$

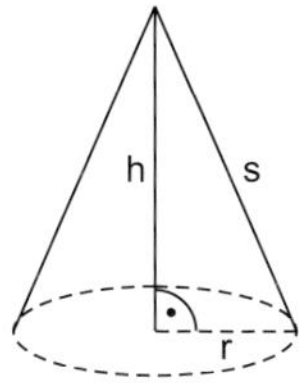

17. Kugel

$O = 4 \cdot r^2 \cdot \pi$

$V = \frac{4}{3} \cdot r^3 \cdot \pi$

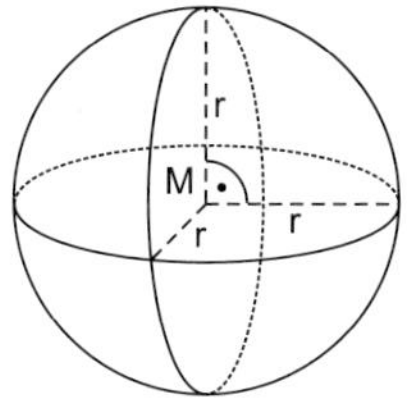

18. Berechnungen an rechtwinkligen Dreiecken

$$\sin\alpha = \frac{\text{Gegenkathete (a)}}{\text{Hypotenuse (c)}}$$

$$\cos\alpha = \frac{\text{Ankathete (b)}}{\text{Hypotenuse (c)}}$$

$$\tan\alpha = \frac{\text{Gegenkathete (a)}}{\text{Ankathete (b)}}$$

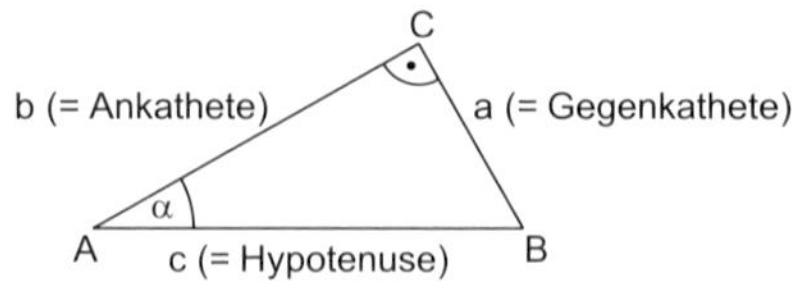

19. Berechnung der Steigung (des Gefälles)

$$\tan\varphi = \frac{\text{Höhenunterschied (h)}}{\text{horizontale Entfernung (e)}}$$

Steigung (Gefälle) in Prozent =
$\tan\varphi \cdot 100$

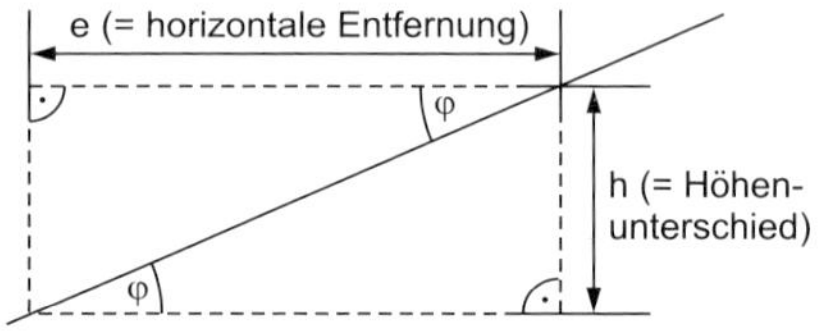

20. Berechnungen an allgemeinen Dreiecken

Sinussatz

$$\frac{a}{\sin\alpha} = \frac{b}{\sin\beta} = \frac{c}{\sin\gamma}$$

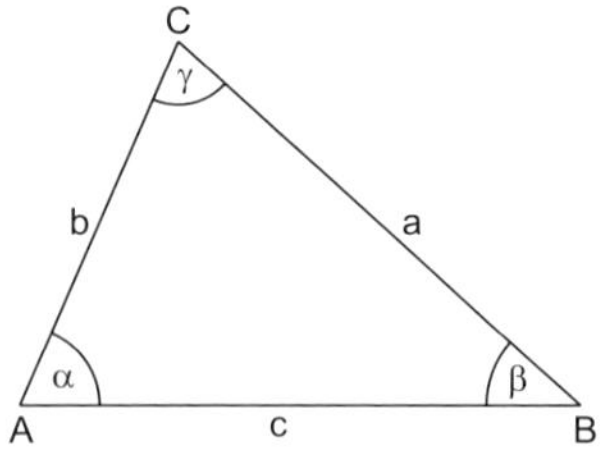

Flächensatz für die Dreiecksfläche

$$A_\Delta = \frac{1}{2} \cdot a \cdot b \cdot \sin\gamma$$

$$A_\Delta = \frac{1}{2} \cdot a \cdot c \cdot \sin\beta$$

$$A_\Delta = \frac{1}{2} \cdot b \cdot c \cdot \sin\alpha$$

Kosinussatz

$$a^2 = b^2 + c^2 - 2 \cdot b \cdot c \cdot \cos\alpha$$

$$b^2 = a^2 + c^2 - 2 \cdot a \cdot c \cdot \cos\beta$$

$$c^2 = a^2 + b^2 - 2 \cdot a \cdot b \cdot \cos\gamma$$

$$\cos\alpha = \frac{b^2 + c^2 - a^2}{2 \cdot b \cdot c}$$

$$\cos\beta = \frac{a^2 + c^2 - b^2}{2 \cdot a \cdot c}$$

$$\cos\gamma = \frac{a^2 + b^2 - c^2}{2 \cdot a \cdot b}$$

21. Zinseszinsrechnung

Zinseszinsformel	Zinsfaktor
$K_n = K_0 \cdot q^n$	$q = 1 + \frac{p}{100}$

22. Rentenrechnung

Rentenformeln

	nachschüssig	*vorschüssig*
Endwert	$K_n = r \cdot \frac{q^n - 1}{q - 1}$	$K'_n = r \cdot q \cdot \frac{q^n - 1}{q - 1}$

kombinierte Zinseszins-/ Rentenformeln

	nachschüssig	*vorschüssig*
Kapitalmehrung	$K_n = K_0 \cdot q^n + r \cdot \frac{q^n - 1}{q - 1}$	$K'_n = K_0 \cdot q^n + r \cdot q \cdot \frac{q^n - 1}{q - 1}$
Kapitalminderung	$K_n = K_0 \cdot q^n - r \cdot \frac{q^n - 1}{q - 1}$	$K'_n = K_0 \cdot q^n - r \cdot q \cdot \frac{q^n - 1}{q - 1}$

23. Tilgungsrechnung

	Ratentilgung	**Annuitätentilgung**
Tilgungsraten	$T = \frac{K_0}{n}$	$T_1 = \frac{K_0 \cdot (q-1)}{q^n - 1}$ $T_v = T_1 \cdot q^{v-1}$ $T_n = T_1 \cdot q^{n-1}$
Zinsen	$Z_v = T \cdot (q-1) \cdot (n - v + 1)$	$Z_v = \frac{K_0 \cdot (q-1) \cdot (q^n - q^{v-1})}{q^n - 1}$
Annuität = Zinsen + Tilgung	$A_n = T \cdot q$ $A_v = T \cdot (q-1) \cdot (n - v + 1) + T$	$A = T_1 \cdot q^n$ $A = \frac{K_0 \cdot q^n \cdot (q-1)}{q^n - 1}$
Restschuld (am Ende des v-ten Jahres)	$K_v = T \cdot (n - v)$	$K_v = K_0 \cdot q^v - \frac{A \cdot (q^v - 1)}{q - 1}$

24. Grundlagen

Grundgesamtheit n

Anzahl n aller erfassten Daten

Absolute Häufigkeit H

Anzahl H der Merkmalsträger aus der Grundgesamtheit

Relative Häufigkeit h

$$h = \frac{\text{Absolute Häufigkeit H}}{\text{Grundgesamtheit n}}$$

Laplace-Wahrscheinlichkeit

$$P(E) = \frac{\text{Anzahl der Ergebnisse, bei denen das Ereignis E eintritt}}{\text{Anzahl aller möglichen Ergebnisse}}$$

Pfadregeln (am Beispiel eines dreistufigen Zufallsexperiments):

Es gilt: $p_1 + p_2 = 1$

$p_3 + p_4 = 1$

$p_5 + p_6 = 1$

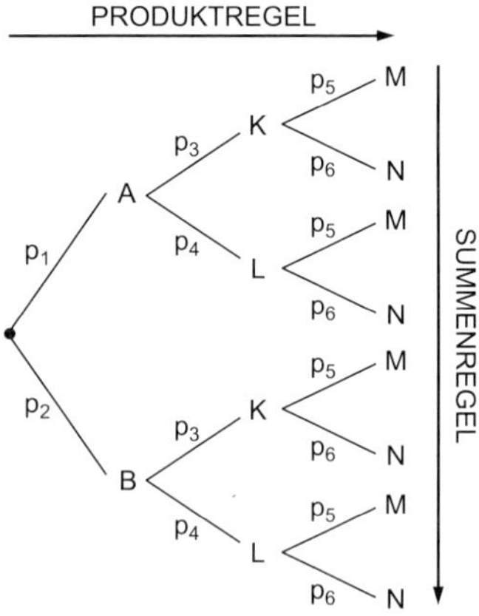

1. Pfadregel (Produktregel):

Beispiel:

$P(\{AKM\}) = p_1 \cdot p_3 \cdot p_5$

2. Pfadregel (Summenregel):

Beispiel:

$P(\{ALM; BKN\}) = p_1 \cdot p_4 \cdot p_5 + p_2 \cdot p_3 \cdot p_6$

25. Statistische Kenngrößen

arithmetisches Mittel $\overline{x}$

$$\overline{x} = \frac{x_1 + x_2 + \ldots + x_n}{n}$$

Modalwert x_{mod}

häufigster Wert

Spannweite R

$R = x_{max} - x_{min}$

Median x_{med}

Zentralwert der Rangliste

Stichwortverzeichnis

Hinter dem jeweiligen Stichwort stehen die Musterprüfung (MP), die offizielle Musterprüfung (OMP) und die Jahrgänge (z. B. 21) jeweils mit den zutreffenden Aufgaben. Den Jahrgang 2022 findest du unter www.stark-verlag.de/mystark.
In den Jahrgängen 2021 und 2022 gibt es Corona-bedingt im Prüfungsteil A die Wahlblöcke W1, W2, W3.
*Achtung: Die mit einem Sternchen * markierten Stichworte sind ab dem Schuljahr 2017/2018 nicht mehr prüfungsrelevant.*

Musterprüfung an drei- und vierstufigen Wirtschaftsschulen
Mathematik – Aufgabenteil A

Aufgaben ohne Benutzung des Taschenrechners

1. Betrachten Sie die nebenstehende Zeichnung. Welche Gleichung stimmt und gibt einen richtigen Zusammenhang für die Figur wieder? 1

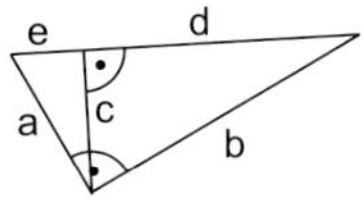

A	B	C	D	Lösung
$a^2 + b^2 = c^2$	$a^2 + b^2 = d^2$	$c^2 = b^2 - d^2$	$b^2 = d^2 - c^2$	

2. Die Bruchzahl $\frac{1}{5}$ ist gleichwertig mit … 1

A	B	C	D	Lösung
0,15	$\frac{5}{10}$	2,5 %	0,20	

3. Betrachten Sie das nebenstehende Dreieck ABC. Welche Aussage stimmt und gibt einen richtigen Zusammenhang für die Figur wieder? 1

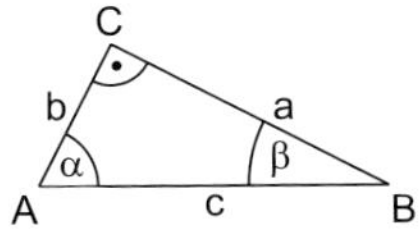

A	B	C	D	Lösung
$\cos\alpha = \frac{a}{c}$	$\sin\alpha = \frac{a}{c}$	$\cos\beta = \frac{b}{c}$	$\tan\beta = \frac{a}{b}$	

4. Die beiden Geraden g: $y = 4x - 4$ und h: $y = 4x + 4$ … 1

A	B	C	D	Lösung
haben einen Schnittpunkt bei (1 | 0).	haben einen Schnittpunkt bei (0 | 4).	haben die gleichen y-Achsenabschnitte.	sind parallel.	

5. Ein Würfel hat das Volumen 125 cm^3.
Berechnen Sie seine Oberfläche. 2

6. Geben Sie die Lösungsmenge folgender Gleichung an: $x^2 + 2x - 1{,}5 = 2x + 7{,}5$ 3

7. In der nebenstehenden Skizze sind die Strecken mit den Längen 5 cm und 10 cm parallel zueinander. Bestimmen Sie die Länge x. 3

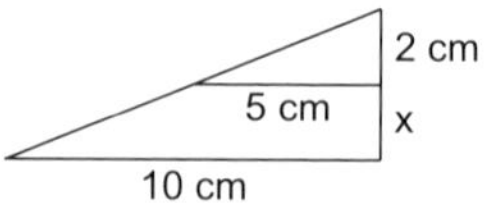

8. Leo hat die letzte Ziffer seiner Handy-PIN vergessen und muss nun raten. Berechnen Sie die Wahrscheinlichkeit dafür, dass Leo zweimal falsch rät. 1

9. Welches der folgenden Zufallsexperimente passt zum Baumdiagramm? Kreuzen Sie an und begründen Sie anschließend Ihre Meinung. 2

☐ zweimaliges Werfen einer 2 mit einem normalen Würfel

☐ zweimaliges Werfen einer Münze

☐ zweimaliges Ziehen mit Zurücklegen aus einer Urne mit 2 schwarzen und 2 weißen Kugeln

☐ zweimaliges Drehen eines Glücksrades mit 1 roten und 3 grünen gleich großen Feldern

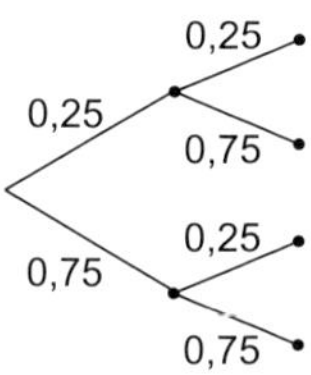

Begründung:

15

Musterprüfung an drei- und vierstufigen Wirtschaftsschulen
Mathematik – Aufgabenteil B

Aufgabe 1 – Finanzmathematik

Frau Gruber erhält von ihrer Versicherungsgesellschaft folgenden Brief:

München, 01. Juli 2018

Sehr geehrte Frau Gruber,

wir freuen uns, Ihnen mitteilen zu können, dass Ihre Lebensversicherung Nr. 0815/4711/1860 über 150.000,00 € zum 01. 01. 2019 fällig wird.

Obwohl bis dahin noch Zeit ist, sollten Sie sich schon frühzeitig Gedanken über die Verwendung Ihres Geldes machen. Um für Sie die bestmögliche Art der Geldanlage für Ihr angespartes Kapital zu finden, möchten wir Ihnen heute drei attraktive Angebote unterbreiten.

Angebot 1: Sie erhalten den Betrag von 150.000,00 € fristgerecht als Einmalzahlung auf ein Konto Ihrer Wahl ausgezahlt.

Angebot 2: Sie bekommen 10 Jahre lang jeweils am Jahresende eine Rente ausbezahlt.

Angebot 3: Sie bekommen jeweils zu Jahresbeginn eine Rente in Höhe von 15.000,00 € ausbezahlt, bis das angesparte Kapital aufgebraucht ist.

Bei Angebot 2 und Angebot 3 erhalten Sie als langjährige gute Kundin auf das bei uns angelegte Geld einen Zinssatz von 3,46 %.

Wir würden uns freuen, wenn Sie sich für eines unserer Angebote 2 oder 3 entscheiden. Bitte teilen Sie uns Ihre Entscheidung bis zum 15. Dezember 2018 schriftlich mit.

Mit freundlichen Grüßen

J. Huber

1.1 Berechnen Sie, wie hoch die jährliche Rentenzahlung bei Angebot 2 wäre. 3

1.2 Berechnen Sie, wie viele volle Auszahlungen Frau Gruber bei Angebot 3 erhalten würde. 5

Im Jahr 2014 hat Frau Gruber bei ihrer Bank ein Darlehen für den Kauf ihrer Eigentumswohnung aufgenommen und damals den nachstehenden Tilgungsplan erhalten:

Jahre	Schuld zu Beginn d. J.	Zinsen	Tilgung	Annuität	Schuld am Ende d. J.
2014	400.000,00 €	29.800,00 €	20.000,00 €	49.800,00 €	380.000,00 €
2015	380.000,00 €	28.310,00 €	20.000,00 €	48.310,00 €	360.000,00 €
2016	360.000,00 €	26.820,00 €	20.000,00 €	46.820,00 €	340.000,00 €
2017	340.000,00 €	25.330,00 €	20.000,00 €	45.330,00 €	320.000,00 €
2018	320.000,00 €	23.840,00 €	20.000,00 €	43.840,00 €	300.000,00 €

1.3 Geben Sie an, welche Tilgungsart vereinbart wurde, und berechnen Sie die geplante Tilgungsdauer. 3

Da Frau Gruber 2014 wusste, dass ihre Lebensversicherung 5 Jahre später fällig werden würde, wird zum 01. 01. 2019 vereinbarungsgemäß neu über den Darlehensvertrag verhandelt. Um ihre Eigentumswohnung schneller abbezahlen zu können, hat sich Frau Gruber für Angebot 1 der Versicherungsgesellschaft entschieden und möchte die 150.000,00 € als Sonderzahlung leisten.

Die neuen Vereinbarungen sehen folgendermaßen aus:

- Sondertilgung 150.000,00 € zum 01. 01. 2019
- Restlaufzeit 15 Jahre
- Zinssatz 6,5 %
- nachschüssige Annuitätentilgung

1.4 Berechnen Sie die Annuität. 1
[Ergebnis: A = 15.952,92 €]

1.5 Stellen Sie einen Tilgungsplan für die Jahre 2019 und 2020 auf. 3

15

Aufgabe 2 – Funktionaler Zusammenhang

Bei einem Fußballspiel kommt es zur unten dargestellten Situation. Der Spieler A schießt den Ball von Punkt A(0 | 0) aus in Richtung des leeren Tores. Die Flugbahn des Balles kann mit der Parabel p: $y = -0{,}02x^2 + 0{,}6x$ beschrieben werden.

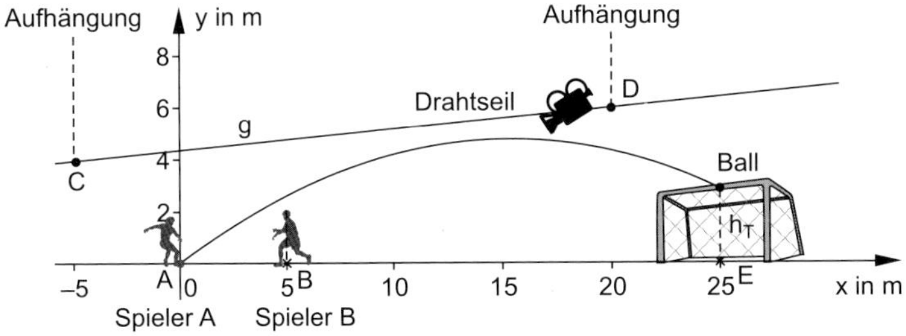

Skizze nicht maßstabsgetreu

2.1 Berechnen Sie die maximale Höhe, die der Ball erreicht, und die Entfernung, die der Ball an dieser Stelle horizontal zum Spieler A hat. 4
[Ergebnisse: $h_{max} = 4{,}5$ m, horizontale Entfernung x = 15 m]

2.2 Zeigen Sie rechnerisch, dass der 1,83 m große Feldspieler B, der $\overline{AB} = 5$ m von Spieler A entfernt steht, den Ball nicht abwehren kann, selbst wenn er 30 cm zum Kopfstoß hochsteigt. 2

Der Ball geht nicht ins Tor, sondern trifft die Unterkante der Querlatte des Tores in $h_T = 2{,}44$ m Höhe.

2.3 Berechnen Sie, welche horizontale Entfernung der Ball bis zum Tor zurückgelegt hat. 4
[Ergebnis: $\overline{AE} = 25{,}15$ m]

Das Spiel wird live im Fernsehen übertragen. Dazu befindet sich eine Kamera an einem straff gespannten Drahtseil an der Stadiondecke, die Bilder aus der Vogelperspektive liefern soll. Das Drahtseil ist an den Punkten C(–5 | 4) und D(20 | 6) durch Aufhängungen an der Stadiondecke befestigt.

2.4 Bestimmen Sie die Funktionsgleichung der Geraden g, die das Drahtseil beschreibt. 3
[Ergebnis: g: $y = 0{,}08x + 4{,}4$]

Nach dem Spiel sagt der Trainer zu Spieler A: „Wenn du einen Meter weiter weg vom Tor so geschossen hättest, wäre der Ball ins Tor gegangen".

2.5 Zeigen Sie, dass der Trainer recht hat. Bestimmen Sie dazu die Scheitelform der geänderten Flugbahn. 2

15

Aufgabe 3 – Trigonometrie

Über einen Fluss mit der Breite $b = 13$ m führt eine Klappbrücke. Die Gelenke A und B der Brücke liegen $h = 3{,}7$ m über dem Wasserspiegel. Die Brücke lässt sich höchstens so weit öffnen, dass die beiden Brückenhälften unter dem Winkel $\alpha = 31°$ gegen die Horizontale geneigt sind.

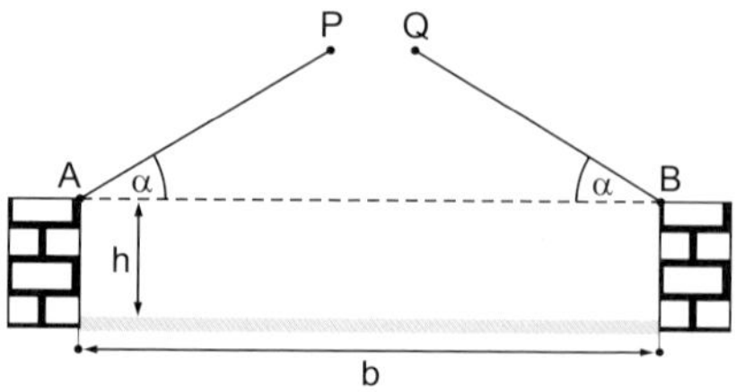

3.1 Berechnen Sie, wie weit die Punkte P und Q auseinander liegen, wenn die Brücke so weit wie möglich geöffnet ist. 3

Ein Schiff ist 6 m breit und ragt 4,50 m aus dem Wasser heraus.

3.2 Zeigen Sie, dass das Schiff unter der Zugbrücke durchfahren kann, wenn diese so weit wie möglich geöffnet ist. 4

Etwas weiter flussabwärts findet eine Geländevermessung statt (siehe Skizze). Aufgrund der Geländebeschaffenheit können die Längen der Strecken $\overline{AB}$, $\overline{BC}$ und $\overline{AC}$ nicht direkt gemessen werden. Zur indirekten Bestimmung der gesuchten Strecken misst man in B den Winkel $\beta = 48{,}32°$ und in dem Hilfspunkt D auf AB den Winkel $\delta = 59{,}63°$ sowie die Längen der Strecken $\overline{DA} = 340{,}52$ m und $\overline{CD} = 486{,}18$ m.

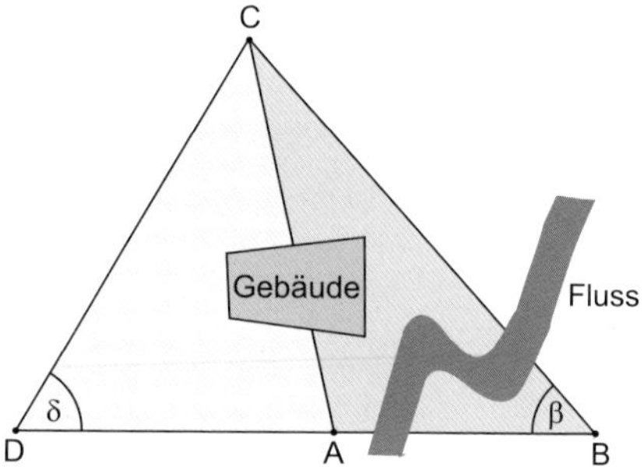

3.3 Berechnen Sie die Länge der Strecke $\overline{AB}$. 4
[Ergebnis: $\overline{AB} = 278{,}75$ m]

3.4 Berechnen Sie die Länge der Strecke $\overline{BC}$. 2

3.5 Berechnen Sie die Fläche des Dreiecks DAC. 2

15

Aufgabe 4 – Stochastik

Um mehr Kunden zu gewinnen, führt das Einkaufszentrum „Farmers“ immer wieder außergewöhnliche Aktionen durch. Als neueste Aktion plant die Marketing-Abteilung ein „Kuhfladen-Bingo“, bei dem man einen Geldbetrag auf ein bestimmtes Feld einer quadratischen Wiese setzt und gewinnt, wenn die Kuh den Kuhfladen in dieses Feld setzt. Die nebenstehende maßstabsgetreue Skizze zeigt die Einteilung der Wiese in die Felder.

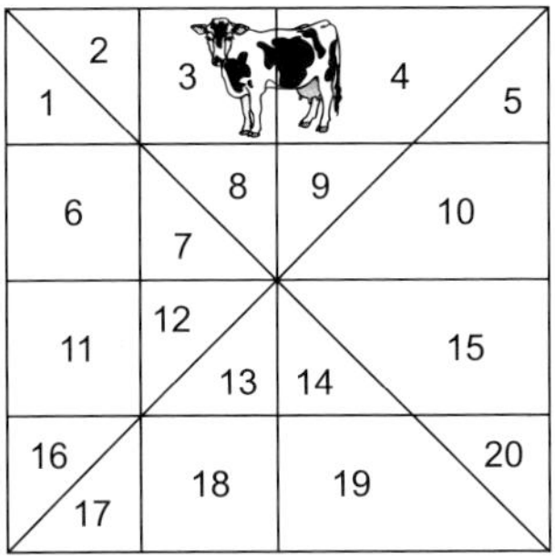

4.1 Welche Felder haben die größte Gewinnchance? Begründen Sie Ihre Meinung. 2

4.2 Berechnen Sie die Wahrscheinlichkeit dafür, dass die Kuh ihren Fladen auf ein Feld fallen lässt, das mit einer geraden Zahl nummeriert ist. 3

4.3 Leo behauptet, dass der Begriff „Wahrscheinlichkeit“ und der Begriff „relative Häufigkeit“ die gleiche Bedeutung haben. Hat er recht? Begründen Sie Ihre Meinung. 2

In regelmäßigen Abständen werden die Kunden des Einkaufszentrums nach ihrer Postleitzahl gefragt. Daraus wird die Entfernung der Wohnorte der Kunden zum Einkaufszentrum ermittelt. Bei der folgenden Befragung wurden insgesamt 500 Kunden befragt.

	weiblich	männlich	weiblich	männlich	weiblich	männlich	weiblich	männlich
Entfernung zum Einkaufszentrum	unter 0,5 km		ab 0,5 km bis 6 km		mehr als 6 km bis 20 km		mehr als 20 km	
Anzahl	80	267	43	66	9	27	1	7
Summe	347		109		36		8	

Von den befragten Kunden waren …	weiblich	männlich
	133	367

4.4 Erstellen Sie ein Baumdiagramm, das die Geschlechterverteilung der Kunden und die Entfernungen der Wohnorte zum Einkaufszentrum beinhaltet. Beschriften Sie die Äste mit den zugehörigen Wahrscheinlichkeiten. 3

Kunden, die mehr als 20 km vom Einkaufszentrum entfernt wohnen, sind für die Geschäftsleitung besonders interessant und werden daher genauer analysiert:

Kunde	A	B	C	D	E	F	G	H
Entfernung in km	22	36	23	31	24	23	29	2.000

Der Kunde H kommt aus der Nähe von Moskau und ist gerade in Deutschland im Urlaub.

4.5 Bestimmen Sie den Median, den Modalwert, das arithmetische Mittel und die Spannweite der Kundengruppe „mehr als 20 km“. 5

15

Aufgabe 5 – Figuren- und Raumgeometrie

Nach bestandener Abschlussprüfung an der Wirtschaftsschule plant Lukas für seine Klassenkameraden der Klasse 10 e eine große Party im Garten seiner Eltern. Dafür mietet er ein Partyzelt, das aus 12 gleich langen Stangen von je 3 m Länge nach nebenstehender Skizze zusammengebaut wird.

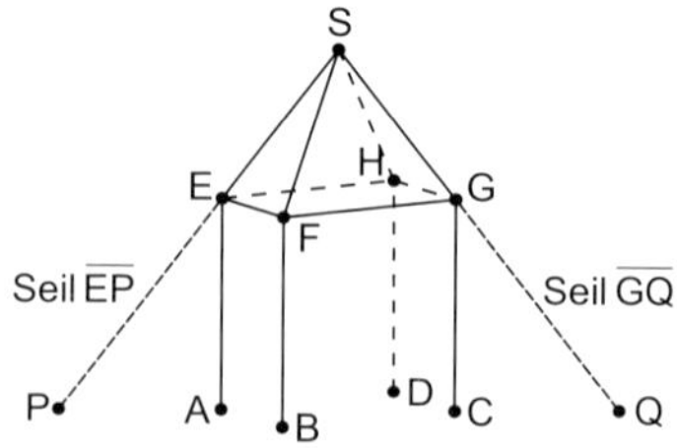

Skizze nicht maßstabsgetreu

5.1 Berechnen Sie die Höhe des Partyzeltes. [Ergebnis: 5,12 m] 4

Standardmäßig wird das Zelt nur mit Dach geliefert. Auf Wunsch kann man auch vorgefertigte Planen für die Wände des Zeltes bestellen. Dabei sind die Rückseite des Zeltes (Viereck ADHE) und die beiden Seitenwände (Vierecke ABFE und DCGH) vollständig verkleidet. Für den Eingangsbereich (Viereck BCGF) ist eine Türöffnung, wie in nebenstehender Skizze dargestellt, vorgesehen.

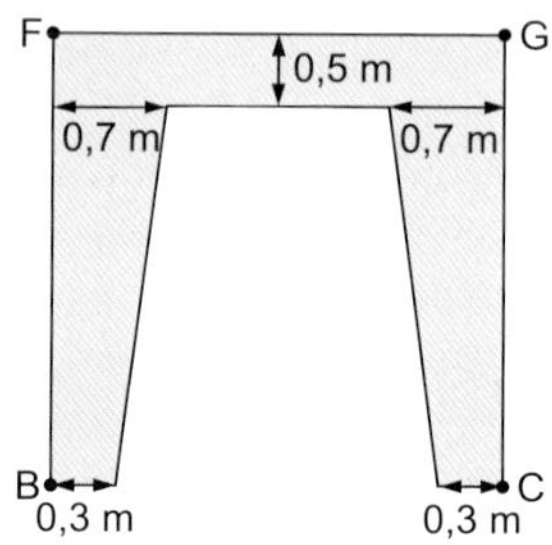

Skizze nicht maßstabsgetreu

5.2 Berechnen Sie, wie viel m^2 Planenstoff bei der Herstellung der Planen verwendet wurde. Die Nähte und Überlappungen bleiben unberücksichtigt. 4

Die Aufbauanleitung empfiehlt, das Zelt zusätzlich mit 2 Seilen im Boden in den Punkten P und Q zu verankern, sodass $\sphericalangle PES = \sphericalangle QGS = 180°$ und $\sphericalangle CAP = \sphericalangle QCA = 180°$ gilt.

5.3 Entscheiden Sie, ob 2 Seile zu je 5 Metern Länge für die Strecken $\overline{EP}$ und $\overline{GQ}$ ausreichen. 4

Lukas möchte das Innere des Zeltes festlich dekorieren und dafür von der Mitte M der Stange $\overline{AE}$ aus eine Lichterkette zur Zeltspitze S ziehen. Im Keller findet er eine 4 m lange Lichterkette.

5.4 Berechnen Sie, ob Lukas die Lichterkette aus dem Keller verwenden kann, wenn er sie straff von M zur Zeltspitze S zieht. 3

15

Lösung – Aufgabenteil A

Aufgaben ohne Benutzung des Taschenrechners

1. Es werden der Reihe nach die Gleichungen betrachtet und es wird entschieden, ob die Gleichung jeweils dem Satz von Pythagoras in einem der (Teil-)Dreiecke entspricht.
   - Antwort A ist *falsch*, weil a, b und c kein Dreieck bilden.
   - Antwort B ist *falsch*, weil a, b und d kein Dreieck bilden.
   - Antwort C ist *richtig*, weil im rechten Teildreieck b die Hypotenuse und d und c die Katheten sind und Gleichung C durch Umformung aus dem Satz von Pythagoras $b^2 = d^2 + c^2$ entsteht.
   - Antwort D ist *falsch*, im rechten Teildreieck lautet der Satz von Pythagoras $b^2 = d^2 + c^2$.

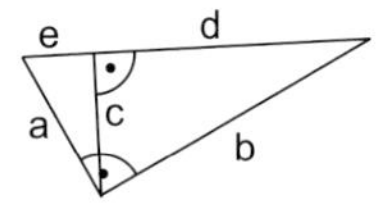

   Lösung: **C**

2. Die gegebenen Zahlen werden in Bruchzahlen umgewandelt und mit $\frac{1}{5}$ verglichen:

   $0{,}15 = \frac{15}{100} = \frac{1{,}5}{10} = \frac{0{,}75}{5}$ $\quad \frac{5}{10} = \frac{1}{2}$ $\quad 2{,}5\,\% = \frac{2{,}5}{100} = \frac{1}{40}$ $\quad 0{,}20 = \frac{20}{100} = \frac{1}{5}$

   Lösung: **D**

3. Im Dreieck ABC ist die Seite c die Hypotenuse.
   Von α aus gesehen ist b die Ankathete und a die Gegenkathete.
   Von β aus gesehen ist a die Ankathete und b die Gegenkathete.

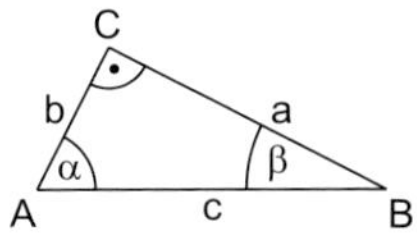

   Antwort A ist *falsch:*

   $$\cos\alpha = \frac{\text{Ankathete}}{\text{Hypotenuse}} = \frac{b}{c} \neq \frac{a}{c}$$

   Antwort B ist *richtig:*

   $$\sin\alpha = \frac{\text{Gegenkathete}}{\text{Hypotenuse}} = \frac{a}{c}$$

   Antwort C ist *falsch:*

   $$\cos\beta = \frac{\text{Ankathete}}{\text{Hypotenuse}} = \frac{a}{c} \neq \frac{b}{c}$$

   Antwort D ist *falsch:*

   $$\tan\beta = \frac{\text{Gegenkathete}}{\text{Ankathete}} = \frac{b}{a} \neq \frac{a}{b}$$

   Lösung: **B**

4. Die Geraden haben die gleiche Steigung (m = 4), aber unterschiedliche y-Achsenabschnitte (Gerade g: t = –4 und Gerade h: t = 4). Sie sind somit parallel und schneiden sich nicht.

   Lösung: **D**

5. Aus dem Würfelvolumen wird zunächst die Kantenlänge berechnet.

   Die Kantenlänge des Würfels sei a.
   Volumen des Würfels:

   $$V = 125\text{ cm}^3 = a^3 \qquad \left|\sqrt[3]{}\right.$$
   $$a = \sqrt[3]{125\text{ cm}^3}$$
   $$a = \sqrt[3]{5 \cdot 5 \cdot 5\text{ cm}^3}$$
   $$a = 5\text{ cm}$$

   Oberfläche des Würfels:

   $$O = 6 \cdot a^2 = 6 \cdot (5\text{ cm})^2 = 6 \cdot 25\text{ cm}^2 = \underline{\underline{150\text{ cm}^2}}$$

6. Lösen der Gleichung:

$$x^2 + 2x - 1{,}5 = 2x + 7{,}5 \quad |-2x$$
$$x^2 - 1{,}5 = 7{,}5 \quad |+1{,}5$$
$$x^2 = 9 \quad |\sqrt{\ }$$
$$x = \pm 3$$

Ziehst du aus einer positiven Zahl die Wurzel, gibt es immer zwei Lösungen.
Lösungsmenge der Gleichung: $\underline{\underline{L = \{-3; 3\}}}$

7. Berechnung der Länge x mithilfe des 2. Strahlensatzes:

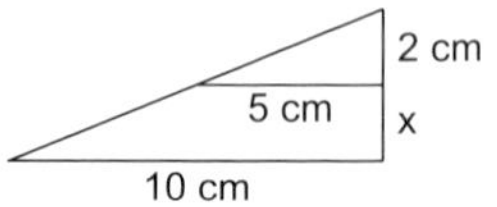

$$\frac{2\text{ cm} + x}{2\text{ cm}} = \frac{10\text{ cm}}{5\text{ cm}} \quad |\cdot 2\text{ cm}$$
$$2\text{ cm} + x = \frac{\overset{2}{\cancel{10\text{ cm}}} \cdot 2\text{ cm}}{\underset{1}{\cancel{5\text{ cm}}}} \quad |-2\text{ cm}$$
$$x = 4\text{ cm} - 2\text{ cm}$$
$$\underline{\underline{x = 2\text{ cm}}}$$

8. Beim 1. Versuch gibt es 10 mögliche Ziffern, von denen 9 falsch sind. Die Wahrscheinlichkeit, dass Leo beim 1. Mal falsch rät, beträgt somit $\frac{9}{10}$. Wenn Leo beim 1. Versuch falsch geraten hat, kennt er 1 falsche Ziffer. Beim 2. Versuch gibt es also 9 mögliche Ziffern, von denen 8 falsch sind. Die Wahrscheinlichkeit, dass Leo beim 2. Mal falsch rät, beträgt $\frac{8}{9}$.

Wahrscheinlichkeit, dass Leo zweimal falsch rät:
$$P(\text{zweimal falsch}) = \frac{9}{10} \cdot \frac{8}{9} = \frac{8}{10} = 0{,}8 = \underline{\underline{80\ \%}}$$

9. Da das Baumdiagramm zweistufig ist, wird der Zufallsversuch zweimal durchgeführt. Die Wahrscheinlichkeiten sind beide Male gleich und betragen $0{,}25 = \mathbf{\frac{1}{4}}$ bzw. $0{,}75 = \mathbf{\frac{3}{4}}$.

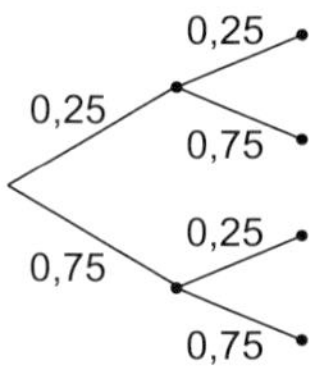

☐ zweimaliges Werfen einer 2 mit einem normalen Würfel
☐ zweimaliges Werfen einer Münze
☐ zweimaliges Ziehen mit Zurücklegen aus einer Urne mit 2 schwarzen und 2 weißen Kugeln
☒ zweimaliges Drehen eines Glücksrades mit 1 roten und 3 grünen gleich großen Feldern

Begründung:

- Wahrscheinlichkeiten des 1. Zufallsexperiments: $P(2) = \frac{1}{6}$; $P(\overline{2}) = \frac{5}{6}$
- Wahrscheinlichkeiten des 2. Zufallsexperiments: $P(\text{Kopf}) = \frac{1}{2}$; $P(\text{Zahl}) = \frac{1}{2}$
- Wahrscheinlichkeiten des 3. Zufallsexperiments: $P(\text{schwarz}) = \frac{2}{4} = \frac{1}{2}$; $P(\text{weiß}) = \frac{1}{2}$
- Wahrscheinlichkeiten des 4. Zufallsexperiments: $P(\text{rot}) = \mathbf{\frac{1}{4}}$; $P(\text{grün}) = \mathbf{\frac{3}{4}}$

Lösung – Aufgabenteil B

Aufgabe 1 – Finanzmathematik

1.1 Das Startkapital K_0 bilden die 150.000,00 €, die Frau Gruber von der Versicherung erhält. Bei Angebot 2 bekommt Frau Gruber davon jährlich nachschüssig einen festen Betrag ausbezahlt, sodass am Ende der 10-jährigen Laufzeit das Kapital aufgebraucht, also $K_{10} = 0$ € ist. Der Zinssatz für Angebot 2 beträgt p % = 3,46 %. Bei dem Angebot handelt es sich um eine nachschüssige Kapitalverminderung. Die Höhe einer Rate wird mithilfe der Formel für die kombinierte Zinseszins-/Rentenzahlung mit Kapitalminderung berechnet.

Gegeben: $K_0 = 150.000{,}00$ €; $n = 10$; $K_{10} = 0$ €; $p\,\% = 3{,}46\,\%$ $\Rightarrow$ $q = 1{,}0346$

Gesucht: r

Berechnung der nachschüssigen Rate r:

$$K_n = K_0 \cdot q^n - r \cdot \frac{q^n - 1}{q - 1}$$

$$0\text{ €} = 150.000{,}00\text{ €} \cdot 1{,}0346^{10} - r \cdot \frac{1{,}0346^{10} - 1}{1{,}0346 - 1}$$

$$0\text{ €} = 210.773{,}50\text{ €} - r \cdot 11{,}71 \qquad |+ r \cdot 11{,}71$$

$$r \cdot 11{,}71 = 210.773{,}50\text{ €} \qquad |:11{,}71$$

$$\underline{\underline{r = 17.999{,}44\text{ €}}}$$

Frau Gruber würde bei Angebot 2 jährlich 17.999,44 € ausbezahlt bekommen.

1.2 Das Startkapital beträgt 150.000,00 €. Davon werden jährlich vorschüssig 15.000,00 € so lange ausbezahlt, bis das Kapital aufgebraucht, also $K'_n = 0$ € ist. Da es sich dabei um eine vorschüssige Kapitalverminderung handelt, kann die Laufzeit n mithilfe der Formel für die kombinierte Zinseszins-/Rentenzahlung mit Kapitalminderung berechnet werden.

Gegeben: $K_0 = 150.000{,}00$ €; $K'_n = 0$ €; $r = 15.000{,}00$ € (vorschüssige Rente)
$p\,\% = 3{,}46\,\%$ $\Rightarrow$ $q = 1{,}0346$

Gesucht: n

Berechnung der Anzahl der Jahre:

$$K'_n = K_0 \cdot q^n - r \cdot q \cdot \frac{q^n - 1}{q - 1}$$

$$0\text{ €} = 150.000{,}00\text{ €} \cdot 1{,}0346^n - 15.000{,}00\text{ €} \cdot 1{,}0346 \cdot \frac{1{,}0346^n - 1}{1{,}0346 - 1}$$

$$0\text{ €} = 150.000{,}00\text{ €} \cdot 1{,}0346^n - 448.526{,}01\text{ €} \cdot (1{,}0346^n - 1)$$

Substitution: $x = 1{,}0346^n$

$$0\text{ €} = 150.000{,}00\text{ €} \cdot x - 448.526{,}01\text{ €} \cdot (x - 1)$$

$$0\text{ €} = 150.000{,}00\text{ €} \cdot x - 448.526{,}01\text{ €} \cdot x + 448.526{,}01\text{ €}$$

$$0\text{ €} = -298.526{,}01\text{ €} \cdot x + 448.526{,}01\text{ €} \qquad |+ 298.526{,}01\text{ €} \cdot x$$

$$298.526{,}01\text{ €} \cdot x = 448.526{,}01\text{ €} \qquad |: 298.526{,}01\text{ €}$$

$$x = 1{,}5025$$

Rück-Substitution: $1{,}5025 = 1{,}0346^n$

$$1{,}0346^n = 1{,}5025 \quad | \lg$$

$$n \cdot \lg 1{,}0346 = \lg 1{,}5025 \quad |: \lg 1{,}0346$$

$$n = \frac{\lg 1{,}5025}{\lg 1{,}0346}$$

$$n = 11{,}97$$

Da nach der Anzahl der vollen Auszahlungen gefragt ist, muss hier auf die nächste ganze Zahl **abgerundet** werden.

Bei Angebot 3 würde Frau Gruber $\underline{\underline{11}}$ volle Auszahlungen erhalten.

Alternative Berechnung von n:

Alternativ kann man auch ohne die Substitution rechnen.

$$K_n' = K_0 \cdot q^n - r \cdot q \cdot \frac{q^n - 1}{q - 1}$$

$$0\,€ = 150.000{,}00\,€ \cdot 1{,}0346^n - 15.000{,}00\,€ \cdot 1{,}0346 \cdot \frac{1{,}0346^n - 1}{1{,}0346 - 1}$$

$$0\,€ = 150.000{,}00\,€ \cdot 1{,}0346^n - 448.526{,}01\,€ \cdot (1{,}0346^n - 1)$$

$$0\,€ = 150.000{,}00\,€ \cdot 1{,}0346^n - 448.526{,}01\,€ \cdot 1{,}0346^n + 448.526{,}01\,€$$

$$0\,€ = (150.000{,}00\,€ - 448.526{,}01\,€) \cdot 1{,}0346^n + 448.526{,}01\,€$$

$$0\,€ = -298.526{,}01\,€ \cdot 1{,}0346^n + 448.526{,}01\,€$$

$$298.526{,}01\,€ \cdot 1{,}0346^n = 448.526{,}01\,€ \quad |: 298.526{,}01\,€$$

$$1{,}0346^n = 1{,}5025 \quad | \lg$$

$$n \cdot \lg 1{,}0346 = \lg 1{,}5025 \quad |: \lg 1{,}0346$$

$$n = \frac{\lg 1{,}5025}{\lg 1{,}0346}$$

$$n = 11{,}97$$

Bei Angebot 3 würde Frau Gruber $\underline{\underline{11}}$ volle Auszahlungen erhalten.

1.3 Dem Tilgungsplan kann man entnehmen, dass die Tilgungsraten T für alle 5 Jahre gleich groß sind. Darum handelt es sich hier um eine **Ratentilgung**, bei der die Tilgungsraten über die gesamte Laufzeit des Darlehens hinweg gleich groß bleiben. Da die Zinsen mit jeder Rate weniger werden und sich die Gesamtrate aus Zinsen und Tilgung zusammensetzt, sinkt auch die Annuität kontinuierlich mit jeder Rate.

Gegeben: $K_0 = 400.000{,}00\,€$; $T = 20.000{,}00\,€$

Gesucht: n

Tilgungsverfahren:
Es liegt eine $\underline{\underline{\text{Ratentilgung}}}$ vor, da die Tilgungsraten jedes Jahr gleich groß sind.

Berechnung der Anzahl der Jahre:

$$T = \frac{K_0}{n}$$

$$20.000,00\ € = \frac{400.000,00\ €}{n} \quad \Big| \cdot n$$

$$20.000,00\ € \cdot n = 400.000,00\ € \quad \Big| : 20.000,00\ €$$

$$\underline{\underline{n = 20}}$$

Die geplante Tilgungsdauer beträgt 20 Jahre.

1.4 Da neue Vereinbarungen getroffen werden, ist ein neuer Tilgungsplan notwendig. Es handelt sich nun um Annuitätentilgung. Die Annuität ist die Summe aus Zins- und Tilgungszahlungen. Von den 300.000 € Schulden, die Frau Gruber zu Beginn des Jahres 2019 hat, bezahlt sie 150.000 € gleich ab, sodass sie ab 2019 nur noch 150.000 € abbezahlen muss.

Gegeben: $K_0 = 300.000,00\ € - 150.000,00\ € = 150.000,00\ €;\ n = 15$

$p\ \% = 6,5\ \% \quad \Rightarrow \quad q = 1,065$

Gesucht: A

Berechnung der Annuität:

$$A = \frac{K_0 \cdot q^n \cdot (q-1)}{q^n - 1} = \frac{150.000\ € \cdot 1,065^{15} \cdot (1,065-1)}{1,065^{15} - 1} = \underline{\underline{15.952,92\ €}}$$

Die Annuität beträgt 15.952,92 €.

1.5 Es ist ein Tilgungsplan bei Annuitätentilgung für die ersten 2 der insgesamt 15 Jahre zu erstellen. Bei der Annuitätentilgung ist die Annuität über die gesamte Laufzeit konstant. Für die Erstellung des Tilgungsplans müssen die Restschuld und die jährlich zu zahlenden Zinsen und Tilgungen berechnet werden. Die Annuität wurde schon in Teilaufgabe 1.4 berechnet. Die Schuld am Ende des Jahres ist gleichzeitig die Schuld zu Beginn des neuen Jahres.

Gegeben: $K_0 = 150.000,00\ €;\ A = 15.952,92\ €;\ p\ \% = 6,5\ \%$

Gesucht: Z, T, S

Berechnung der Zinsen Z im 1. Jahr:

$$Z = \frac{K_0 \cdot p}{100} = \frac{150.000,00\ € \cdot 6,5}{100} = 9.750\ €$$

Berechnung der Tilgung T im 1. Jahr:

$T = A - Z = 15.952,92\ € - 9.750\ € = 6.202,92\ €$

Berechnung der Restschuld S im 1. Jahr:

$S = K_0 - T = 150.000,00\ € - 6.202,92\ € = 143.797,08\ €$

Zinsen, Tilgung und Restschuld im 2. Jahr werden analog berechnet.

Erstellung des Tilgungsplans:

Jahr	Schuld zu Beginn d. J.	Zinsen	Tilgung	Annuität	Schuld am Ende d. J.
2019	150.000,00 €	9.750,00 €	6.202,92 €	15.952,92 €	143.797,08 €
2020	143.797,08 €	9.346,81 €	6.606,11 €	15.952,92 €	137.190,97 €

Aufgabe 2 – Funktionaler Zusammenhang

2.1 Der höchste Punkt, den der Ball erreicht, ist der Scheitelpunkt der Parabel p. Dabei entspricht die maximale Höhe der Flugbahn des Balles dem y-Wert des Scheitelpunktes und die dabei horizontal zurückgelegte Entfernung dem x-Wert des Scheitelpunktes. Es gibt mehrere Möglichkeiten, den Scheitelpunkt der Parabel zu berechnen.

1. Möglichkeit: Scheitelpunktformel

Rechenschritte	**Erläuterungen**
$y = -0{,}02x^2 + 0{,}6x$	$a = -0{,}02$; $b = 0{,}6$; $c = 0$
Berechnung von x_S:	
$x_S = -\frac{b}{2a} = -\frac{0{,}6}{2 \cdot (-0{,}02)} = 15$	Berechnung von x_S mithilfe der Scheitelpunktformel
Berechnung von y_S:	
$y_S = c - \frac{b^2}{4a} = 0 - \frac{0{,}6^2}{4 \cdot (-0{,}02)} = 4{,}5$	Berechnung von y_S mithilfe der Scheitelpunktformel

Die maximale Höhe, die der Ball erreicht, beträgt 4,5 m. Dabei ist er 15 m weit geflogen.

2. Möglichkeit: Berechnung der Scheitelform

Rechenschritte	**Erläuterungen**
$y = -0{,}02x^2 + 0{,}6x$	Ausklammern des Formfaktors $a = -0{,}02$
$y = -0{,}02 \cdot (x^2 - 30x)$	Quadratische Ergänzung
$y = -0{,}02 \cdot (x^2 - 30x + 15^2 - 15^2)$	
$y = -0{,}02 \cdot [(x - 15)^2 - 225]$	Ausmultiplizieren der eckigen Klammer
$y = -0{,}02(x - 15)^2 + 4{,}5$	Scheitelform der Parabelgleichung Scheitelpunktkoordinaten: $x_S = 15$ und $y_S = 4{,}5$

Die maximale Höhe, die der Ball erreicht, beträgt 4,5 m. Dabei ist er 15 m weit geflogen.

2.2 Gesucht ist die Höhe, die der Ball an der Stelle, an der Spieler B steht, erreicht hat, also der y-Wert der Flugparabel an der Stelle $x = 5$. Dazu wird $x = 5$ in die Parabelgleichung $y = -0{,}02x^2 + 0{,}6x$ eingesetzt. Anstelle der allgemeinen Form der Funktionsgleichung kann dazu auch die Scheitelform genommen werden. Spieler B ist 1,83 m groß und kann 30 cm zum Kopfstoß hochsteigen. Er könnte den Ball also abwehren, wenn der berechnete y-Wert kleiner gleich $1{,}83 + 0{,}3 = 2{,}13$ ist.

Rechenschritte	**Erläuterungen**
$y = -0{,}02x^2 + 0{,}6x$ $y = -0{,}02 \cdot 5^2 + 0{,}6 \cdot 5$ $y = 2{,}5$	Einsetzen der Koordinate $x = 5$

Wegen 2,5 m > 2,13 m kann der Spieler B den Ball nicht abwehren.

2.3 Die horizontale Entfernung, die der Ball bis zum Tor zurückgelegt hat, entspricht dem x-Wert, bei dem der Ball eine Höhe von 2,44 m erreicht hat. Dafür wird $y = 2{,}44$ in die Parabelgleichung $y = -0{,}02x^2 + 0{,}6x$ eingesetzt.

Rechenschritte	Erläuterungen
$y = -0{,}02x^2 + 0{,}6x$	Einsetzen der Koordinate $y = 2{,}44$
$2{,}44 = -0{,}02x^2 + 0{,}6x \quad \vert -2{,}44$	Nullsetzen der quadratischen Gleichung
$0 = -0{,}02x^2 + 0{,}6x - 2{,}44$	$a = -0{,}02$; $b = 0{,}6$; $c = -2{,}44$
Lösungsformel:	
$x_{1/2} = \dfrac{-b \pm \sqrt{b^2 - 4ac}}{2a}$	
$x_{1/2} = \dfrac{-0{,}6 \pm \sqrt{0{,}6^2 - 4 \cdot (-0{,}02) \cdot (-2{,}44)}}{2 \cdot (-0{,}02)}$	
$x_{1/2} = \dfrac{-0{,}6 \pm \sqrt{0{,}1648}}{-0{,}04}$	
$x_1 = 4{,}85$; $x_2 = 25{,}15$	

Wäre $x_1 = 4{,}85$ m die gesuchte Lösung, würde sich Feldspieler B im Tor aufhalten. Da das Tor leer ist, ist dies nicht die gesuchte Lösung. Nach Erreichen des Scheitelpunktes beginnt der Ball zu sinken und erreicht die Höhe 2,44 m zum zweiten Mal bei einer Entfernung von $x_2 = 25{,}15$ m. Bis zum Tor legt der Ball also in horizontaler Richtung $\overline{AE} = 25{,}15$ m zurück.

2.4 Es sind zwei Punkte $C(-5 \mid 4)$ und $D(20 \mid 6)$ der Geraden g gegeben, deren Funktionsgleichung zu berechnen ist. Dazu werden 2 Lösungswege aufgezeigt.

1. Möglichkeit: Lösung mithilfe der Zwei-Punkte-Form

Gegeben sind die Punkte $C(-5 \mid 4) = C(x_1 \mid y_1)$ und $D(20 \mid 6) = D(x_2 \mid y_2)$. x_1 steht dabei für den x-Wert des 1. Punktes und y_1 für den y-Wert des 1. Punktes. Analog beschreibt x_2 den x-Wert des 2. Punktes und y_2 den y-Wert des 2. Punktes. Die Variablen x und y sind die Parameter der Funktionsgleichung.

Rechenschritte	Erläuterungen
$\dfrac{y - y_1}{x - x_1} = \dfrac{y_2 - y_1}{x_2 - x_1}$	Zwei-Punkte-Form der Geradengleichung Einsetzen von: $x_1 = -5$; $y_1 = 4$; $x_2 = 20$; $y_2 = 6$
$\dfrac{y - 4}{x - (-5)} = \dfrac{6 - 4}{20 - (-5)}$	
$\dfrac{y - 4}{x + 5} = \dfrac{2}{25} \quad \vert \cdot (x + 5)$	Auflösen nach y
$y - 4 = 0{,}08 \cdot (x + 5)$	
$y - 4 = 0{,}08x + 0{,}4 \quad \vert +4$	
$y = 0{,}08x + 4{,}4$	

Die Funktionsgleichung der Geraden g lautet: $\underline{\underline{y = 0{,}08x + 4{,}4}}$

2. Möglichkeit: Lösung über ein Gleichungssystem

Rechenschritte	Erläuterungen
$y = mx + t$	Einsetzen der Punkte C(–5 | 4) und D(20 | 6) liefert 2 Gleichungen mit 2 Unbekannten
I $\quad 4 = -5m + t \quad \mid \cdot (-1)$	C(–5 | 4) eingesetzt
II $\quad 6 = 20m + t$	D(20 | 6) eingesetzt
I' $\quad -4 = 5m - t$	
II $\quad 6 = 20m + t$	
Berechnung von m:	
I'+ II $\quad 2 = 25m \quad \mid : 25$	Addition der Gleichungen I' und II und auflösen nach m
$m = 0{,}08$	
Berechnung von t:	
$y = 0{,}08x + t$	Einsetzen von C(–5 | 4)
$4 = 0{,}08 \cdot (-5) + t \quad \mid + 0{,}4$	Auflösen nach t
$t = 4 + 0{,}4$	
$t = 4{,}4$	
Funktionsgleichung von g:	
$\underline{\underline{y = 0{,}08x + 4{,}4}}$	Einsetzen von m und t in die Geradengleichung

2.5 Der Spieler schießt nun einen Meter weiter weg vom Tor. Es wird also die Funktionsgleichung der Parabel p_2, die die um einen Meter nach hinten versetzte Flugbahn des Balles beschreibt, aufgestellt und damit berechnet, wie hoch der Ball fliegt, wenn er die Torlinie an der Stelle $x = 25{,}15$ erreicht.

Aufstellen der Funktionsgleichung der Parabel p_2:

Da der Spieler einen Meter weiter hinten schießt, wird die Parabel p um 1 nach links verschoben. Höhe und Form bleiben gleich, der Koeffizient a ändert sich nicht. Die Scheitelform von p_2 wird mit dem Scheitelpunkt $S_2(15 - 1 \mid 4{,}5) = S_2(14 \mid 4{,}5)$ aufgestellt.

Der Scheitelpunkt der neuen Parabel p_2 ist $S_2\ (14 \mid 4{,}5)$ und der Formfaktor beträgt $a = -0{,}02$. Die Scheitelform der Parabel p_2 lautet damit $p_2\colon\ y = -0{,}02(x - 14)^2 + 4{,}5$.

Berechnung der Flughöhe des Balles auf der Torlinie:

Obwohl der Ball 1 Meter weiter links geschossen wird und er horizontal gesehen bis zum Erreichen des Tores 26,15 m unterwegs ist, muss als x-Wert 25,15 eingesetzt werden, da weder die Lage des Tores noch das Koordinatensystem verändert wurden.

Rechenschritte	Erläuterungen
$y = -0{,}02(x - 14)^2 + 4{,}5$	Einsetzen der Koordinate $x = 25{,}15$
$y = -0{,}02(25{,}15 - 14)^2 + 4{,}5$	
$\underline{\underline{y = 2{,}01}}$	

Wegen $2{,}01 < 2{,}44$ wäre der Ball ins Tor gegangen. Der Trainer hat somit recht.

Aufgabe 3 – Trigonometrie

3.1 In der Skizze werden die Punkte M und N ergänzt, sodass die rechtwinkligen Dreiecke AMP und NBQ entstehen. Da sich die Brücke in der Mitte von [AB] teilt, sind AMP und NBQ kongruent und es gilt $\overline{AP} = \overline{QB} = 0{,}5 \cdot \overline{AB}$. Den Abstand von P und Q erhält man also aus $\overline{PQ} = \overline{AB} - 2 \cdot \overline{AM}$. Dafür wird $\overline{AM}$ mithilfe des Kosinus im Dreieck AMP bestimmt.

Im rechtwinkligen Dreieck AMP gilt:

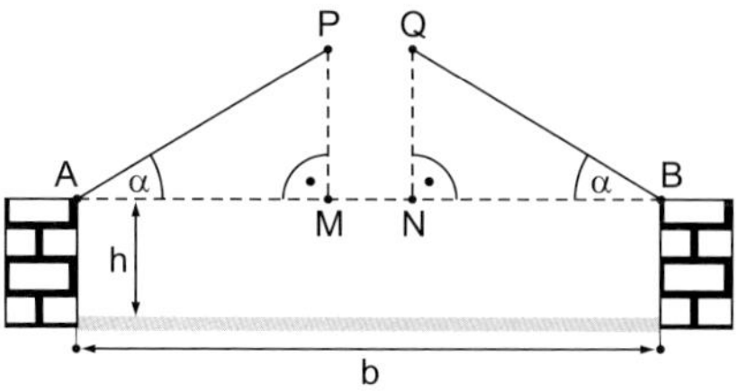

$$\cos\alpha = \frac{\text{Ankathete}}{\text{Hypotenuse}}$$

$$\cos\alpha = \frac{\overline{AM}}{\overline{PA}}$$

$$\cos 31° = \frac{\overline{AM}}{0{,}5 \cdot 13\text{ m}} \qquad | \cdot 6{,}5\text{ m}$$

$$\overline{AM} = \cos 31° \cdot 6{,}5\text{ m}$$

$$\overline{AM} = 5{,}57\text{ m}$$

Berechnung der Länge der Strecke $\overline{PQ}$:

$$\overline{PQ} = \overline{AB} - 2 \cdot \overline{AM} = 13\text{ m} - 2 \cdot 5{,}57\text{ m} = \underline{\underline{1{,}86\text{ m}}}$$

Die Punkte P und Q liegen bei vollständiger Öffnung der Brücke 1,86 m auseinander.

3.2 Es wird vorausgesetzt, dass das Schiff genau in der Mitte unter der Zugbrücke durchfährt. Auf beiden Seiten bleibt dann der gleiche Abstand s vom Ufer zum Schiff.

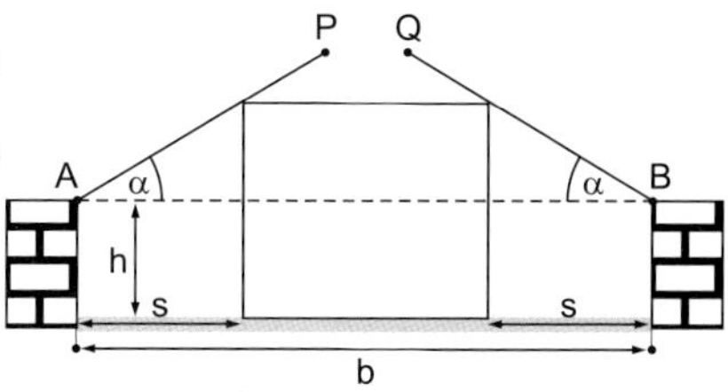

Abstand s des Schiffs vom Ufer:

$s = (\overline{AB} - 6\text{ m}) : 2 = (13\text{ m} - 6\text{ m}) : 2 = 3{,}5\text{ m}$

1. Möglichkeit: Berechnung der maximal möglichen Höhe des Schiffs über Wasser

Es wird die maximale Höhe h_{max} berechnet, die ein 6 m breites Schiff über Wasser haben darf, damit es gerade noch unter der Brücke durchpasst, und mit der gegebenen Höhe des Schiffs über Wasser verglichen. In der Skizze werden dafür die Punkte R und T ergänzt, sodass das rechtwinklige Dreieck ART entsteht und $\overline{AR} = s$ gilt. $\overline{RT}$ kann mithilfe des Tangens im Dreieck ART berechnet werden. h_{max} berechnet sich aus $h_{max} = h + \overline{RT}$.

Im rechtwinkligen Dreieck ART gilt:

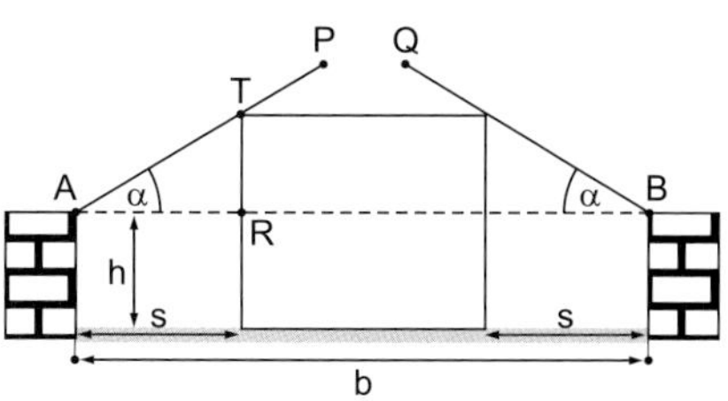

$$\tan\alpha = \frac{\text{Gegenkathete}}{\text{Ankathete}}$$

$$\tan\alpha = \frac{\overline{RT}}{\overline{AR}}$$

$$\tan 31° = \frac{\overline{RT}}{3{,}5\text{ m}} \qquad | \cdot 3{,}5\text{ m}$$

$$\overline{RT} = \tan 31° \cdot 3{,}5\text{ m}$$

$$\overline{RT} = 2{,}1\text{ m}$$

Berechnung der maximal möglichen Höhe des Schiffs über Wasser h_{max}:

$h_{max} = h + \overline{RT} = 3{,}7\text{ m} + 2{,}1\text{ m} = \underline{\underline{5{,}8\text{ m}}}$

Da das Schiff nur 4,5 m aus dem Wasser ragt, kann es unter der Zugbrücke durchfahren.

2. Möglichkeit: Berechnung des minimal möglichen Öffnungswinkels der Brücke

Es wird der minimale Öffnungswinkel α' berechnet, für den ein Schiff mit den gegebenen Maßen gerade noch unter der Brücke durchpasst, und mit dem Öffnungswinkel $\alpha = 31°$ verglichen. Dafür wird im rechtwinkligen Dreieck ART' mit $\overline{AR} = s$ und $\overline{RT'} = 4{,}5\text{ m} - h$ der Winkel α' mithilfe des Tangens berechnet.

Im rechtwinkligen Dreieck ART' gilt:

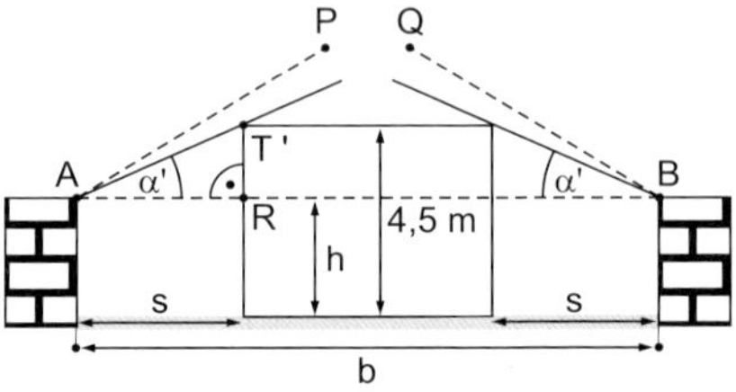

$$\tan\alpha' = \frac{\text{Gegenkathete}}{\text{Ankathete}}$$

$$\tan\alpha' = \frac{\overline{RT'}}{\overline{AR}}$$

$$\tan\alpha' = \frac{4{,}5\text{ m} - 3{,}7\text{ m}}{3{,}5\text{ m}}$$

$$\tan\alpha' = 0{,}2285\ldots$$

$$\underline{\underline{\alpha' = 12{,}88°}}$$

Das Schiff passt beim Öffnungswinkel $\alpha' = 12{,}88°$ gerade noch unter der Brücke durch. Da die Brücke um $\alpha = 31°$ geöffnet werden kann, kann das Schiff ohne Probleme durchfahren.

3.3 Es ist die Länge der Strecke $\overline{AB}$ zu berechnen. Dazu wird zuerst der Winkel $\gamma = \sphericalangle DCB$ über die Winkelsumme im Dreieck DBC bestimmt. Im allgemeinen Dreieck DBC wird dann die Länge der Strecke $\overline{DB}$ mithilfe des Sinussatzes berechnet. Die Länge der Strecke $\overline{AB}$ ergibt sich nun als Differenz von $\overline{DB}$ und $\overline{DA}$.

Mit der Winkelsumme im Dreieck DBC gilt:

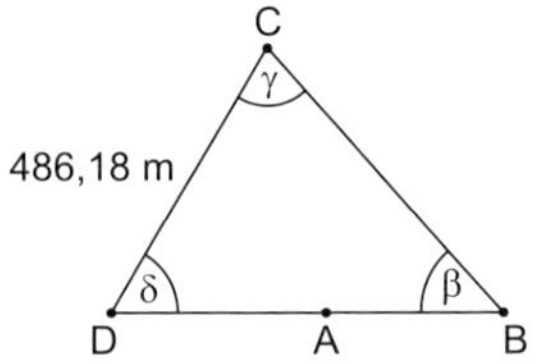

$$\sphericalangle DCB = \gamma = 180° - \beta - \delta$$

$$\gamma = 180° - 48{,}32° - 59{,}63°$$

$$\gamma = 72{,}05°$$

Berechnung von $\overline{DB}$ mit dem Sinussatz im Dreieck DBC:

$$\frac{\overline{CD}}{\sin\beta} = \frac{\overline{DB}}{\sin\gamma}$$

$$\frac{486{,}18\text{ m}}{\sin 48{,}32°} = \frac{\overline{DB}}{\sin 72{,}05°} \quad \Big|\cdot \sin 72{,}05°$$

$$\overline{DB} = \frac{486{,}18\text{ m} \cdot \sin 72{,}05°}{\sin 48{,}32°}$$

$$\overline{DB} = 619{,}27\text{ m}$$

Berechnung der Länge der Strecke $\overline{AB}$:

$\overline{AB} = \overline{DB} - \overline{DA} = 619{,}27\text{ m} - 340{,}52\text{ m} = \underline{\underline{278{,}75\text{ m}}}$

Die Länge der Strecke $\overline{AB}$ beträgt 278,75 m.

3.4 Im allgemeinen Dreieck DBC ist die Länge der Strecke $\overline{BC}$ zu berechnen. Die Lösung kann entweder mit dem Sinussatz oder mit dem Kosinussatz erfolgen.

Berechnung von $\overline{BC}$ mit dem Sinussatz im Dreieck DBC:

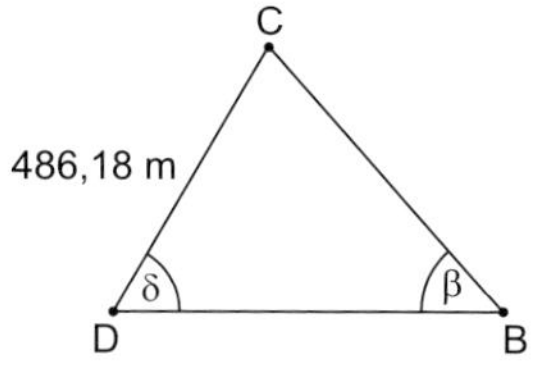

$$\frac{\overline{BC}}{\sin\delta} = \frac{\overline{CD}}{\sin\beta}$$

$$\frac{\overline{BC}}{\sin 59{,}63^\circ} = \frac{486{,}18\text{ m}}{\sin 48{,}32^\circ} \quad |\cdot \sin 59{,}63^\circ$$

$$\overline{BC} = \frac{486{,}18\text{ m}\cdot\sin 59{,}63^\circ}{\sin 48{,}32^\circ}$$

$$\underline{\underline{\overline{BC} = 561{,}63\text{ m}}}$$

Die Länge der Strecke $\overline{BC}$ beträgt 561,63 m.

Alternative Berechnung von $\overline{BC}$ mit dem Kosinussatz im Dreieck DBC:

$$\overline{BC}^2 = \overline{DB}^2 + \overline{CD}^2 - 2\cdot\overline{DB}\cdot\overline{CD}\cdot\cos\delta \quad |\sqrt{\ }$$

$$\overline{BC} = \sqrt{(619{,}27\text{ m})^2 + (486{,}18\text{ m})^2 - 2\cdot 619{,}27\text{ m}\cdot 486{,}18\text{ m}\cdot\cos 59{,}63^\circ}$$

$$\overline{BC} = \sqrt{619.866{,}33\text{ m}^2 - 304.437{,}96\text{ m}^2}$$

$$\overline{BC} = \sqrt{315.428{,}37\text{ m}^2}$$

$$\underline{\underline{\overline{BC} = 561{,}63\text{ m}}}$$

Die Länge der Strecke $\overline{BC}$ beträgt 561,63 m.

3.5 Die Fläche eines allgemeinen Dreiecks wird mit der Formel $A = \frac{1}{2}\cdot a\cdot b\cdot\sin\gamma$ berechnet. Der gegebene Winkel muss dabei von den gegebenen Seiten eingeschlossen sein.

Berechnung des Flächeninhalts des Dreiecks DAC:

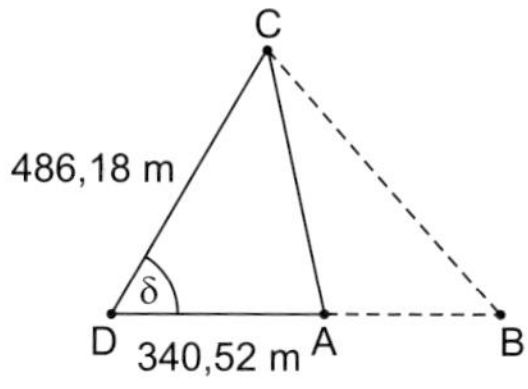

$$A = \frac{1}{2}\cdot\overline{CD}\cdot\overline{DA}\cdot\sin\delta = \frac{1}{2}\cdot 486{,}18\text{ m}\cdot 340{,}52\text{ m}\cdot\sin 59{,}63^\circ$$

$$= \underline{\underline{71.418{,}22\text{ m}^2}}$$

Die Fläche des Dreiecks DAC beträgt 71.418,22 m^2.

Aufgabe 4 – Stochastik

4.1 Um eine Aussage über die Gewinnchancen machen zu können, müssen die Flächengrößen der einzelnen Felder betrachtet werden. Je größer die Fläche eines Feldes ist, desto größer ist die Wahrscheinlichkeit dafür, dass die Kuh den Kuhfladen in das Feld setzt.

Die größten Gewinnchancen haben die Felder mit den Nummern 4, 10, 15 und 19, da sie flächenmäßig am größten sind.

4.2 Die quadratische Wiese kann so aufgeteilt werden, dass sie aus 32 kongruenten und damit flächengleichen Dreiecken besteht, vergleiche Skizze. Die Wahrscheinlichkeit dafür, dass ein Feld der Größe eines solchen Dreiecks getroffen wird, beträgt somit $\frac{1}{32}$.

Wahrscheinlichkeiten für die mit geraden Zahlen nummerierten Felder, getroffen zu werden:

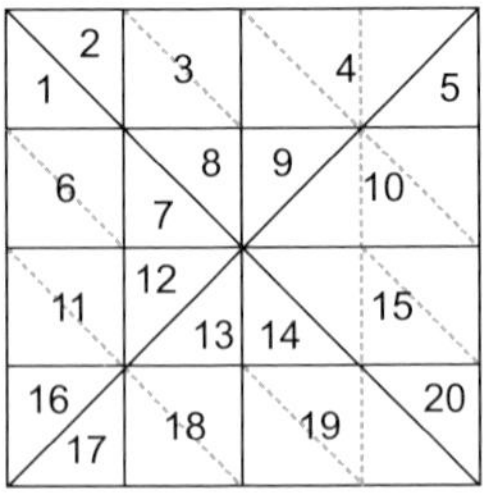

$P(2)=\frac{1}{32}$ $P(4)=\frac{3}{32}$ $P(6)=\frac{2}{32}$ $P(8)=\frac{1}{32}$

$P(10)=\frac{3}{32}$ $P(12)=\frac{1}{32}$ $P(14)=\frac{1}{32}$ $P(16)=\frac{1}{32}$

$P(18)=\frac{2}{32}$ $P(20)=\frac{1}{32}$

Berechnung der Wahrscheinlichkeit dafür, dass ein Feld getroffen wird, das mit einer geraden Zahl nummeriert ist:

$P(\text{gerade}) = P(2)+P(4)+P(6)+P(8)+P(10)+P(12)+P(14)+P(16)+P(18)+P(20)$

$P(\text{gerade}) = \frac{1}{32}+\frac{3}{32}+\frac{2}{32}+\frac{1}{32}+\frac{3}{32}+\frac{1}{32}+\frac{1}{32}+\frac{1}{32}+\frac{2}{32}+\frac{1}{32}$

$\underline{\underline{P(\text{gerade}) = \frac{16}{32} = \frac{1}{2} = 50\ \%}}$

Die Wahrscheinlichkeit beträgt 50 %.

4.3 Leo hat unrecht. Die relative Häufigkeit ist eine statistische Kenngröße und wird anhand von echten Daten nach der Versuchsdurchführung festgestellt. Sie kann bei jeder Reihe von n Versuchsdurchführungen variieren. Die Wahrscheinlichkeit ist eine theoretische Größe, die bereits vor dem Versuch angibt, wie sicher ein Ereignis eintreffen wird. Je öfter man einen Versuch durchführt, desto mehr nähert sich die relative Häufigkeit an die Wahrscheinlichkeit an (Gesetz der großen Zahlen).

4.4 Am übersichtlichsten wird das Baumdiagramm, wenn man im 1. Schritt nach Geschlechtern trennt und im 2. Schritt die Entfernungen der Wohnorte zum Einkaufszentrum erfasst.

Baumdiagramm:

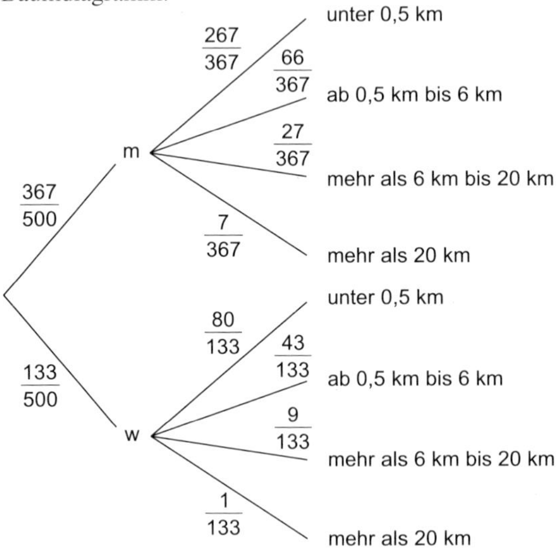

Alternatives Baumdiagramm:

Alternativ kann man auch im 1. Schritt die Entfernungen der Wohnorte zum Einkaufszentrum erfassen und im 2. Schritt nach Geschlechtern trennen.

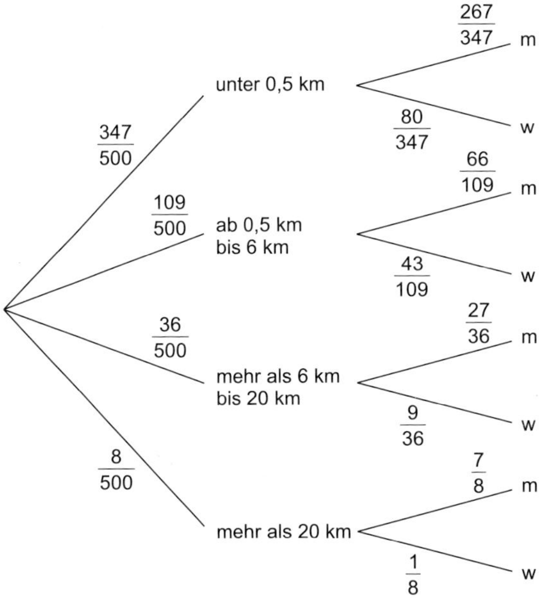

4.5 **Berechnung des Medians z:**

Um den Median zu berechnen, müssen die Werte zunächst der Größe nach geordnet werden. Bei einer geraden Datenanzahl ist der Median (Zentralwert) das arithmetische Mittel der beiden in der Mitte liegenden Werte.

Der Größe nach geordnete Datenmenge: 22 23 23 **24** **29** 31 36 2.000

$$z = \frac{24+29}{2} = \underline{\underline{26{,}5}}$$

Bestimmung des Modalwerts m:

Der Modalwert ist der Wert der Datenreihe, der am häufigsten vorkommt.

$$m = \underline{\underline{23}}$$

Berechnung des arithmetischen Mittels $\overline{m}$:

Das arithmetische Mittel wird berechnet, indem man die einzelnen Werte addiert und das Ergebnis durch die Anzahl der Werte teilt.

$$\overline{m} = \frac{22+36+23+31+24+23+29+2.000}{8} = \frac{2.188}{8} = \underline{\underline{273{,}5}}$$

Berechnung der Spannweite w:

Die Spannweite ist die Differenz aus größtem und kleinstem Wert der Datenmenge.

$$w = 2.000 - 22 = \underline{\underline{1.978}}$$

Aufgabe 5 – Figuren- und Raumgeometrie

5.1 Das Partyzelt setzt sich aus einem Würfel und einer aufgesetzten quadratischen Pyramide zusammen. Um die Höhe h_{Zelt} des Partyzeltes zu berechnen, muss also die Höhe h_P der Pyramide zur Höhe h_W des Würfels hinzugezählt werden. Dafür muss zunächst die Höhe der Pyramide bestimmt werden.

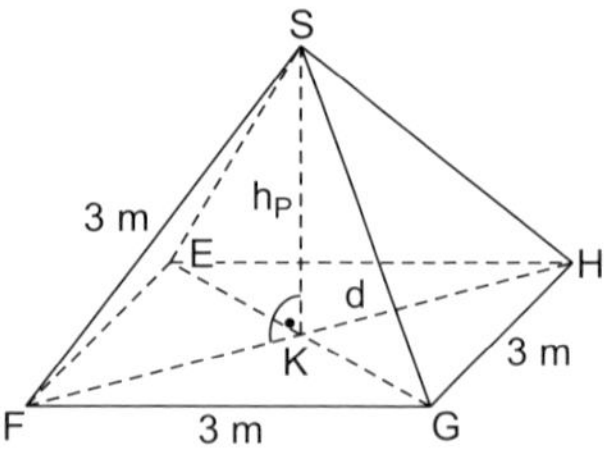

Berechnung der Höhe der Pyramide:

Um die Höhe der Pyramide berechnen zu können, muss zunächst die Diagonale d der Grundfläche der Pyramide bestimmt werden. Die Höhe h_P kann dann mithilfe des Satzes von Pythagoras im rechtwinkligen Dreieck FKS berechnet werden.

Berechnung der Diagonalen mithilfe des Satzes von Pythagoras im rechtwinkligen Dreieck FGH:

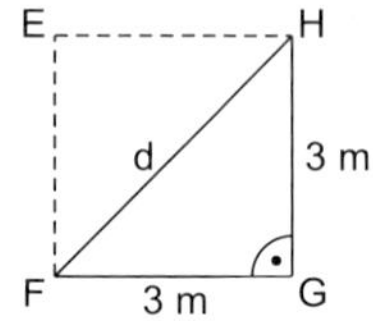

$d^2 = (3\text{ m})^2 + (3\text{ m})^2 \qquad |\sqrt{}$

$d = \sqrt{18\text{ m}^2}$

$d = 4{,}24\text{ m}$

Berechnung der Höhe h_P mithilfe des Satzes von Pythagoras im rechtwinkligen Dreieck FKS:

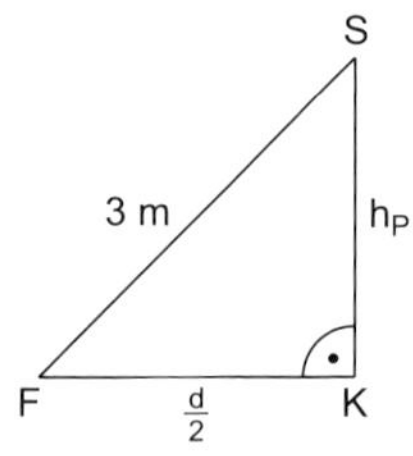

$$h_P{}^2 + \left(\frac{d}{2}\right)^2 = (3\text{ m})^2$$

$$h_P{}^2 + \left(\frac{4{,}24\text{ m}}{2}\right)^2 = (3\text{ m})^2 \qquad \left| -\left(\frac{4{,}24\text{ m}}{2}\right)^2\right.$$

$$h_P{}^2 = (3\text{ m})^2 - (2{,}12\text{ m})^2$$

$$h_P{}^2 = 4{,}5\text{ m}^2 \qquad |\sqrt{}$$

$$h_P = 2{,}12\text{ m}$$

Alternative Berechnung der Höhe der Pyramide:

Betrachte die Dreiecke FGK und FKS. Weil $\overline{FG} = \overline{SF} = 3\text{ m}$ und $\sphericalangle FKG = \sphericalangle SKF = 90°$ gilt, stimmen die beiden Dreiecke in zwei Seitenlängen und dem Winkel, der der längeren Seite gegenüberliegt, überein. Wegen SsW sind die Dreiecke FGK und FKS also kongruent. Damit gilt: $h_P = \frac{d}{2} = 2{,}12\text{ m}$

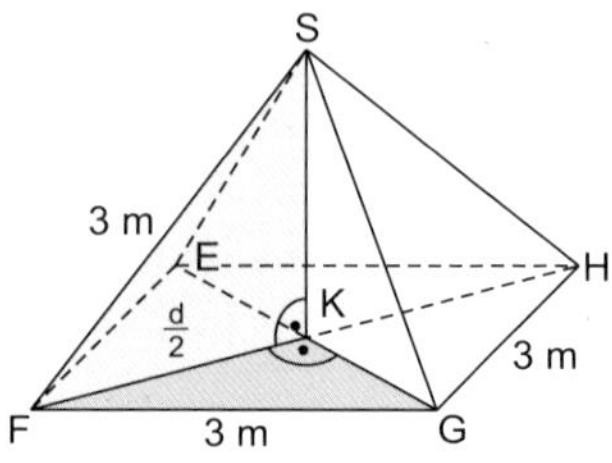

Berechnung der Zelthöhe:

$h_{Zelt} = h_P + h_W = h_P + 3\text{ m} = 2{,}12\text{ m} + 3\text{ m} = \underline{\underline{5{,}12\text{ m}}}$

Das Partyzelt ist 5,12 m hoch.

5.2 Die nötige Fläche an Planenstoff erhält man, indem man von der Mantelfläche des Würfels die trapezförmige Fläche, die nach der Skizze als Türöffnung dient, abzieht.

Berechnung der Mantelfläche des Würfels:

$M_{Würfel} = 4 \cdot (3\text{ m})^2 = 36\text{ m}^2$

Berechnung der Trapezfläche:

Im Trapez gilt:

$a = 3\text{ m} - 2 \cdot 0{,}3\text{ m} = 2{,}4\text{ m}$

$c = 3\text{ m} - 2 \cdot 0{,}7\text{ m} = 1{,}6\text{ m}$

$h = 3\text{ m} - 0{,}5\text{ m} = 2{,}5\text{ m}$

Berechnung der Trapezfläche:

$$A_{\text{Trapez}} = \frac{a+c}{2} \cdot h = \frac{2{,}4\text{ m} + 1{,}6\text{ m}}{2} \cdot 2{,}5\text{ m} = 5\text{ m}^2$$

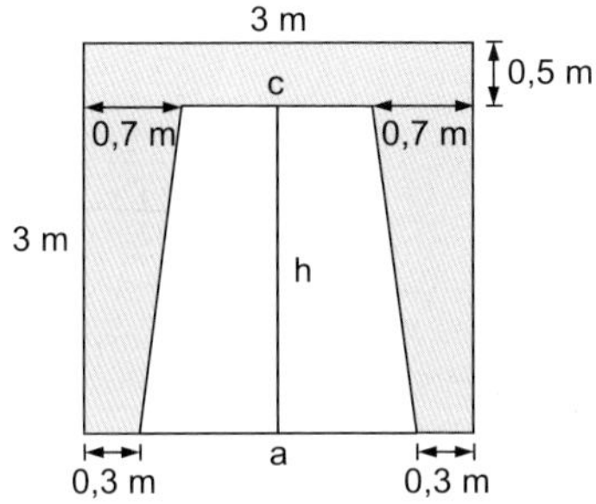

Berechnung der Planenfläche:

$$A_{\text{Planen}} = M_{\text{Würfel}} - A_{\text{Trapez}} = 36\text{ m}^2 - 5\text{ m}^2 = \underline{\underline{31\text{ m}^2}}$$

Es wurden 31 m^2 Planenstoff verwendet.

5.3 Um entscheiden zu können, ob 2 Seile zu je 5 Metern Länge ausreichen, müssen die Längen der Strecken $\overline{EP}$ und $\overline{GQ}$ bestimmt werden. Wegen $\overline{EP} = \overline{GQ}$ genügt es, die Länge der Strecke $\overline{EP}$ zu berechnen. Dafür werden 3 verschiedene Lösungswege aufgezeigt.

1. Möglichkeit: Strahlensatz

Um die Aufgabe zu lösen, wird ein diagonaler Querschnitt des Partyzeltes betrachtet.

Berechnung von x mithilfe des Strahlensatzes (Zentrum S):

$$\frac{3\text{ m} + x}{3\text{ m}} = \frac{h_P + 3\text{ m}}{h_P}$$

$$\frac{3\text{ m} + x}{3\text{ m}} = \frac{2{,}12\text{ m} + 3\text{ m}}{2{,}12\text{ m}} \qquad | \cdot 3\text{ m}$$

$$3\text{ m} + x = 7{,}25\text{ m} \qquad | - 3\text{ m}$$

$$\underline{\underline{x = 4{,}25\text{ m}}}$$

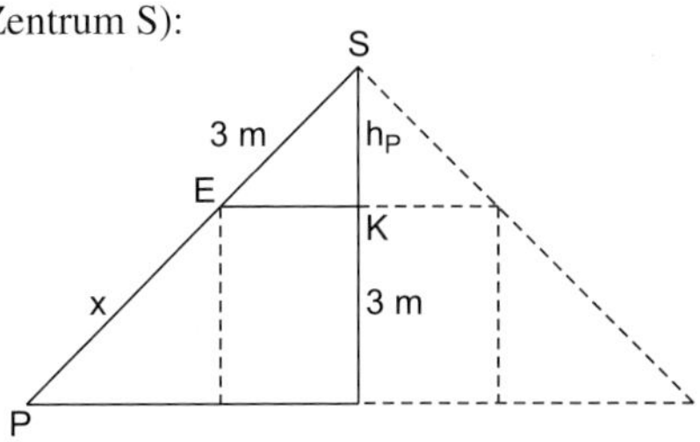

Die Seile zu je 5 Metern Länge reichen aus.

2. Möglichkeit: Satz von Pythagoras

Die Winkel α und α_2 sind Stufenwinkel und damit gleich groß. Wegen $\overline{EK} = \overline{KS}$ (vgl. 5.1) ist das Dreieck EKS gleichschenklig mit den Basiswinkeln α_1 und α_2. Da die Winkel α, α_1 und α_2 somit alle gleich groß sind, muss das Dreieck PAE ebenfalls gleichschenklig sein. Also ist $\overline{PA} = 3$ m. x kann im Dreieck PAE mit dem Satz von Pythagoras berechnet werden.

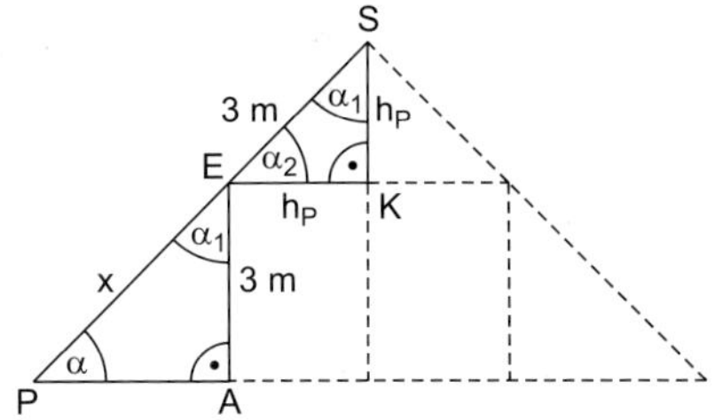

Im rechtwinkligen Dreieck PAE gilt:

$$x^2 = (3\text{ m})^2 + (3\text{ m})^2 \qquad | \sqrt{}$$

$$x = \sqrt{18\text{ m}^2}$$

$$\underline{\underline{x = 4{,}24\text{ m}}}$$

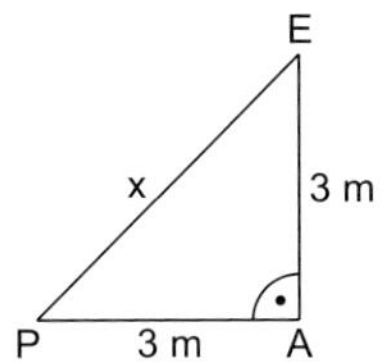

Die Seile zu je 5 Metern Länge reichen aus.

3. Möglichkeit: Sinus im rechtwinkligen Dreieck PAE

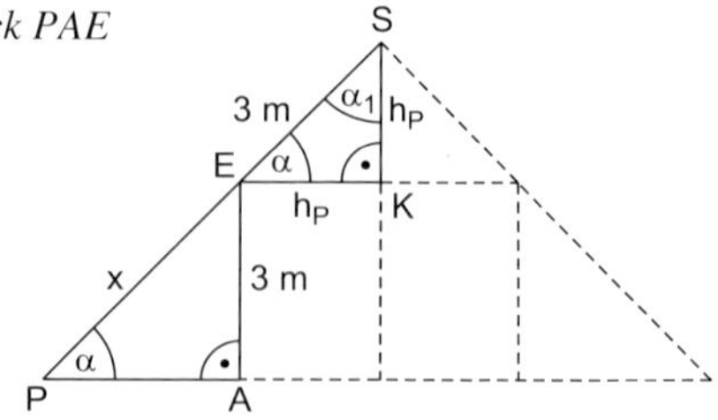

Die Länge $\overline{EP} = x$ kann mithilfe des Sinus im rechtwinkligen Dreieck PAE berechnet werden. Dazu wird zunächst der Stufenwinkel von α (und damit α) im Dreieck EKS berechnet.
Wegen $\overline{EK} = \overline{KS}$ ist das Dreieck EKS gleichschenklig-rechtwinklig. Damit sind α und α_1 gleich groß und ergeben zusammen 90°.

Berechnung von α:
Aufgrund der Winkelsumme gilt im Dreieck EKS:

$$\alpha + \alpha + 90° = 180° \quad |-90°$$
$$2\alpha = 90° \quad |:2$$
$$\alpha = 45°$$

Im rechtwinkligen Dreieck PAE sind nun die Länge der Strecke $\overline{AE}$ und der Winkel α bekannt. Die Länge von x kann mithilfe des Sinus berechnet werden.

Im rechtwinkligen Dreieck PAE gilt:

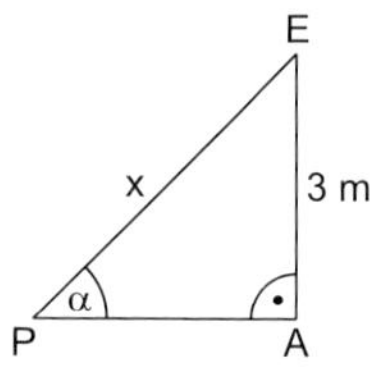

$$\sin\alpha = \frac{\text{Ankathete}}{\text{Hypotenuse}}$$
$$\sin 45° = \frac{3\text{ m}}{x} \quad \left| \cdot \frac{x}{\sin 45°}\right.$$
$$x = \frac{3\text{ m}}{\sin 45°}$$
$$\underline{\underline{x = 4{,}24}}$$

Die Seile zu je 5 Metern Länge reichen aus.

5.4 Um die Aufgabe zu lösen, wird ein diagonaler Querschnitt des Partyzeltes betrachtet. Im Folgenden werden 2 verschiedene Lösungswege aufgezeigt, um $\overline{MS}$ zu berechnen.

1. Möglichkeit: Satz von Pythagoras im rechtwinkligen Dreieck MNS

Im diagonalen Querschnitt des Partyzeltes werden die Punkte M und N so ergänzt, dass das rechtwinklige Dreieck MNS entsteht. M ist dabei der Mittelpunkt der Strecke $\overline{AE}$ und N liegt senkrecht unter S. $\overline{MS}$ wird mithilfe des Satzes von Pythagoras berechnet.

Im rechtwinkligen Dreieck MNS gilt:

$$\overline{SM}^2 = \overline{MN}^2 + \overline{NS}^2 \quad |\sqrt{}$$
$$\overline{SM} = \sqrt{\left(\frac{d}{2}\right)^2 + \left(\frac{3\text{ m}}{2} + h_P\right)^2}$$
$$\overline{SM} = \sqrt{(2{,}12\text{ m})^2 + (1{,}5\text{ m} + 2{,}12\text{ m})^2}$$
$$\overline{SM} = \sqrt{17{,}60\text{ m}^2}$$
$$\overline{SM} = 4{,}20\text{ m}$$

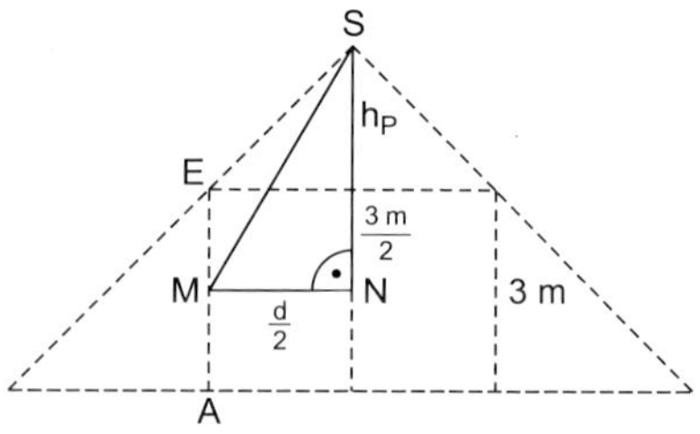

Die Lichterkette aus dem Keller ist mit 4 m zu kurz.

2. Möglichkeit: Kosinussatz im Dreieck MSE

Betrachtet wird ein diagonaler Querschnitt des Partyzeltes. Die Länge der Strecke $\overline{MS}$ kann mithilfe des Kosinussatzes im allgemeinen Dreieck MSE berechnet werden. Dazu wird zunächst der Winkel MES als Summe aus 90° und α berechnet.

Berechnung der Größe des Winkels MES:

$\sphericalangle MES = 90° + \alpha = 90° + 45° = 135°$

Berechnung der Länge der Strecke $\overline{MS}$ mit dem Kosinussatz im Dreieck MSE:

$$\overline{MS}^2 = \overline{EM}^2 + \overline{SE}^2 - 2 \cdot \overline{EM} \cdot \overline{SE} \cdot \cos \sphericalangle MES \qquad |\sqrt{}$$

$$\overline{MS} = \sqrt{\left(\frac{3\text{ m}}{2}\right)^2 + (3\text{ m})^2 - 2 \cdot \frac{3\text{ m}}{2} \cdot 3\text{ m} \cdot \cos 135°}$$

$$\overline{MS} = \sqrt{11{,}25\text{ m}^2 - (-6{,}36\text{ m}^2)}$$

$$\overline{MS} = \sqrt{17{,}61\text{ m}^2}$$

$$\overline{MS} = 4{,}20\text{ m}$$

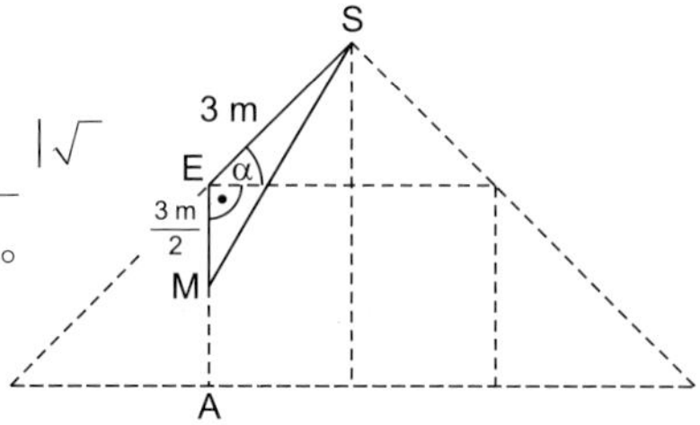

Die Lichterkette aus dem Keller ist mit 4 m zu kurz und kann, selbst bei straffer Spannung, nicht verwendet werden.

Offizielle Musterprüfung an drei- und vierstufigen Wirtschaftsschulen
Mathematik – Aufgabenteil A (Muster 1)

Aufgaben ohne Benutzung des Taschenrechners

1. Susanne und Jan kaufen sich gemeinsam eine Pizza. Susanne hat bereits drei Viertel gegessen. Den Rest teilt sie mit Jan und gibt ihm davon die Hälfte.
Wie hoch ist Jans Anteil an der gekauften Pizza? 1

A	B	C	D	Lösung
20 %	25 %	12,5 %	10 %	C

2. Die kleinste der folgenden Zahlen ist … 1

A	B	C	D	Lösung
2^3	$5\frac{1}{2}$	$\sqrt{17}$	5,65	C

3. Das Hinterrad eines Fahrrads hat einen Durchmesser von 30 cm.
Bei 10 Radumdrehungen fährt man … 1

A	B	C	D	Lösung
ca. 15 m.	ca. 30 m.	ca. 3 m.	ca. 9 m.	C

4. In einer Urne befinden sich 4 Plättchen. Sie tragen die Buchstaben B, E, G und R. Es wird ohne Zurücklegen gezogen.
Wie groß ist die Wahrscheinlichkeit, dass in der gezogenen Reihenfolge das Wort „BERG" gebildet wird? 1

A	B	C	D	Lösung
$\frac{1}{6}$	$\frac{1}{12}$	$\frac{1}{24}$	$\frac{1}{32}$	D

5. Die Waage befindet sich im Gleichgewicht. Stellen Sie eine Gleichung auf und berechnen Sie das Gewicht der Kugel. 2

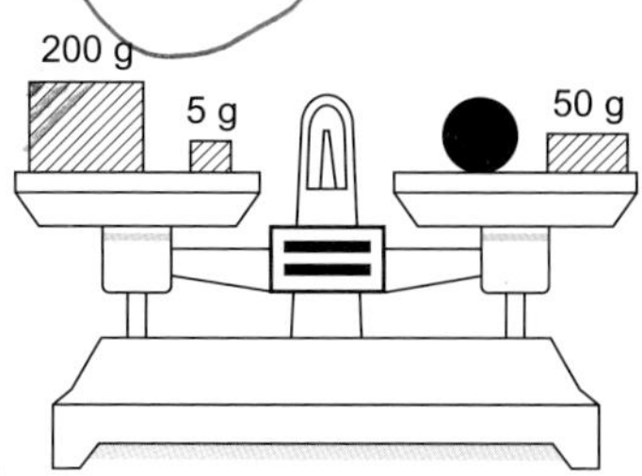

200g + 5g = x + 50g

205g = x + 50g | −50g

x = 155g

6. Begründen Sie, warum man mit diesen Maßen kein Dreieck bilden kann. 2

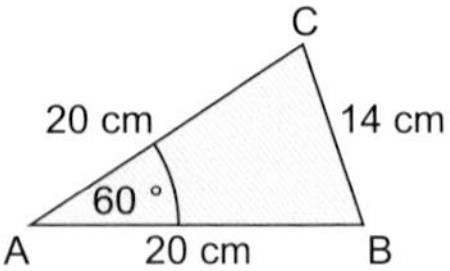

Die Skizze ist nicht maßstabsgetreu.

(180° − 60°) : 2 = 120°

120° : 2 = 60°

Es müssten alle Seiten gleich sein damit die Maße passen würden.

7. Petra und Jürgen, Klassensprecher einer Wirtschaftsschulklasse, planen eine Wanderung rund um den Tegernsee. Auf einer Internetseite wird die Fläche des Sees mit 25 km^2 angegeben. Petra vermutet, dass diese Angabe viel zu groß ist.

Ist Petras Vermutung begründet?

Schätzen Sie auf nachvollziehbare Weise die Fläche des Tegernsees. Nutzen Sie dazu die Informationen aus der Karte. 2

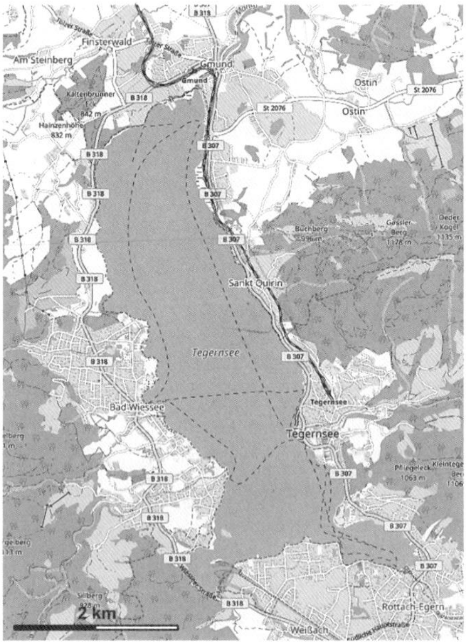

© OpenStreetMap und Mitwirkende, lizenziert unter CC BY SA 2.0

6 · 2 = 12 km

8. Eine Wirtschaftsschulklasse unternimmt mit ihrer Klassenlehrerin von Bad Wiessee aus eine Wanderung entlang des 21 km langen Seerundwegs. Die Gruppe bricht um 13:00 Uhr auf und legt in den ersten 20 Minuten 1,4 km zurück. Nach einem Drittel des Weges dauert die erste Rast 16 Minuten, die zweite ist doppelt so lang.

Berechnen Sie, ob es die Klasse schafft, pünktlich zum Abendessen um 18:30 Uhr in Bad Wiessee zu sein, wenn sie mit gleichbleibender Geschwindigkeit wandert. 3

Wandergeschwindigkeit:

$\cdot 3$ (20 min $\hat{=}$ 1,4 km) $\cdot 3$

60 min $\hat{=}$ 4,2 km → 4,2 km/h

Wanderzeit:

$21\,km : 4{,}2\,km/h = \frac{21\,km}{4{,}2\,km/h} = 5\,h$

Rastzeit:

16 Minuten + 16 · 2 = 16 Minuten + 32 Min = 48 Minuten

9. Peter bastelt einen Drachen mit den Diagonalen $\overline{AC} = e = 120$ cm und $\overline{BD} = f = 60$ cm. Er teilt die Strecke e durch die Strecke f so, dass Das obere Teilstück [EC] 40 cm lang ist. Zur Verbesserung der Flugeigenschaft verstärkt er die Seiten b und c mit einem Metallstreifen.

Berechnen Sie die Länge des Metallstreifens, den Peter für die Seiten b und c insgesamt benötigt. 2

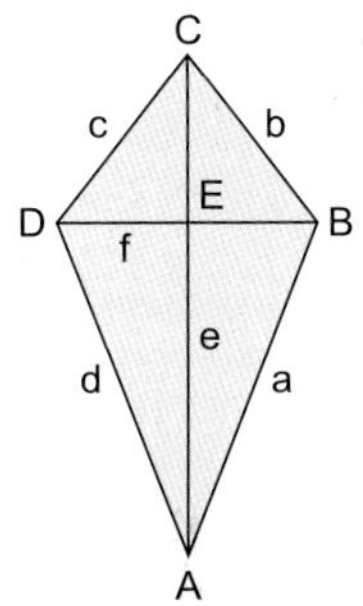

Die Skizze ist nicht maßstabsgetreu.

15

Offizielle Musterprüfung an drei- und vierstufigen Wirtschaftsschulen
Mathematik – Aufgabenteil A (Muster 2)

Aufgaben ohne Benutzung des Taschenrechners

1. Wahr oder falsch? Begründen Sie Ihre Entscheidung bzw. geben Sie ein Gegenbeispiel an.

1.1 In einem rechtwinkligen Dreieck ist die Hypotenuse immer die längste Seite. 2

1.2 Ein rechtwinkliges Dreieck besitzt immer drei verschieden lange Seiten. 2

2. Im Schaufenster eines Bekleidungsgeschäfts ist eine Jeanshose für 80,00 € ausgestellt. Ein Verkäufer reduziert den Preis um 20 %.
Am nächsten Tag erhöht er den reduzierten Preis um 20 %.
Welchen Preis muss der Verkäufer nun an der Hose anbringen? 1

A	B	C	D	Lösung
64,80 €	82,00 €	76,80 €	80,00 €	

3. $\frac{2}{5}$ von 10 Litern – das sind … 1

A	B	C	D	Lösung
0,04 Liter	400 cm^3	4.000 cm^3	2 Liter	

4. Gegeben ist das Netz eines Würfels, bei dem die Grundfläche G eingezeichnet ist.
Kennzeichnen Sie die gegenüberliegende Deckfläche D. 1

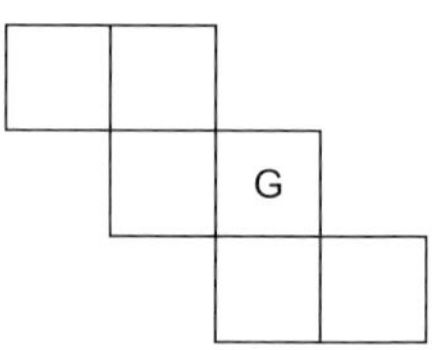

5. Gegeben ist nebenstehende Skizze: Welcher Ansatz ist richtig, um die Länge der Strecke $x = \overline{AA'}$ zu berechnen? 1

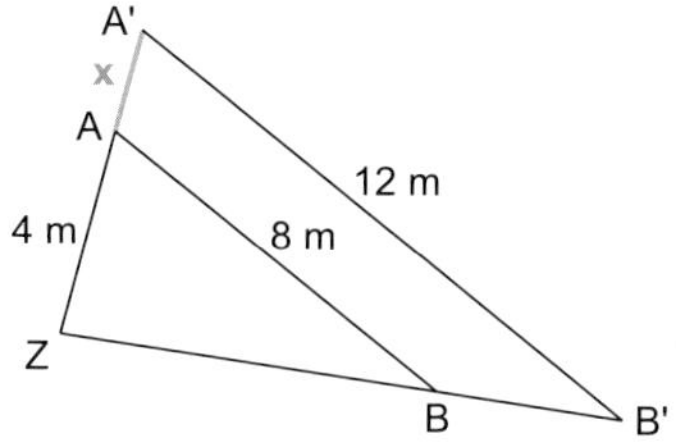

A	B	C	D	Lösung
$\frac{x}{4} = \frac{12}{8}$	$\frac{x}{12} = \frac{8}{4}$	$\frac{4}{x+4} = \frac{12}{8}$	$\frac{4+x}{4} = \frac{12}{8}$	

6. Max hat versucht die folgende Gleichung zu lösen. Leider sind ihm dabei zwei Rechenfehler unterlaufen.
Unterstreichen Sie diese Fehler und lösen Sie die Gleichung rechts daneben selbst richtig auf. 4

$(x+2)^2 = x(x-4) + 3x$

$x^2 + 2x + 4 = x^2 - 4x + 3x$

$2x + 4 = -x$

$3x = -4$

$x = -\frac{3}{4}$

$(x+2)^2 = x(x-4) + 3x$

7. Beim Zorbing rollt ein Mensch in einem aufgeblasenen Ball einen Abhang hinab.
Schätzen Sie anhand des Bildes den Gesamtdurchmesser des Balles und geben Sie diesen an. Berechnen Sie mithilfe Ihres „Schätzdurchmessers" nachvollziehbar das Gesamtvolumen des Balles. 3

15

Offizielle Musterprüfung an drei- und vierstufigen Wirtschaftsschulen
Mathematik – Aufgabenteil B

Aufgabe 1 – Finanzmathematik

Herr Jürgen Schönfelder ist Kunde der Vereinigten Frankenbank eG in Weißenburg. Am 22. 09. 2018 kauft er ein Auto. Zur Finanzierung nimmt er kurzfristig einen Dispositionskredit in Höhe von 13.500,00 € in Anspruch.

Die Bank stellt ihm für den Kredit die in der Anlage zu seinem Kontoauszug ausgewiesenen Zinsen in Rechnung (siehe Seite 33).

1.1 Berechnen Sie den Zinssatz des Dispositionskredits. 2

Herrn Schönfelder ist die Finanzierung durch den Dispositionskredit auf Dauer zu teuer. Eine Mitarbeiterin der Bank unterbreitet ihm ein Kreditangebot und gibt ihm den dazugehörigen Tilgungsplan. Die Laufzeit des Darlehens beträgt 5 Jahre.

1.2 Bestimmen Sie anhand des Tilgungsplans (siehe Seite 33) das zugrunde liegende Tilgungsverfahren und tragen Sie die fehlenden Beträge in die Tabelle ein. 4

Herr Schönfelder nimmt das Kreditangebot der Bank an und wünscht die vertragliche Vereinbarung, Sondertilgungen vornehmen zu können.

1.3 Erläutern Sie, aus welchem Grund Herr Schönfelder Sondertilgungen leisten möchte. 1

Herr Schönfelder hat sich frühzeitig um seine private Altersvorsorge gekümmert. Am 01. 01. 1994 hat er eine Lebensversicherung abgeschlossen, in die er zu Beginn eines jeden Jahres 3.600,00 € einzahlt. Die Versicherung wird am 31. 12. 2018 ausgezahlt.

1.4 Berechnen Sie den Betrag, über den Herr Schönfelder bei Versicherungsende verfügen kann, wenn vertraglich eine jährliche Mindestverzinsung von 4 % garantiert ist. 3

In einem Schreiben teilt das Versicherungsunternehmen Herrn Schönfelder mit, dass er bei Vertragsende über einen garantierten Mindestbetrag von 155.922,28 € aus seiner Lebensversicherung verfügen kann. Laut Vertrag wird die Versicherungssumme in einer jährlich vorschüssigen Rente in Höhe von 12.000,00 € ausgezahlt.

1.5 Berechnen Sie, wie viele volle Rentenauszahlungen er von seiner Ansparleistung erhalten wird, wenn die Versicherung seine Einzahlungen mit 0,9 % verzinst. 5

15

Zusatzblatt zu 1. Finanzmathematik

Name: ______________________

Zu Teilaufgabe 1.1:

Herrn/Frau/Firma	**Anlage zum Kontoauszug** Vereinigte Frankenbank eG Weißenburg Luitpoldstr. 13, 91781 Weißenburg	
Jürgen Schönfelder Finkenweg 12 91781 Weißenburg	IBAN	KONTOAUSDRUCK
	DE51 7606 9468 0030 3908 33	30. 09. 2018
	BIC: GENODEF1GU1	Anlage 1 zu Auszug Nummer 3

Vorgang	**WERT**	**UMSATZ EUR**
ABRECHNUNG FÜR DIE INANSPRUCHNAHME DES DISPOSITIONSKREDITS: 13.500,00 € Abrechnungszeitraum: vom 22. 09. 2018 bis 30. 09. 2018 Zinsentgelt	**30. 09.**	**31,50 S***
Ihre Kreditlinie beträgt 15.000,00 €.		
		*S = Belastung/H = Gutschrift

Zu Teilaufgabe 1.2:

Kreditangebot für Herrn Schönfelder

Auszug aus dem Tilgungsplan

Tilgungsverfahren: ______________________

Jahr	Restschuld	Zinsen	Tilgung	Annuität
1	13.500,00 €	843,75 €	________ €	3.226,68 €
2	________ €	________ €	2.531,86 €	3.226,68 €

Aufgabe 2 – Funktionaler Zusammenhang

Im Sportunterricht der 10. Klasse werden Wurfspiele durchgeführt. Um die Note 1 zu erhalten, muss der Ball über eine auf einem Hang (Punkt E) stehende, 4 m hohe Wand geworfen werden. Die Abbildung zeigt Pauls Wurf. Der Ball wird im Punkt A abgeworfen und fliegt parabelförmig durch die Punkte B und C.

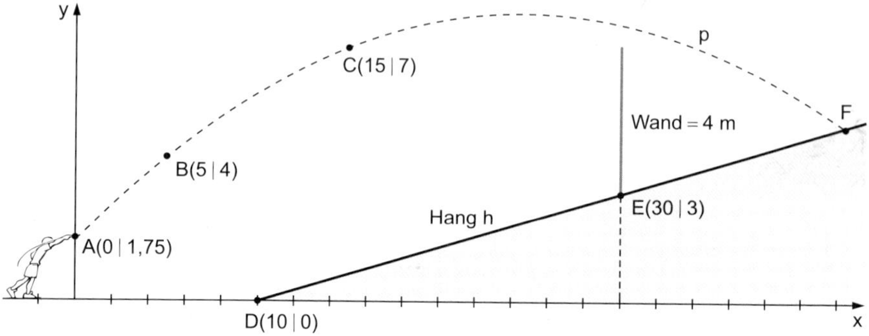

Alle Angaben in Meter.
Die Skizze ist nicht maßstabsgetreu.

2.1 Ermitteln Sie nachvollziehbar die Funktionsgleichung der Flugparabel p. 4
(Ergebnis p: $y = -0{,}01x^2 + 0{,}5x + 1{,}75$)

Der Hang wird durch die Gerade h beschrieben, die durch die Punkte D und E verläuft.

2.2 Bestimmen Sie die Funktionsgleichung des Hanges h. 3
(Ergebnis h: $y = 0{,}15x - 1{,}5$)

2.3 Berechnen Sie die Koordinaten des Auftreffpunktes F des Balles am Hang. 4

2.4 Zeigen Sie rechnerisch, dass Paul für diesen Wurf die Note 1 erhält. 2

2.5 Berechnen Sie, nach wie vielen Metern der Ball den höchsten Punkt der Flugparabel p erreicht. 2

15

Aufgabe 3 – Trigonometrie

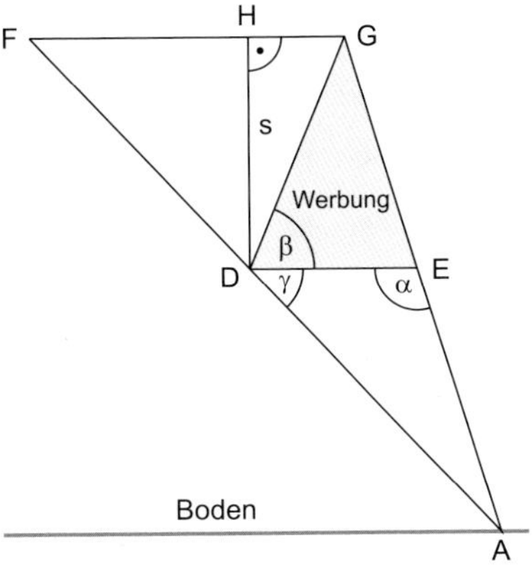

Die Skizze zeigt den rechten unteren Teil eines Hochspannungsmastes. Teile des Mastes müssen wegen Rostschäden mit Spezialfarbe gestrichen werden.
Die Strecken [DE] und [FG] verlaufen parallel zum Boden.

Es gelten folgende Maße:

$\overline{AE} = 1{,}94$ m, $\overline{DE} = 1{,}19$ m, $\alpha = \sphericalangle DEA = 108{,}14°$

$\beta = \sphericalangle EDG = 67{,}65°$, $\gamma = \sphericalangle ADE = 45{,}75°$, $\overline{FD} = 2{,}25$ m, $\overline{FG} = 2{,}23$ m

3.1 Berechnen Sie die Länge der Metallstange $\overline{DA}$. 3
(Ergebnis: $\overline{DA} = 2{,}57$ m)

3.2 Die Metallstangen, die das Dreieck AGF begrenzen, werden mit Rostschutzfarbe angestrichen.
Berechnen Sie die Gesamtlänge der zu streichenden Metallstangen. 5
(Zwischenergebnis: $\overline{GE} = 1{,}70$ m)

Aufgrund der Rostschäden soll zur Stabilisierung eine Strebe s senkrecht zur Strecke [FG] eingezogen werden.

3.3 Berechnen Sie die Länge der Strebe s. 4

3.4 Eine Firma will die dreieckige Fläche DEG für Werbezwecke nutzen.
Berechnen Sie die Fläche, die für das Firmenlogo zur Verfügung steht. 3

15

Aufgabe 4 – Stochastik

Im vergangenen Jahr wurden von den sechs Ländern mit den höchsten Ausgaben für digitale Werbung insgesamt 20,4 Milliarden Euro in diese investiert. Die folgende Grafik gibt Ihnen Auskunft über die Verteilung in diesen Ländern.

So viel wird in digitale Werbung investiert

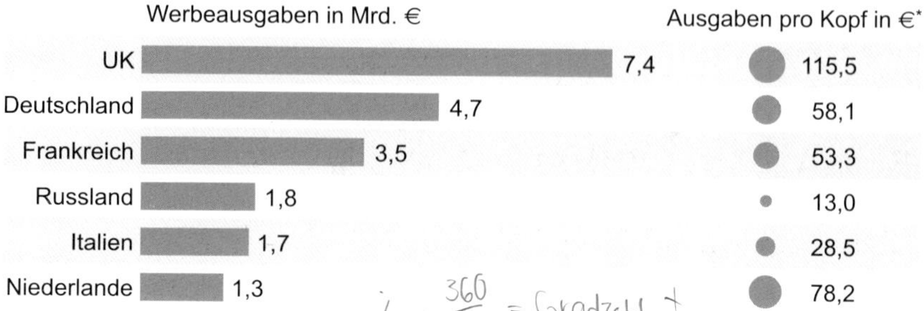

*bezogen auf die Gesamtbevölkerung

Daten nach: IHS, IWF, Eurostat

4.1 Erstellen Sie ein Kreisdiagramm (siehe Zusatzblatt auf Seite 38) der sechs Länder aus der oben abgebildeten Grafik, aus dem die Ausgaben für digitale Werbung pro Kopf in € abzulesen sind. 3

4.2 Nehmen Sie zu den Werbeausgaben der Niederlande Stellung. Erklären Sie kurz, was im Vergleich zu den anderen Staaten auffällt. 2

4.3 Berechnen Sie das arithmetische Mittel und den Median der gesamten Werbeausgaben der sechs Länder pro Kopf. 3

Im Unterricht des Faches Übungsunternehmen gestalten die Schüler für den Internetauftritt eines Produktes ein Logo.

Mittels einer Wahl soll die Gestaltung des Logos durch Mehrheitsbeschluss festgelegt werden. Die Schüler können zwischen drei Schriftfarben („blau" (b), „grün" (g), „pink" (p)), zwischen zwei Formatierungen („kursiv" (k), „fett" (f)) und zwei Rahmenformen für den Schriftzug („Rechteck" (r), „Ellipse" (e)) entscheiden.

Jeder Schüler notiert auf einem Zettel eine Schriftfarbe, auf einem weiteren Zettel eine Formatierung und auf einem dritten eine Rahmenform und wirft sie in die jeweils dafür vorgesehenen Kartons mit der Aufschrift „Schriftfarbe", „Formatierung" und „Rahmenform".

Durch das einmalige Ziehen aus den drei Kartons wird die optische Gestaltung des Logos für den Werbeslogan durch Zufall bestimmt.

Folgendes Baumdiagramm liegt Ihnen zum obigen Sachverhalt vor:

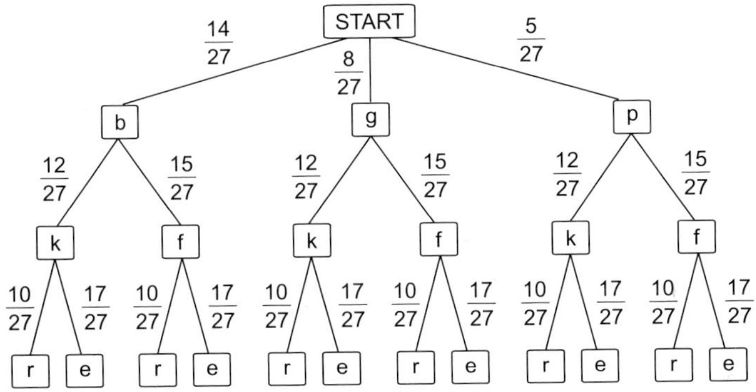

Der Klassenleiter, Herr Wagner, würde sich für das Logo die Kombination aus der Schriftfarbe „blau“, einer „kursiven“ Formatierung und einer „rechteckigen“ Rahmenform wünschen. Er durfte jedoch keine Zettel abgeben.

4.4 Berechnen Sie, mit welcher prozentualen Wahrscheinlichkeit die Wunschgestaltung des Logos des Klassenleiters gezogen wird. 2

Die Schülerinnen und Schüler sind übereingekommen, dass die Rahmenform „Ellipse“ zusammen mit der Schriftart „kursiv“ nicht harmoniert.

4.5 Berechnen Sie die Wahrscheinlichkeit, dass diese Gestaltungsmöglichkeit <u>nicht</u> gezogen wird. 3

4.6 Bei der Abstimmung durfte der Klassenleiter nicht teilnehmen.
Ergänzen Sie den linken Ast des abgebildeten Baumdiagramms auf Seite 38 unter der Annahme, Herr Wagner hätte auch an der Wahl teilnehmen dürfen und die Kombination aus Teilaufgabe 4.4 als Wunsch abgeben. 2

15

Zusatzblatt zu 4. Stochastik

Name: ____________________

Zu Teilaufgabe 4.1:

Kreisdiagramm:

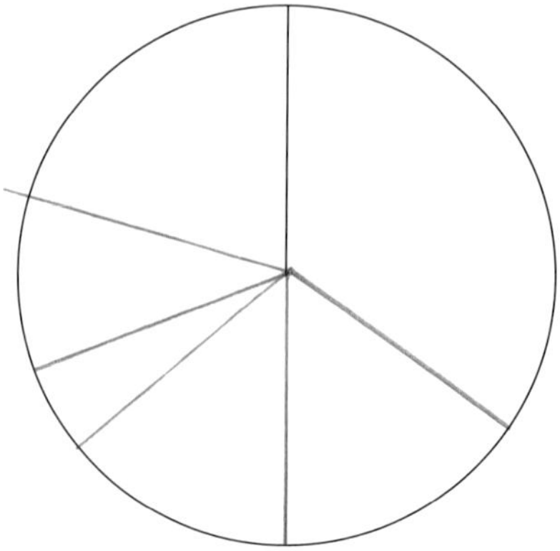

Zu Teilaufgabe 4.6:

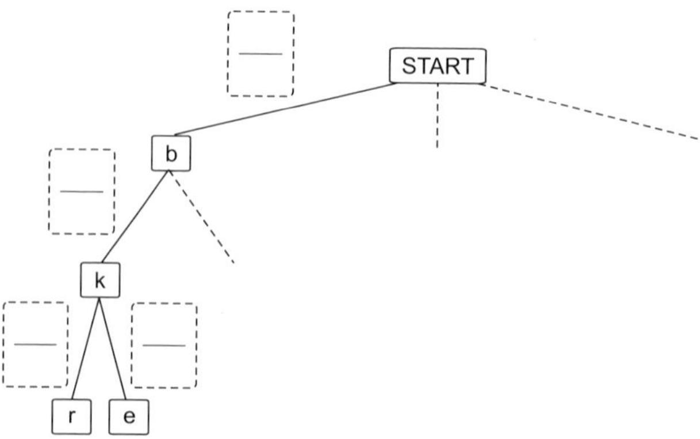

Aufgabe 5 – Figuren- und Raumgeometrie

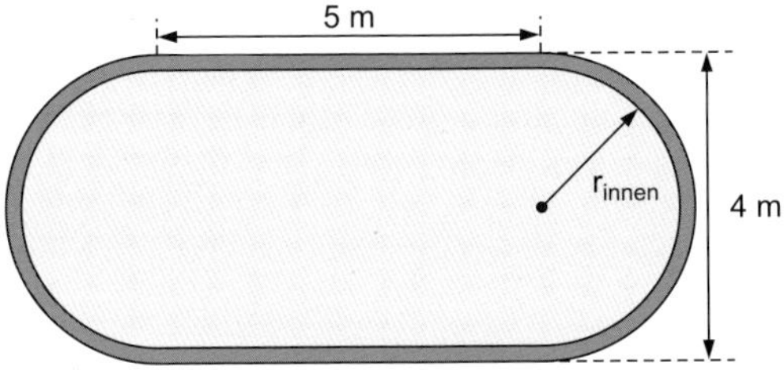

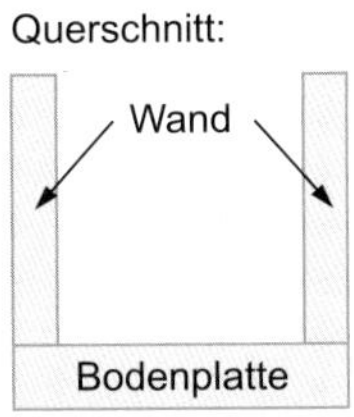

Familie Frisch möchte in ihrem Garten ein Schwimmbecken bauen (siehe oben: linke Skizze). Die Beckenwanne wird aus Beton gegossen, wobei die Bodenplatte 30 cm hoch und die auf der Bodenplatte senkrecht stehenden Seitenwände 20 cm dick sind (siehe Querschnitt). Die Beckentiefe beträgt 1,50 m.

5.1 Berechnen Sie den Innenradius des Beckens. 1
(Ergebnis: $r_{innen} = 1{,}80$ m)

5.2 Am Boden des Schwimmbeckens sollen Spezialfliesen verlegt werden.
Berechnen Sie die zu fliesende Bodenfläche. 3
(Ergebnis: $A_{Boden} = 28{,}18$ m^2)

5.3 Berechnen Sie das Wasservolumen bei einer Füllhöhe von 1,40 m. 1

5.4 Die Innenwand des Schwimmbeckens bekommt einen wasserdichten Anstrich.
Berechnen Sie die Fläche, die gestrichen werden muss. 3

An einer Seite des Schwimmbeckens wird zur Beschattung ein pyramidenförmiger Sonnenschirm aufgestellt, dessen untere Kanten a = 3 m ein Quadrat bilden.
Die Innenhöhe h des Schirmes beträgt 0,50 m.

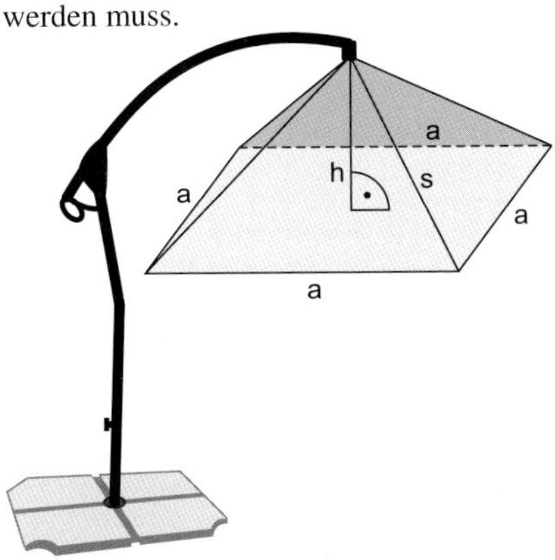

5.5 Berechnen Sie die Stofffläche des Schirmes. 4

5.6 Berechnen Sie die Gesamtlänge der 4 Streben s, die von den Ecken des Schirmes zur Spitze verlaufen. 3

15

Lösung – Aufgabenteil A (Muster 1)

Aufgaben ohne Benutzung des Taschenrechners

1. Da Susanne bereits $\frac{3}{4}$ der Pizza gegessen hat, bleibt nur noch $\frac{1}{4}$ davon übrig. Dieses Viertel teilt sie durch 2 und gibt die Hälfte Jan. Für seinen Anteil ergibt sich folgende Rechnung:

   $\frac{1}{4} \cdot \frac{1}{2} = \frac{1 \cdot 1}{4 \cdot 2} = \frac{1}{8} = 0{,}125 = 12{,}5\ \%$

   Hinweis: Prozent bedeutet „von Hundert". Um 0,125 als Prozentzahl darzustellen, muss 0,125 mit 100 % multipliziert werden.

   Lösung: **C**

2. Die gegebenen Zahlen werden berechnet oder abgeschätzt und dann verglichen:

   $2^3 = 2 \cdot 2 \cdot 2 = \mathbf{8}$ $\qquad 5\frac{1}{2} = \mathbf{5{,}5}$ $\qquad 4 = \sqrt{16} < \sqrt{\mathbf{17}} < \sqrt{25} = \mathbf{5}$ $\qquad \mathbf{5{,}65}$

   Hinweis: Da sich $\sqrt{17}$ nicht im Kopf berechnen lässt, muss abgeschätzt werden.

   Lösung: **C**

3. Der Weg, den das Hinterrad bei einer Umdrehung zurücklegt, entspricht dem Radumfang. Der Durchmesser des Hinterrads beträgt 30 cm = 0,3 m und π kann mit 3 abgeschätzt werden. Für den Radumfang gilt somit:

   $u = d \cdot \pi \approx 0{,}3\text{ m} \cdot 3 = 0{,}9\text{ m}$

   Bei 10 Radumdrehungen fährt man also etwa $10 \cdot 0{,}9\text{ m} = 9\text{ m}$.

   Lösung: **D**

4. Die Wahrscheinlichkeit, von den 4 Plättchen zuerst das „B" zu ziehen, beträgt $\frac{1}{4}$. Da die Plättchen der Reihe nach gezogen und **nicht** wieder zurückgelegt werden, sinkt die Anzahl der Plättchen mit jedem Zug. Somit beträgt die Wahrscheinlichkeit, beim zweiten Zug das „E" zu ziehen, $\frac{1}{3}$. Die Wahrscheinlichkeit, beim dritten Zug das „R" zu ziehen, beträgt $\frac{1}{2}$ und die Wahrscheinlichkeit für „G" im letzten Zug ist $\frac{1}{1} = 1$. Damit gilt:

   $P(\text{BERG}) = \frac{1}{4} \cdot \frac{1}{3} \cdot \frac{1}{2} \cdot \frac{1}{1} = \frac{1}{4 \cdot 3 \cdot 2 \cdot 1} = \frac{1}{24}$

   Lösung: **C**

5. Die Waage ist im Gleichgewicht, wenn auf der linken Seite 200 g und 5 g und auf der rechten Seite die Kugel und 50 g liegen. Diese Summen müssen gleichgesetzt werden.

   Das Gewicht der Kugel sei x.

   Gleichung:

   $$\begin{aligned} 200\text{ g} + 5\text{ g} &= x + 50\text{ g} \\ 205\text{ g} &= x + 50\text{ g} \quad \vert -50\text{ g} \\ \underline{\underline{x}} &\underline{\underline{= 155\text{ g}}} \end{aligned}$$

   Die Kugel wiegt 155 g.

6. Da die Seiten b und c gleich lang sind, ist das Dreieck gleichschenklig mit einem 60°-Winkel in der Spitze. Für die Basiswinkel gilt mit der Innenwinkelsumme im Dreieck:
$(180° - 60°) : 2 = 120° : 2 = 60°$

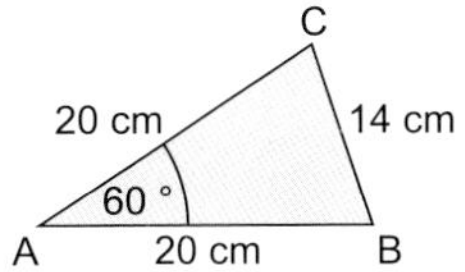

Weil die drei Winkel alle gleich groß sind und 60° betragen, handelt es sich um ein gleichseitiges Dreieck. Die Seiten müssten also alle gleich lang sein. Da dies nicht der Fall ist, kann es kein Dreieck mit den gegebenen Maßen geben.

7. Der Maßstab ist so gewählt, dass 1 cm in der Zeichnung etwa 1 km in Wirklichkeit entspricht. Der Tegernsee kann näherungsweise mit einem Rechteck modelliert werden. Für die Berechnung seiner Fläche sind zunächst die Seitenlänge des Rechtecks der Zeichnung zu entnehmen.

Maße des Tegernsees in der Zeichnung:
Länge des Tegernsees: 6 cm
Breite des Tegernsees: 2 cm

Maße des Tegernsees in Wirklichkeit:
Länge des Tegernsees: $a = 6$ km
Breite des Tegernsees: $b = 2$ km

Fläche des Tegernsees:

$A = a \cdot b = 6 \text{ km} \cdot 2 \text{ km} = \underline{\underline{12 \text{ km}^2}}$

Da der Tegernsee mit 12 km^2 weniger als halb so groß wie die 25 km^2 auf der Internetseite ist, ist Petras Vermutung begründet.

Anmerkung: Die Fläche des Tegernsees beträgt tatsächlich etwa 8,9 km^2.

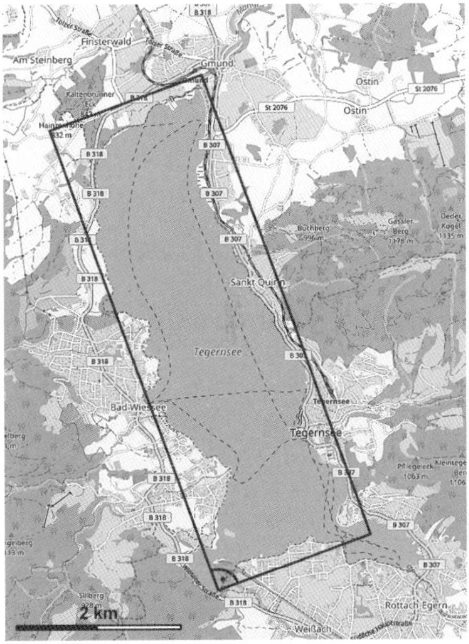

© OpenStreetMap und Mitwirkende, lizenziert unter CC BY SA 2.0

8. Zunächst wird die Geschwindigkeit berechnet, mit der die Klasse wandert. Damit kann die reine Wanderzeit bestimmt werden, die die Klasse für die 21 km um den See benötigt. Um die Uhrzeit zu berechnen, zu der die Klasse wieder in Bad Wiessee sein wird, müssen zu der berechneten reinen Wanderzeit noch die Rastzeiten addiert werden.

Berechnung der Wandergeschwindigkeit:

$$\cdot 3 \left(\begin{array}{rcl} 20 \text{ min} & \hat{=} & 1{,}4 \text{ km} \\ 60 \text{ min} & \hat{=} & 4{,}2 \text{ km} \end{array} \right) \cdot 3$$

Die Wandergeschwindigkeit der Klasse ist also $4{,}2 \frac{\text{km}}{\text{h}}$.

Berechnung der reinen Wanderzeit:

$$21 \text{ km} : 4{,}2 \frac{\text{km}}{\text{h}} = \frac{21 \text{ km}}{4{,}2 \frac{\text{km}}{\text{h}}} = 5 \text{ h}$$

Berechnung der gesamten Rastzeiten:
$16 \text{ min} + 2 \cdot 16 \text{ min} = 16 \text{ min} + 32 \text{ min} = 48 \text{ min}$

Berechnung der benötigten Gesamtzeit für die Wanderung:
$5\text{ h} + 48\text{ min} = 5\text{ h } 48\text{ min}$

Da die Klasse um 13 Uhr gestartet ist, kommt sie bei gleichbleibender Geschwindigkeit um 18:48 Uhr wieder in Bad Wiessee an. Da das Abendessen um 18:30 Uhr beginnt, schafft es die Klasse somit nicht pünktlich.

9. Im Drachenviereck stehen die Diagonalen senkrecht aufeinander und es gilt $b = c$. Zudem halbiert die Diagonale, die die Symmetrieachse ist (hier e), die andere Diagonale (hier f). Die Länge einer Seitenverstärkung (b bzw. c) kann also mithilfe des Satzes von Pythagoras im rechten oberen (rechtwinkligen) Teildreieck berechnet werden. Die Länge des Metallstreifens ist dann die Summe der beiden Seitenverstärkungen.

Berechnung der Länge der Seitenverstärkung b mithilfe des Satzes von Pythagoras im rechtwinkligen Dreieck EBC:

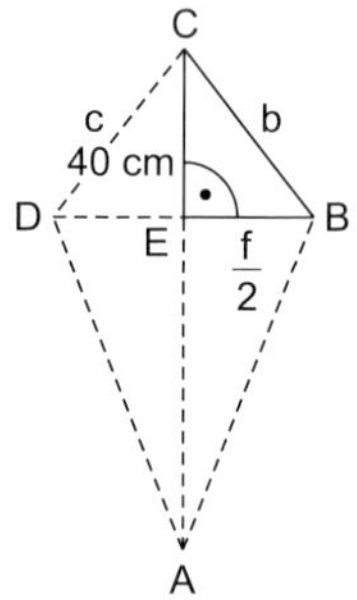

$$b^2 = \left(\frac{f}{2}\right)^2 + \overline{EC}^2 \qquad |\sqrt{\ }$$

$$b = \sqrt{\left(\frac{60\text{ cm}}{2}\right)^2 + (40\text{ cm})^2}$$

$$b = \sqrt{900\text{ cm}^2 + 1.600\text{ cm}^2}$$

$$b = \sqrt{2.500\text{ cm}^2}$$

$$b = 50\text{ cm}$$

Berechnung der Länge des benötigten Metallstreifens:
$2 \cdot b = 2 \cdot 50\text{ cm} = \underline{\underline{100\text{ cm}}}$

Der Metallstreifen muss insgesamt 100 cm lang sein.

Lösung – Aufgabenteil A (Muster 2)

Aufgaben ohne Benutzung des Taschenrechners

1.1 In einem Dreieck liegt dem größten Winkel die längste Seite gegenüber.

Die Aussage ist **wahr**:
Da in einem rechtwinkligen Dreieck der 90°-Winkel der größte Winkel ist, muss die ihm gegenüberliegende Hypotenuse die längste Seite sein.

1.2. Es gibt auch gleichschenklig-rechtwinklige Dreiecke.

Die Aussage ist **falsch**, da die Katheten auch gleich lang sein können.
Mögliche Gegenbeispiele:
Betrachte als Gegenbeispiel ein Geodreieck. Ein Geodreieck ist ein gleichschenklig-rechtwinkliges Dreieck, d. h., es besitzt einen 90°-Winkel und die beiden Schenkel (Katheten) sind gleich lang.

oder

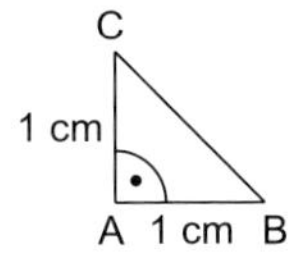

2. Die Jeanshose kostet 80 €. Eine Reduzierung um 20 % = 2 · 10 % entspricht einem Preisnachlass von 2 · 8 €. Nach der Reduzierung kostet die Hose also 80 € – 16 € = 64 €. Nun wird der Preis um 20 % = 2 · 10 % erhöht. Das entspricht einem Aufschlag von 2 · 6,40 €. Nach der Erhöhung kostet die Hose also 64 € + 12,80 € = 76,80 €.

Alternativ kann man auch nach dem Ausschlussverfahren vorgehen:
- Antwort A kommt nicht infrage, da dieser Wert etwa der Höhe des Preises nach der Reduzierung (ohne die erneute Erhöhung) entspricht und somit zu gering ist.
- Antwort B kommt nicht infrage, weil die Hose sonst teurer wäre als vorher.
- Antwort D kommt nicht infrage, weil nach der Reduzierung ein neuer Grundwert vorliegt, von dem aus sich die Preiserhöhung um 20 % errechnet. Dies führt zu einem niedrigeren Preis als dem Ausgangspreis.

Somit kommt nur Lösung C infrage.

Lösung: **C**

3. $\frac{2}{5} \cdot 10 \text{ Liter} = \frac{2}{5} \cdot \frac{10}{1} \text{ Liter} = \frac{2 \cdot 10}{5 \cdot 1} \text{ Liter} = \frac{20}{5} \text{ Liter} = 4 \text{ Liter}$

Da 1 Liter = 1 dm^3 = 1.000 cm^3 ist, entsprechen 4 Liter also 4 dm^3 = 4.000 cm^3.

Lösung: **C**

4. Die unteren Quadrate bilden die vordere sowie die rechte Seitenfläche des Würfels (durch Hoch- bzw. Umklappen). Das Quadrat links von der Grundfläche wird die linke Seitenfläche. Durch das Hochklappen des linken Quadrats neben der Grundfläche wird das linke obere Quadrat die Dachfläche D und das letzte Quadrat wird zur hinteren Seitenfläche.

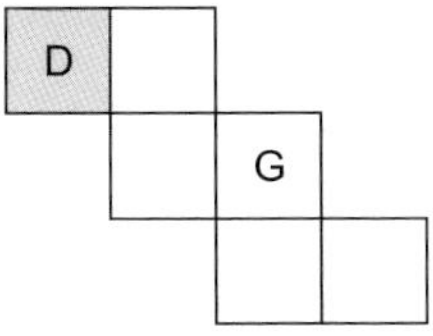

5. Es muss der 2. Strahlensatz mit dem Zentrum Z angewendet werden. Es gilt:

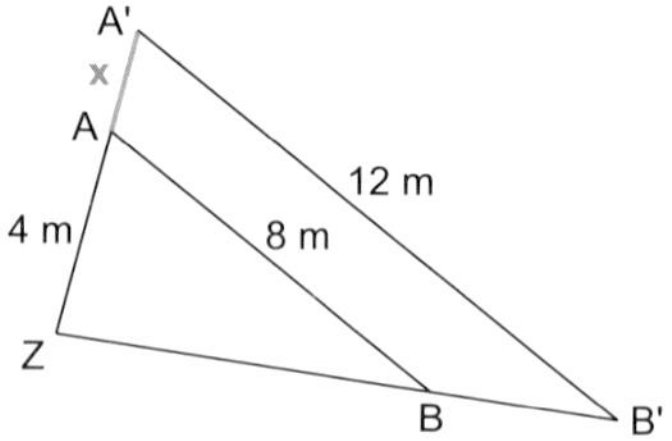

$$\frac{\text{kurzer Strahl}}{\text{langer Strahl}} = \frac{\text{kurze Parallele}}{\text{lange Parallele}}$$

$$\Rightarrow \frac{\overline{ZA}}{\overline{ZA'}} = \frac{\overline{AB}}{\overline{A'B'}} \Leftrightarrow \frac{4}{4+x} = \frac{8}{12}$$

$$\Leftrightarrow \frac{4+x}{4} = \frac{12}{8}$$

Lösung: **D**

6. Der 1. Fehler ist bei der 1. Umformung passiert. Hier wurde die 1. binomische Formel falsch angewandt. Diese lautet $(a+b)^2 = a^2 + 2ab + b^2$ und hier ist $a = x$ und $b = 2$.
Der 2. Fehler ist bei der letzten Umformung passiert, bei der Division durch 3. Hier wurde der Bruch falsch herum aufgeschrieben, denn es müsste $-\frac{4}{3}$ und nicht $-\frac{3}{4}$ heißen.

Falsche Rechnung:

$(x+2)^2 = x(x-4) + 3x$

$x^2 + \underline{2x} + 4 = x^2 - 4x + 3x$

$2x + 4 = -x$

$3x = -4$

$x = -\frac{3}{4}$

Korrigierte Rechnung:

$(x+2)^2 = x(x-4) + 3x$

$x^2 + 4x + 4 = x^2 - 4x + 3x \quad | -x^2$

$4x + 4 = -x \quad | +x-4$

$5x = -4 \quad | :5$

$x = -\frac{4}{5}$

7. Der Ball kann als Kugel modelliert werden. Der Kugeldurchmesser ist etwa doppelt so groß wie einer der Männer daneben. Für den Mann kann eine Größe von etwa 2 m geschätzt werden, sodass der Kugeldurchmesser ca. 4 m und der Kugelradius ca. 2 m beträgt.
Für das Kugelvolumen gilt:

$$V_{Kugel} = \frac{4}{3} \cdot r^3 \cdot \pi$$

Hinweis: Zur Vereinfachung kann bei Schätzaufgaben mit $\pi = 3$ gerechnet werden.

© Josh Berglund, lizenziert unter CC BY 2.0

Geschätzte Maße:
Größe des Manns: 2 m
Kugeldurchmesser: $2 \cdot 2\text{ m} = \underline{\underline{4\text{ m}}}$

Radius der Kugel: 2 m

Volumen des Balls:

$$V_{Ball} = V_{Kugel} = \frac{4}{3} \cdot r^3 \cdot \pi \approx \frac{4}{3} \cdot (2\text{ m})^3 \cdot 3 = 4 \cdot (2\text{ m})^3 = 4 \cdot 8\text{ m}^3 = \underline{\underline{32\text{ m}^3}}$$

Lösung – Aufgabenteil B

Aufgabe 1 – Finanzmathematik

1.1 Dem Kontoauszug sind die benötigten Informationen zu entnehmen. Der Kreditbetrag beträgt 13.500,00 € und Herr Schönfelder muss Zinsen in Höhe von 31,50 € dafür bezahlen, dass er sein Konto 8 Tage (vom 22. 09. bis 30. 09., wobei der 22. 09. nicht mitgerechnet wird!) überzogen hat. Der gesuchte Zinssatz wird mit der Zinsformel berechnet.

Gegeben: K = 13.500,00 €; t = 8; Z = 31,50 €

Gesucht: p %

Berechnung des Zinssatzes p %:

$$Z = \frac{K \cdot p \cdot t}{100 \cdot 360}$$

$$31{,}50\text{ €} = \frac{13.500{,}00\text{ €} \cdot p \cdot 8}{100 \cdot 360} \quad |\cdot 100 \cdot 360$$

$$1.134.000{,}00\text{ €} = 108.000{,}00\text{ €} \cdot p \quad |:108.000{,}00\text{ €}$$

$$p = 10{,}5$$

$$\Rightarrow \underline{\underline{p\,\% = 10{,}5\,\%}}$$

Der Zinssatz des Dispositionskredits beträgt 10,5 %.

1.2 Da die Annuität in beiden Jahren gleich ist, wurde **Annuitätentilgung** vereinbart. Um die Tilgung im 1. Jahr zu berechnen, werden von der Annuität die Zinsen abgezogen. Die Schuld zu Beginn des 2. Jahres entspricht der Schuld am Ende des 1. Jahres. Diese erhält man, wenn man von der Kreditsumme die 1. Tilgung abzieht. Die Zinsen im 2. Jahr berechnet man aus der Schuld zu Beginn des 2. Jahres oder als Differenz aus Annuität und Tilgung.

Gegeben: K_0 = 13.500,00 €; A = 3.226,68 €; Z_1 = 843,75 €; T_2 = 2.531,86 €

Gesucht: T_1; S_1; p %; Z_2

Tilgungsverfahren:
Es liegt eine $\underline{\underline{\text{Annuitätentilgung}}}$ vor, da die Annuität für beide Jahre gleich hoch bleibt.

Berechnung der Tilgung T_1 im 1. Jahr:

$$T_1 = A - Z_1 = 3.226{,}68\text{ €} - 843{,}75\text{ €} = 2.382{,}93\text{ €}$$

Berechnung der Restschuld S_1 am Ende des 1. Jahres:

$$S_1 = K_0 - T_1 = 13.500{,}00\text{ €} - 2.382{,}93\text{ €} = 11.117{,}07\text{ €}$$

Berechnung des Zinssatzes p %:

$$p = \frac{Z_1 \cdot 100}{K_0} = \frac{843{,}75\text{ €} \cdot 100}{13.500{,}00\text{ €}} = 6{,}25 \quad \Rightarrow \quad p\,\% = 6{,}25\,\%$$

Berechnung der Zinsen Z_2 im 2. Jahr:

$$Z_2 = \frac{S_1 \cdot p}{100} = \frac{11.117{,}07\text{ €} \cdot 6{,}25}{100} = 694{,}82\text{ €}$$

oder

$$Z_2 = A - T_2 = 3.226{,}68\text{ €} - 2.531{,}86\text{ €} = 694{,}82\text{ €}$$

Kreditangebot für Herrn Schönfelder

Auszug aus dem Tilgungsplan

Tilgungsverfahren: Annuitätentilgung

Jahr	Restschuld	Zinsen	Tilgung	Annuität
1	13.500,00 €	843,75 €	**2.382,93 €**	3.226,68 €
2	**11.117,07 €**	**694,82 €**	2.531,86 €	3.226,68 €

1.3 Es ist zu überlegen, welche Auswirkungen Sondertilgungen auf die Restschuld und somit auf die Zinsbelastung haben.

Wenn Sondertilgungen geleistet werden können, senkt dies die Restschuld und somit auch die Zinsbelastung. Die Kreditlaufzeit wird somit verringert. Außerdem werden durch Sondertilgungen die Finanzierungskosten gesenkt.

1.4 Die private Altersvorsorge von Herrn Schönfelder kann als vorschüssige Kapitalmehrung ohne Startkapital aufgefasst werden. Herr Schönfelder zahlt jährlich 3.600,00 € ein und die Laufzeit beträgt 25 Jahre (von 1994 bis einschließlich 2018). Der Zinssatz ist 4%.

Gegeben: $r = 3.600{,}00$ € (vorschüssig); $n = 25$

$p\,\% = 4\,\% \;\Rightarrow\; q = 1{,}04$

Gesucht: K'_{25}

Berechnung des Endwertes K'_{25} der vorschüssigen Rente:

$$K'_n = r \cdot q \cdot \frac{q^n - 1}{q - 1}$$

$$K'_{25} = 3.600{,}00\text{ €} \cdot 1{,}04 \cdot \frac{1{,}04^{25} - 1}{1{,}04 - 1}$$

$$\underline{\underline{K'_{25} = 155.922{,}28\text{ €}}}$$

Herr Schönfelder kann bei Versicherungsende über 155.922,28 € verfügen.

1.5 Die 155.922,28 € von Herrn Schönfelder werden zu einem Zinssatz von 0,9 % angelegt. Sie werden ihm als Rente in gleichbleibenden Raten zu je 12.000,00 € jährlich vorschüssig so lange ausbezahlt, bis das Kapital aufgebraucht, also $K'_n = 0$ € ist. Es handelt sich somit um eine Kapitalminderung, bei der die Laufzeit n gesucht ist. Diese wird mit der Formel für die kombinierte Zinseszins-/Rentenzahlung mit Kapitalverminderung berechnet.

Gegeben: $K_0 = 155.922{,}28$ €; $K'_n = 0$ €; $r = 12.000{,}00$ € (vorschüssig)

$p\,\% = 0{,}9\,\% \;\Rightarrow\; q = 1{,}009$

Gesucht: n

Berechnung der Anzahl der Jahre:

$$K_n^{'} = K_0 \cdot q^n - r \cdot q \cdot \frac{q^n - 1}{q - 1}$$

$$0\,€ = 155.922,28\,€ \cdot 1,009^n - 12.000,00\,€ \cdot 1,009 \cdot \frac{1,009^n - 1}{1,009 - 1}$$

$$0\,€ = 155.922,28\,€ \cdot 1,009^n - 12.108\,€ \cdot \frac{1,009^n - 1}{0,009} \qquad |\cdot 0,009$$

$$0\,€ = 1.403,30\,€ \cdot 1,009^n - 12.108\,€ \cdot (1,009^n - 1)$$

Substitution: $x = 1,009^n$

$$0\,€ = 1.403,30\,€ \cdot x - 12.108\,€ \cdot (x - 1)$$

$$0\,€ = 1.403,30\,€ \cdot x - 12.108\,€ \cdot x + 12.108\,€ \qquad |-12.108\,€$$

$$-12.108\,€ = -10.704,70\,€ \cdot x \qquad |:(-10.704,70\,€)$$

$$x = 1,1311$$

Rück-Substitution: $1,1311 = 1,009^n$

$$1,009^n = 1,1311 \qquad |\lg$$

$$n \cdot \lg 1,009 = \lg 1,1311 \qquad |:\lg 1,009$$

$$n = \frac{\lg 1,1311}{\lg 1,009}$$

$$n = 13,75$$

Herr Schönfelder erhält $\underline{\underline{13}}$ volle Auszahlungen.

Alternative Berechnung von n ohne die Substitution:

$$K_n^{'} = K_0 \cdot q^n - r \cdot q \cdot \frac{q^n - 1}{q - 1}$$

$$0\,€ = 155.922,28\,€ \cdot 1,009^n - 12.000,00\,€ \cdot 1,009 \cdot \frac{1,009^n - 1}{1,009 - 1}$$

$$0\,€ = 155.922,28\,€ \cdot 1,009^n - 12.108\,€ \cdot \frac{1,009^n - 1}{0,009} \qquad |\cdot 0,009$$

$$0\,€ = 1.403,30\,€ \cdot 1,009^n - 12.108\,€ \cdot (1,009^n - 1)$$

$$0\,€ = 1.403,30\,€ \cdot 1,009^n - 12.108\,€ \cdot 1,009^n + 12.108\,€ \qquad |-12.108\,€$$

$$-12.108\,€ = -10.704,70\,€ \cdot 1,009^n \qquad |:(-10.704,70\,€)$$

$$1,1311 = 1,009^n \qquad |\lg$$

$$\lg 1,1311 = n \cdot \lg 1,009 \qquad |:\lg 1,009$$

$$n = \frac{\lg 1,1311}{\lg 1,009}$$

$$n = 13,75$$

Herr Schönfelder erhält $\underline{\underline{13}}$ volle Auszahlungen.

Aufgabe 2 – Funktionaler Zusammenhang

2.1 Die Normalform einer quadratischen Funktion lautet $y = ax^2 + bx + c$. Es sind drei Punkte der Parabel gegeben, $A(0 \mid 1{,}75)$, $B(5 \mid 4)$ und $C(15 \mid 7)$. Durch das Einsetzen der Koordinaten des Punktes A kann der Wert des Parameters c berechnet werden. Anschließend werden die x- und y-Koordinaten der beiden anderen Punkte sowie der berechnete Wert für c in die Normalform eingesetzt. So erhält man ein Gleichungssystem aus zwei Gleichungen mit den zwei Unbekannten a und b.

Normalform einer quadratischen Funktion: $y = ax^2 + bx + c$

Einsetzen von $A(0 \mid 1{,}75)$ in die Parabelgleichung $y = ax^2 + bx + c$ liefert:
$1{,}75 = a \cdot 0^2 + b \cdot 0 + c \quad \Rightarrow \quad c = 1{,}75$

Rechenschritte	**Erläuterungen**
$y = ax^2 + bx + c$	Einsetzen von $B(5 \mid 4)$, $C(15 \mid 7)$ und $c = 1{,}75$ liefert 2 Gleichungen mit 2 Unbekannten
I $\quad 4 = a \cdot 5^2 + b \cdot 5 + 1{,}75$	$B(5 \mid 4)$ eingesetzt
II $\quad 7 = a \cdot 15^2 + b \cdot 15 + 1{,}75$	$C(15 \mid 7)$ eingesetzt
Berechnung von a: I $\quad 4 = 25a + 5b + 1{,}75 \quad \mid \cdot(-3)$ II $\quad 7 = 225a + 15b + 1{,}75$	Additionsverfahren
I $\quad -12 = -75a - 15b - 5{,}25$ II $\quad 7 = 225a + 15b + 1{,}75$	
I + II: $\quad -5 = 150a - 3{,}5 \quad \mid +3{,}5$ $-1{,}5 = 150a \quad \mid :150$ $a = -0{,}01$	Auflösen nach a
Berechnung von b: a in I: $\quad 4 = 25 \cdot (-0{,}01) + 5b + 1{,}75$ $4 = -0{,}25 + 5b + 1{,}75 \quad \mid -1{,}5$ $2{,}5 = 5b \quad \mid :5$ $b = 0{,}5$	Auflösen nach b
Funktionsgleichung von p: $\underline{\underline{y = -0{,}01x^2 + 0{,}5x + 1{,}75}}$	Einsetzen von a, b und c in die Normalform

Die Funktionsgleichung der Parabel p lautet: $y = -0{,}01x^2 + 0{,}5x + 1{,}75$.

2.2 Der Hang h wird als lineare Funktion modelliert, deren Graph durch die zwei Punkte $D(10 \mid 0)$ und $E(30 \mid 3)$ verläuft. Das Aufstellen einer Geradengleichung für eine Gerade, die durch zwei gegebene Punkte läuft, erfolgt am einfachsten über die Zwei-Punkte-Form.

1. Möglichkeit: Lösung mithilfe der Zwei-Punkte-Form

Gegeben sind die Punkte $D(10 \mid 0) = D(x_1 \mid y_1)$ und $E(30 \mid 3) = E(x_2 \mid y_2)$. x_1 steht dabei für den x-Wert des 1. Punktes und y_1 für den y-Wert des 1. Punktes. Analog beschreibt x_2 den x-Wert des 2. Punktes und y_2 den y-Wert des 2. Punktes. Die Variablen x und y sind die Parameter der Funktionsgleichung.

Rechenschritte	Erläuterungen
$\frac{y-y_1}{x-x_1}=\frac{y_2-y_1}{x_2-x_1}$	Zwei-Punkte-Form der Geradengleichung
$\frac{y-0}{x-10}=\frac{3-0}{30-10} \quad \vert\cdot(x-10)$	Auflösen nach y
$y=0{,}15\cdot(x-10)$ $y=0{,}15x-1{,}5$	

Die Funktionsgleichung der Funktion, die den Hang beschreibt, lautet: $\underline{\underline{y=0{,}15x-1{,}5}}$

2. Möglichkeit: Lösung über ein Gleichungssystem

Rechenschritte	Erläuterungen
$y=mx+t$	Einsetzen der Punkte D und E liefert 2 Gleichungen mit 2 Unbekannten
I $\quad 0=10m+t$	D(10 | 0) eingesetzt
II $\quad 3=30m+t$	E(30 | 3) eingesetzt
Berechnung von m:	Additionsverfahren
II − I $\quad 3=20m \quad \vert:20$ $m=0{,}15$	Subtraktion der Gleichungen und Auflösen nach m
Berechnung von t:	
$y=0{,}15x+t$ $0=0{,}15\cdot 10+t \quad \vert-1{,}5$ $t=-1{,}5$	Einsetzen von D(10 | 0) und Auflösen nach t
Funktionsgleichung von d: $\underline{\underline{y=0{,}15x-1{,}5}}$	Einsetzen von m und t in die Geradengleichung

2.3 Der Auftreffpunkt F ist der Schnittpunkt der beiden Funktionen p (Wurf) und h (Hang). Um den Schnittpunkt zu berechnen, müssen die Funktionsgleichungen gleichgesetzt werden.

Rechenschritte	Erläuterungen
$-0{,}01x^2+0{,}5x+1{,}75=0{,}15x-1{,}5 \quad \vert-0{,}15x+1{,}5$ $-0{,}01x^2+0{,}35x+3{,}25=0$	Gleichsetzen der Funktionen. Nullsetzen der quadratischen Gleichung.
Lösungsformel:	$a=-0{,}01;\ b=0{,}35;\ c=3{,}25$
$x_{1/2}=\frac{-b\pm\sqrt{b^2-4ac}}{2a}$	
$x_{1/2}=\frac{-0{,}35\pm\sqrt{0{,}35^2-4\cdot(-0{,}01)\cdot 3{,}25}}{2\cdot(-0{,}01)}$	
$x_{1/2}=\frac{-0{,}35\pm\sqrt{0{,}2525}}{-0{,}02}$ $(x_1=-7{,}62;)\quad x_2=42{,}62$	Da der Ball in Richtung der positiven x-Achse fliegt, ist die Nullstelle x_1 nicht relevant für die Aufgabe.

Rechenschritte	Erläuterungen
Berechnung der y-Koordinate: $y = 0{,}15 \cdot 42{,}62 - 1{,}5$ $y = 4{,}89$	Einsetzen der x-Koordinate in die Geraden- oder Parabelgleichung

Der Auftreffpunkt des Balles am Hang hat die Koordinaten $\underline{\underline{F(42{,}62 \mid 4{,}89)}}$.

2.4 Paul erhält die Note 1, wenn der Ball über die 4 m hohe Mauer, die 3 m über dem Boden im Punkt $E(30 \mid 3)$ steht, fliegt. Es ist also zu klären, wie hoch der Ball an der Stelle $x = 30$ ist. Dazu wird $x = 30$ in die Funktionsgleichung $y = -0{,}01x^2 + 0{,}5x + 1{,}75$ eingesetzt.

Berechnung der y-Koordinate von p an der Stelle x = 30:

Rechenschritte	Erläuterungen
$y = -0{,}01x^2 + 0{,}5x + 1{,}75$	Einsetzen der Koordinate $x = 30$
$y = -0{,}01 \cdot 30^2 + 0{,}5 \cdot 30 + 1{,}75$	
$y = 7{,}75$	

Berechnung der Höhe der Mauerkante über dem Boden:

$h_M = 4\text{ m} + 3\text{ m} = 7\text{ m}$

Da der Ball im Punkt $x = 30$ eine Höhe von 7,75 m erreicht, schafft er es, die Mauerkante in 7 m Höhe zu überfliegen. Paul erhält somit die Note 1 für seinen Wurf.

2.5 Gesucht ist die x-Koordinate des Scheitelpunktes, da nach der horizontalen Entfernung bis zum höchsten Punkt gefragt ist. Dieser Wert kann am schnellsten mit der Formel für den Scheitelpunkt berechnet werden.

1. Möglichkeit: Scheitelpunktformel

Rechenschritte	Erläuterungen
$y = -0{,}01x^2 + 0{,}5x + 1{,}75$	$a = -0{,}01;\ b = 0{,}5;\ c = 1{,}75$
Berechnung von x_S:	
$x_S = -\frac{b}{2a} = -\frac{0{,}5}{2 \cdot (-0{,}01)} = 25$	Berechnung von x_S mithilfe der Scheitelpunktformel

Der Ball erreicht den höchsten Punkt der Flugparabel nach $\underline{\underline{25\text{ m}}}$.

2. Möglichkeit: Berechnung der Scheitelform

Rechenschritte	Erläuterungen
$y = -0{,}01x^2 + 0{,}5x + 1{,}75$	Ausklammern des Formfaktors $a = -0{,}01$
$y = -0{,}01 \cdot (x^2 - 50x - 175)$	Quadratische Ergänzung
$y = -0{,}01 \cdot (x^2 - 50x + 25^2 - 25^2 - 175)$	
$y = -0{,}01 \cdot [(x-25)^2 - 800]$	
$y = -0{,}01 \cdot (x-25)^2 + 8$	Scheitelform der Parabelgleichung

Die x-Koordinate des Scheitelpunktes ist $x_S = 25$. Der Ball erreicht den höchsten Punkt der Flugparabel also nach $\underline{\underline{25\text{ m}}}$.

Aufgabe 3 – Trigonometrie

3.1 Die Länge $\overline{DA}$ kann im Dreieck AED mit dem Kosinus- oder Sinussatz berechnet werden.

Berechnung von $\overline{DA}$ mit dem Kosinussatz im Dreieck AED:

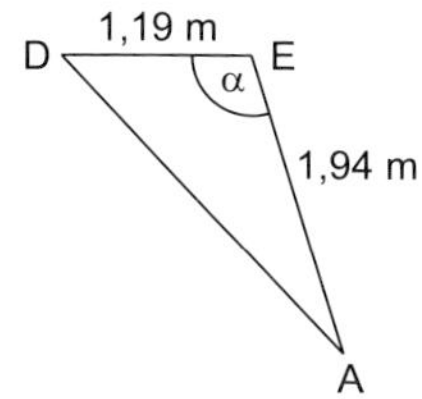

$$\overline{DA}^2 = \overline{AE}^2 + \overline{ED}^2 - 2 \cdot \overline{AE} \cdot \overline{ED} \cdot \cos\alpha \qquad |\sqrt{}$$

$$\overline{DA} = \sqrt{(1{,}94\text{ m})^2 + (1{,}19\text{ m})^2 - 2 \cdot 1{,}94\text{ m} \cdot 1{,}19\text{ m} \cdot \cos 108{,}14°}$$

$$\overline{DA} = \sqrt{5{,}18\text{ m}^2 - (-1{,}44\text{ m}^2)}$$

$$\overline{DA} = \sqrt{6{,}62\text{ m}^2}$$

$$\underline{\underline{\overline{DA} = 2{,}57\text{ m}}}$$

Die Länge der Metallstange beträgt etwa 2,57 m.

Alternative Berechnung von $\overline{DA}$ mit dem Sinussatz im Dreieck AED:

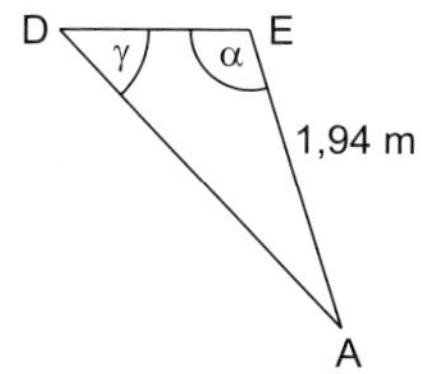

$$\frac{\overline{DA}}{\sin\alpha} = \frac{\overline{AE}}{\sin\gamma}$$

$$\frac{\overline{DA}}{\sin 108{,}14°} = \frac{1{,}94\text{ m}}{\sin 45{,}75°} \qquad |\cdot \sin 108{,}14°$$

$$\overline{DA} = \frac{1{,}94\text{ m} \cdot \sin 108{,}14°}{\sin 45{,}75°}$$

$$\underline{\underline{\overline{DA} = 2{,}57\text{ m}}}$$

Die Länge der Metallstange beträgt etwa 2,57 m.

3.2 Gesucht ist der Umfang des Dreiecks AGF. Vom Dreieck AGF sind außer der Länge der Strecke $\overline{EG}$ alle (Teil-)Längen bekannt. $\overline{EG}$ kann entweder mithilfe des Strahlensatzes oder mit dem Sinussatz im Dreieck DEG berechnet werden.

Berechnung von $\overline{EG}$ mithilfe des Strahlensatzes:

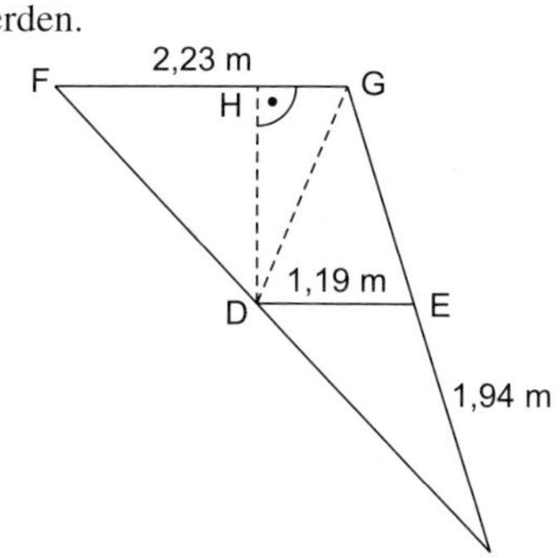

$$\frac{\overline{AE} + \overline{EG}}{\overline{AE}} = \frac{\overline{FG}}{\overline{DE}}$$

$$\frac{1{,}94\text{ m} + \overline{EG}}{1{,}94\text{ m}} = \frac{2{,}23\text{ m}}{1{,}19\text{ m}} \qquad |\cdot 1{,}94\text{ m}$$

$$1{,}94\text{ m} + \overline{EG} = \frac{2{,}23\text{ m} \cdot 1{,}94\text{ m}}{1{,}19\text{ m}} \qquad |-1{,}94\text{ m}$$

$$\overline{EG} = 3{,}64\text{ m} - 1{,}94\text{ m}$$

$$\overline{EG} = 1{,}70\text{ m}$$

Alternative Berechnung von $\overline{EG}$ mit dem Sinussatz:

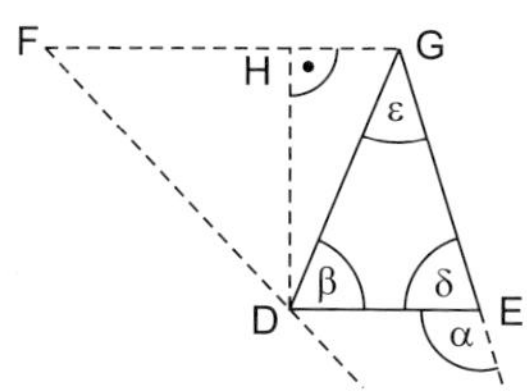

Berechnung von $\delta = \sphericalangle GED$:
Die Winkel α und δ ergeben zusammen einen gestreckten Winkel. Damit gilt: $\delta = 180° - \alpha = 180° - 108{,}14° = 71{,}86°$

Berechnung von $\varepsilon = \sphericalangle DGE$:
Mit der Innenwinkelsumme im Dreieck DEG gilt:
$\varepsilon = 180° - \beta - \delta = 180° - 67{,}65° - 71{,}86° = 40{,}49°$

Berechnung von $\overline{EG}$ mit dem Sinussatz im Dreieck DEG:

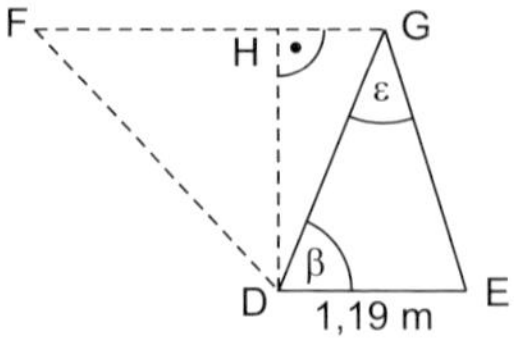

$$\frac{\overline{EG}}{\sin\beta} = \frac{\overline{DE}}{\sin\varepsilon}$$

$$\frac{\overline{EG}}{\sin 67,65°} = \frac{1,19\text{ m}}{\sin 40,49°} \quad \left|\cdot \sin 67,65°\right.$$

$$\overline{EG} = \frac{1,19\text{ m}\cdot\sin 67,65°}{\sin 40,49°}$$

$$\underline{\underline{\overline{EG} = 1,70\text{ m}}}$$

Berechnung des Umfangs des Dreiecks AGF:

$$u = \overline{AE} + \overline{EG} + \overline{GF} + \overline{FD} + \overline{DA} = 1,94\text{ m} + 1,70\text{ m} + 2,23\text{ m} + 2,25\text{ m} + 2,57\text{ m} = \underline{\underline{10,69\text{ m}}}$$

Die Gesamtlänge der zu streichenden Metallstangen beträgt etwa 10,69 m.

3.3 Die Länge der Strebe s kann im rechtwinkligen Dreieck DGH mit dem Kosinus oder dem Sinus berechnet werden. Dafür müssen zunächst $\overline{GD}$ mit dem Sinussatz im Dreieck DEG sowie ∢GDH (für den Kosinus) bzw. ∢HGD (für den Sinus) bestimmt werden. Alternativ kann man die Strecke [DH] parallel in den Punkt G verschieben und so ein rechtwinkliges Dreieck erzeugen, in dem s mit dem Sinus berechnet werden kann.

Berechnung von $\overline{GD}$ mit dem Sinussatz im Dreieck DEG:

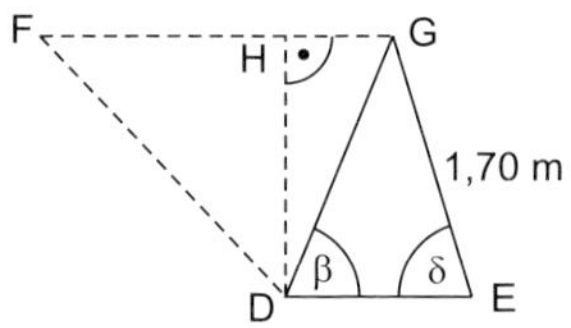

$$\frac{\overline{GD}}{\sin\delta} = \frac{\overline{EG}}{\sin\beta}$$

$$\frac{\overline{GD}}{\sin 71,86°} = \frac{1,70\text{ m}}{\sin 67,65°} \quad \left|\cdot \sin 71,86°\right.$$

$$\overline{GD} = \frac{1,70\text{ m}\cdot\sin 71,86°}{\sin 67,65°}$$

$$\overline{GD} = 1,75\text{ m}$$

Berechnung der Länge der Strecke s mit dem Kosinus:
Da [DH] senkrecht auf [DE] steht, ergeben β und β' = ∢GDH zusammen 90°:
$\beta' = 90° - \beta = 90° - 67,65° = 22,35°$

Im rechtwinkligen Dreieck DGH gilt:

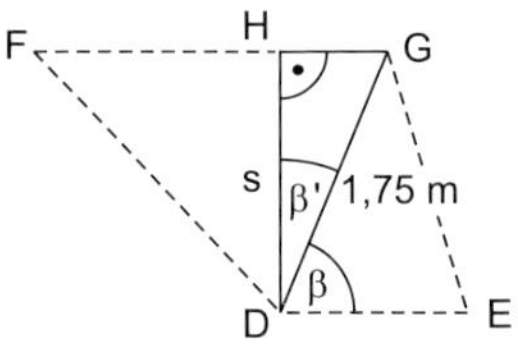

$$\cos\beta' = \frac{\text{Ankathete}}{\text{Hypotenuse}}$$

$$\cos\beta' = \frac{s}{\overline{DG}}$$

$$\cos 22,35° = \frac{s}{1,75\text{ m}} \quad \left|\cdot 1,75\text{ m}\right.$$

$$s = 1,75\text{ m}\cdot\cos 22,35°$$

$$\underline{\underline{s = 1,62\text{ m}}}$$

Die Länge der Strebe s beträgt etwa 1,62 m.

Alternative Berechnung von s mit dem Sinus:
Da die Strecken [DE] und [FG] parallel verlaufen und [DG] die beiden Parallelen schneidet, sind β und $\sphericalangle$HGD Wechselwinkel und somit gleich groß: $\sphericalangle HGD = \beta = 67{,}65°$

Im rechtwinkligen Dreieck DGH gilt:

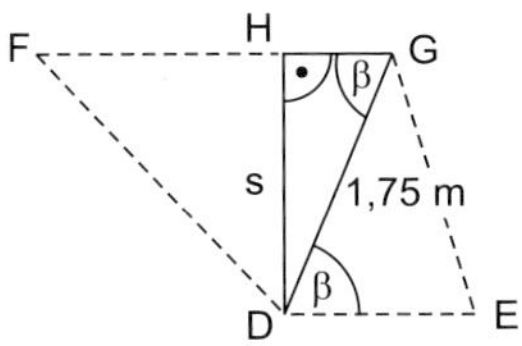

$$\sin \sphericalangle HGD = \frac{\text{Gegenkathete}}{\text{Hypotenuse}}$$

$$\sin\beta = \frac{s}{\overline{DG}}$$

$$\sin 67{,}65° = \frac{s}{1{,}75\ \text{m}} \qquad |\cdot 1{,}75\ \text{m}$$

$$s = 1{,}75\ \text{m} \cdot \sin 67{,}65°$$

$$\underline{\underline{s = 1{,}62\ \text{m}}}$$

Die Länge der Strebe s beträgt etwa 1,62 m.

Alternative Lösungsmöglichkeit:
Verschiebt man die Strecke [DH] parallel in den Punkt G, so entsteht das rechtwinklige Dreieck KEG, von dem die Hypotenuse $\overline{EG}$ sowie der Winkel δ bekannt sind.

Berechnung von s mit dem Sinus im rechtwinkligen Dreieck KEG:

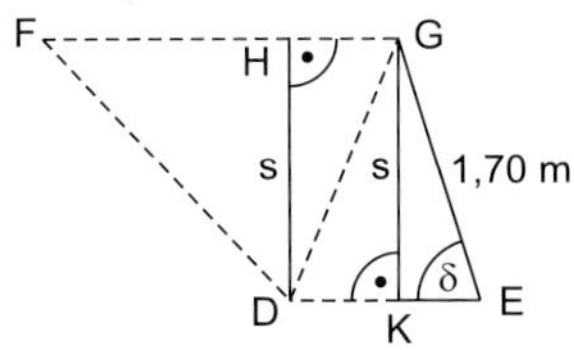

$$\sin \sphericalangle GED = \frac{\text{Gegenkathete}}{\text{Hypotenuse}}$$

$$\sin\delta = \frac{s}{\overline{EG}}$$

$$\sin 71{,}86° = \frac{s}{1{,}70\ \text{m}} \qquad |\cdot 1{,}70\ \text{m}$$

$$s = 1{,}70\ \text{m} \cdot \sin 71{,}86°$$

$$\underline{\underline{s = 1{,}62\ \text{m}}}$$

Die Länge der Strebe s beträgt etwa 1,62 m.

3.4 Da die Strebe s die Höhe des Dreiecks DEG ist, kann die Fläche mit $A = \frac{\text{Grundlinie} \cdot \text{Höhe}}{2}$ oder mit der allgemeinen Flächenformel $A = \frac{b \cdot c \cdot \sin\alpha}{2}$ berechnet werden.

Flächeninhalt des allgemeinen Dreiecks DEG:

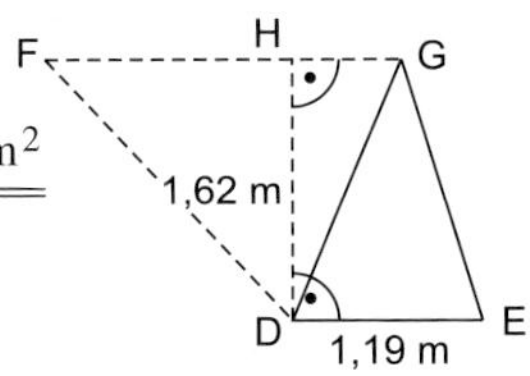

$$A_{DEG} = \frac{\text{Grundlinie} \cdot \text{Höhe}}{2} = \frac{\overline{DE} \cdot s}{2} = \frac{1{,}19\ \text{m} \cdot 1{,}62\ \text{m}}{2} = \underline{\underline{0{,}96\ \text{m}^2}}$$

Es steht eine Fläche von etwa 0,96 m² zur Verfügung.

Alternative Berechnung mithilfe der allgemeinen Flächenformel:

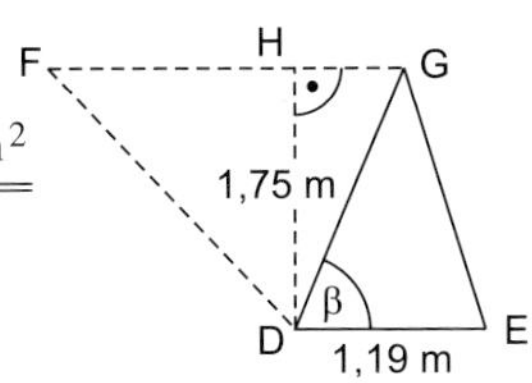

$$A_{DEG} = \frac{\overline{DE} \cdot \overline{GD} \cdot \sin\beta}{2} = \frac{1{,}19\ \text{m} \cdot 1{,}75\ \text{m} \cdot \sin 67{,}65°}{2} = \underline{\underline{0{,}96\ \text{m}^2}}$$

Es steht eine Fläche von etwa 0,96 m² zur Verfügung.

Aufgabe 4 – Stochastik

4.1 Im Kreisdiagramm werden Daten als Anteile eines Kreises dargestellt. Dabei entspricht die Kreisfläche 100 % und die Kreissektoren entsprechen den prozentualen Anteilen der verschiedenen Daten. Um das Kreisdiagramm zeichnen zu können, müssen also zunächst die prozentualen Anteile berechnet werden. Dazu setzt man die Ausgaben pro Kopf der einzelnen Länder ins Verhältnis zu den Gesamtausgaben pro Kopf. Mit diesen Bruchteilen kann man die Größe der Mittelpunktwinkel der zugehörigen Kreissektoren bestimmen. Die Mittelpunktwinkel berechnen sich über den Zusammenhang $1\,\% \mathrel{\hat{=}} 3{,}6°$.

Berechnung der prozentualen Anteile und der Mittelpunktwinkel:

Länder	Ausgaben pro Kopf in €	prozentuale Anteile	Mittelpunktwinkel
UK	115,5	$\frac{115{,}5}{346{,}6} \approx 0{,}3332 = 33{,}32\,\%$	$33{,}32 \cdot 3{,}6° \approx 120°$
Deutschland	58,1	$\frac{58{,}1}{346{,}6} \approx 0{,}1676 = 16{,}76\,\%$	$16{,}76 \cdot 3{,}6° \approx 60°$
Frankreich	53,3	$\frac{53{,}3}{346{,}6} \approx 0{,}1538 = 15{,}38\,\%$	$15{,}38 \cdot 3{,}6° \approx 55°$
Russland	13,0	$\frac{13{,}0}{346{,}6} \approx 0{,}0375 = 3{,}75\,\%$	$3{,}75 \cdot 3{,}6° \approx 14°$
Italien	28,5	$\frac{28{,}5}{346{,}6} \approx 0{,}0822 = 8{,}22\,\%$	$8{,}22 \cdot 3{,}6° \approx 30°$
Niederlande	78,2	$\frac{78{,}2}{346{,}6} \approx 0{,}2256 = 22{,}56\,\%$	$22{,}56 \cdot 3{,}6° \approx 81°$
Gesamt	346,6	100 %	360°

Kreisdiagramm:

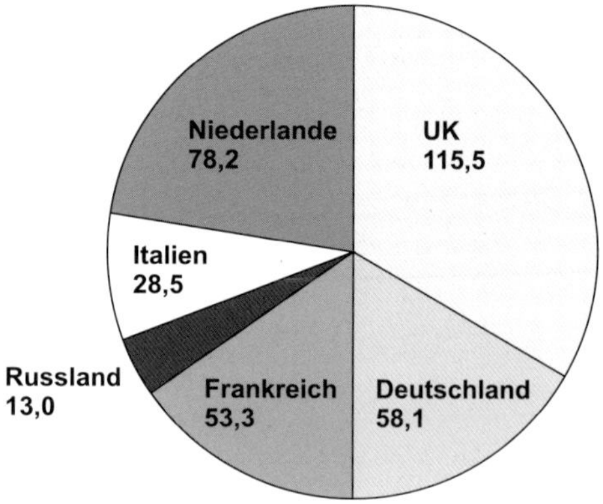

4.2 In der Stellungnahme sollten sowohl die Höhe der Werbeausgaben als auch die Höhe der Ausgaben pro Kopf der Niederlande mit denen der anderen Staaten verglichen werden.

Der Grafik kann man entnehmen, dass die Gesamtausgaben der Niederlande für Onlinewerbung unter den sechs Staaten der Grafik am niedrigsten sind. Im Gegensatz dazu haben die Niederlande jedoch die zweithöchsten Ausgaben pro Kopf.

4.3 **Berechnung des arithmetischen Mittels $\overline{x}$:**

Um das arithmetische Mittel zu berechnen, müssen zunächst die Werbeausgaben pro Kopf aller sechs Staaten addiert und dann durch die Anzahl der Staaten (6) geteilt werden.

$$\overline{x} = \frac{115{,}5\text{ €} + 58{,}1\text{ €} + 53{,}3\text{ €} + 13{,}0\text{ €} + 28{,}5\text{ €} + 78{,}2\text{ €}}{6} = \frac{346{,}6\text{ €}}{6} \approx \underline{\underline{57{,}77\text{ €}}}$$

Berechnung des Medians:

Um den Median zu berechnen, müssen die Werte zunächst der Größe nach geordnet werden. Da eine gerade Anzahl an Daten vorliegt, ist der Median das arithmetische Mittel der beiden in der Mitte der geordneten Datenmenge liegenden Werte.

Der Größe nach geordnete Datenmenge: 13 28,5 **53,3** **58,1** 78,2 115,5

$$x_{med} = \frac{53{,}3\text{ €} + 58{,}1\text{ €}}{2} = \frac{111{,}4\text{ €}}{2} = \underline{\underline{55{,}70\text{ €}}}$$

4.4 Um die Wahrscheinlichkeit für den Wunsch des Klassenleiters zu berechnen (blau, kursiv, rechteckig), muss man entsprechend der Produktregel dem zugehörigen Pfad im Baumdiagramm folgen (ganz links) und die Wahrscheinlichkeiten entlang des Pfads multiplizieren.

Wahrscheinlichkeit für das Ereignis: „Das Logo wird blau, kursiv und rechteckig.“

$$P(\text{blau; kursiv; rechteckig}) = P(b; k; r) = \frac{14}{27} \cdot \frac{12}{27} \cdot \frac{10}{27} = 0{,}08535\ldots \approx \underline{\underline{8{,}54\ \%}}$$

Die Wahrscheinlichkeit für die Wunschgestaltung des Klassenleiters beträgt 8,54 %.

4.5 Bei dieser Aufgabe ist es einfacher, mit dem Gegenereignis zu arbeiten. Das Gegenereignis ist, dass das Logo kursiv **und** elliptisch wird. Man sucht also im Baumdiagramm alle Ergebnisse, bei denen „Ellipse“ **und** „kursiv“ vorkommt, multipliziert die Einzelwahrscheinlichkeiten entlang der Pfade und addiert diese Summen. Die Wahrscheinlichkeit des Gegenereignisses muss anschließend von der Grundgesamtheit 1 abgezogen werden.

Wahrscheinlichkeit des Gegenereignisses: „Das Logo wird kursiv und elliptisch.“

$$\begin{aligned} P(\text{kursiv und elliptisch}) &= P(b; k; e) + P(g; k; e) + P(p; k; e) \\ &= \frac{14}{27} \cdot \frac{12}{27} \cdot \frac{17}{27} + \frac{8}{27} \cdot \frac{12}{27} \cdot \frac{17}{27} + \frac{5}{27} \cdot \frac{12}{27} \cdot \frac{17}{27} \\ &= \frac{68}{243} \\ &\approx 0{,}2798 \end{aligned}$$

Wahrscheinlichkeit des Ereignisses: „Das Logo wird nicht kursiv und elliptisch.“

$$P(\text{nicht kursiv und elliptisch}) = 1 - P(\text{kursiv und elliptisch}) = 1 - 0{,}2798 = 0{,}7202 = \underline{\underline{72{,}02\ \%}}$$

Die Wahrscheinlichkeit dafür, dass die Gestaltung <u>nicht</u> gezogen wird, beträgt 72,02 %.

4.6 Wenn der Klassenleiter auch bei der Wahl mitmacht, erhöht sich die Anzahl der Zettel in jedem Karton von 27 auf 28 (und somit auch die Zahl im Nenner der Wahrscheinlichkeiten). Auf dem Ast ganz links werden, entsprechend der Wahl des Klassenleiters, teilweise die Zähler der Wahrscheinlichkeiten erhöht: bei „b“ von 14 auf 15, bei „k“ von 12 auf 13 und bei „r“ von 10 auf 11. Der Zähler bei „e“ bleibt gleich.

Baumdiagramm:

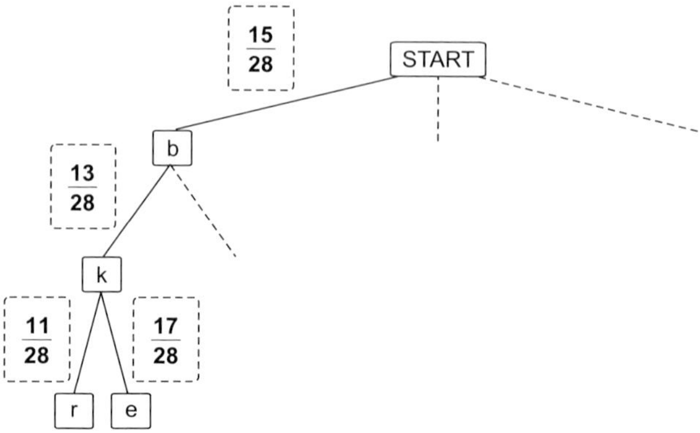

Aufgabe 5 – Figuren- und Raumgeometrie

5.1 Um den Innendurchmesser (und daraus den Innenradius) des Beckens zu berechnen, muss von dem äußeren Durchmesser (4 m) zweimal die Wandstärke (20 cm) abgezogen werden (für die Dicke der Wand oben und unten). Der Radius ist dann der halbe Durchmesser.

Berechnung des Innenradius des Beckens:

$$d_{innen} = 4\text{ m} - 2 \cdot 20\text{ cm} = 4\text{ m} - 2 \cdot 0{,}20\text{ m} = 3{,}60\text{ m}$$

$$\Rightarrow \quad r_{innen} = \frac{d_{innen}}{2} = \frac{3{,}60\text{ m}}{2} = \underline{\underline{1{,}80\text{ m}}}$$

Der Innenradius des Beckens ist 1,80 m.

5.2 Der Boden des Schwimmbeckens setzt sich aus einem Rechteck (Mitte) sowie 2 Halbkreisen (links und rechts) zusammen. Die Halbkreise haben denselben Radius und ergänzen sich somit zu einem ganzen Kreis. Das Rechteck ist 5 m lang und 3,6 m breit (Innendurchmesser). Der zu verwendende Radius für den Kreis ist der berechnete Innenradius.

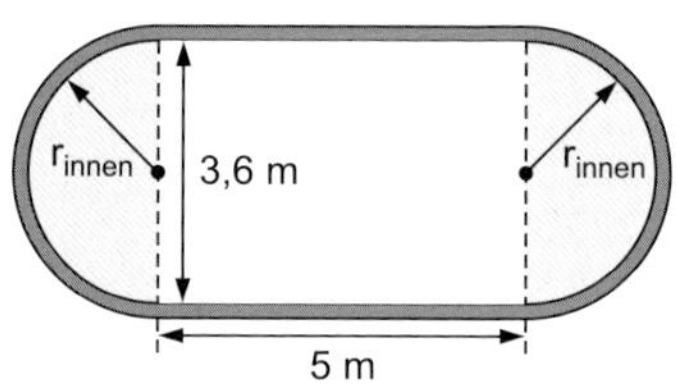

Berechnung der Rechteckfläche:

$$A_{Rechteck} = a \cdot d_{innen} = 5\text{ m} \cdot 3{,}60\text{ m} = 18\text{ m}^2$$

Berechnung der Kreisfläche:

$$A_{Kreis} = r_{innen}^2 \cdot \pi = (1{,}80\text{ m})^2 \cdot \pi = 10{,}18\text{ m}^2$$

Berechnung der Bodenfläche:

$$A_{Boden} = A_{Rechteck} + A_{Kreis} = 18\text{ m}^2 + 10{,}18\text{ m}^2 = \underline{\underline{28{,}18\text{ m}^2}}$$

Die zu fliesende Bodenfläche beträgt etwa 28,18 m².

5.3 Das Volumen der Wassersäule berechnet sich mit der Formel V = Grundfläche · Höhe. Die Grundfläche ist dabei die zu fliesende Bodenfläche und die Höhe entspricht der Füllhöhe. Alternativ kann die Wassersäule auch als zusammengesetzter Körper aus einem Quader und einem Zylinder aufgefasst werden. Das Wasservolumen erhält man, wenn man Quader- und Zylindervolumen addiert.

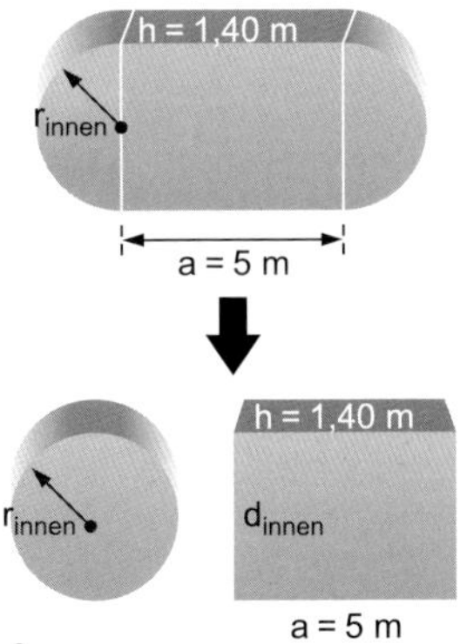

Berechnung des Wasservolumens:

$V_{Wasser} = A_{Boden} \cdot h = 28{,}18\ m^2 \cdot 1{,}40\ m \approx \underline{\underline{39{,}45\ m^3}}$

Das Wasservolumen beträgt etwa 39,45 m^3.

Alternative Berechnung des Wasservolumens:
Berechnung des Quadervolumens:

$V_{Quader} = a \cdot d_{innen} \cdot h = 5\ m \cdot 3{,}60\ m \cdot 1{,}40\ m = 25{,}20\ m^3$

Berechnung des Zylindervolumens:

$V_{Zylinder} = {r_{innen}}^2 \cdot \pi \cdot h = (1{,}80\ m)^2 \cdot \pi \cdot 1{,}40\ m = 14{,}25\ m^3$

Berechnung des Wasservolumens:

$V_{Wasser} = V_{Quader} + V_{Zylinder} = 25{,}20\ m^3 + 14{,}25\ m^3 = \underline{\underline{39{,}45\ m^3}}$

Das Wasservolumen beträgt etwa 39,45 m^3.

5.4 Die Innenwand des Schwimmbeckens setzt sich aus der Mantelfläche zweier (gleicher) Halbzylinder (also eines ganzen Zylinders) sowie zwei Rechtecken zusammen. Alternativ kann die Innenwand auch „aufgeschnitten“ und „abgewickelt“ werden. Sie entspricht dann einem Rechteck mit dem Umfang der Grundfläche als Länge und der Beckentiefe als Breite. Bei diesem Lösungsweg ist die Fläche dieses Rechtecks zu berechnen. *Achtung:* Die Höhe der zu streichenden Fläche ist nun die Beckentiefe $h_{Becken} = 1{,}50$ m und nicht, wie in der Teilaufgabe davor, die Höhe der Wassersäule h = 1,40 m!

Berechnung der zu streichenden Fläche:

$A = M_{Zylinder} + 2 \cdot A_{Rechteck}$

$A = d_{innen} \cdot \pi \cdot h_{Becken} + 2 \cdot a \cdot h_{Becken}$

$A = 3{,}60\ m \cdot \pi \cdot 1{,}50\ m + 2 \cdot 5\ m \cdot 1{,}50\ m$

$A \approx \underline{\underline{31{,}96\ m^2}}$

Die zu streichende Fläche beträgt etwa 31,96 m^2.

Alternative Berechnung der zu streichenden Fläche:
Berechnung des Umfangs der Grundfläche:

$u_{Grundfläche} = 2 \cdot \pi \cdot r_{innen} + 2 \cdot a = 2 \cdot \pi \cdot 1{,}80\ m + 2 \cdot 5\ m = 21{,}31\ m$

Berechnung der zu streichenden Fläche:

$A = u_{Grundfläche} \cdot h_{Becken} = 21{,}31\ m \cdot 1{,}50\ m = \underline{\underline{31{,}97\ m^2}}$

Die zu streichende Fläche beträgt etwa 31,97 m^2.

5.5 Die Stofffläche des Schirmes entspricht der Mantelfläche der quadratischen Pyramide. Diese Mantelfläche besteht aus 4 kongruenten Dreiecken. Um deren Flächeninhalt zu berechnen, muss zunächst die Seitenhöhe mit dem Satz von Pythagoras bestimmt werden.

Berechnung der Höhe h_a mithilfe des Satzes von Pythagoras:

$$h_a^2 = h^2 + \left(\frac{a}{2}\right)^2 \qquad |\sqrt{}$$

$$h_a = \sqrt{(0{,}50\text{ m})^2 + (1{,}50\text{ m})^2}$$

$$h_a = \sqrt{2{,}50\text{ m}^2}$$

$$h_a = 1{,}58\text{ m}$$

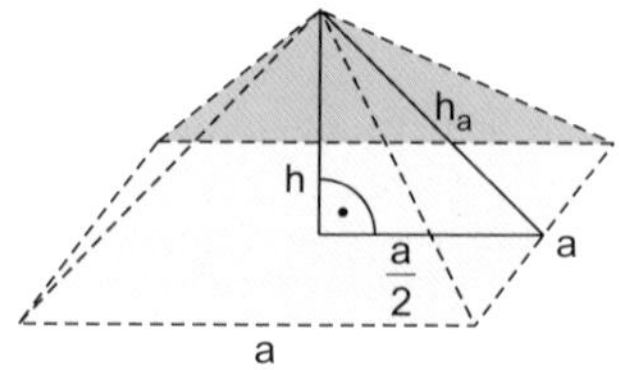

Berechnung der Mantelfläche:

$$M = 4 \cdot A_\Delta = 4 \cdot \frac{1}{2} \cdot a \cdot h_a = 2 \cdot 3\text{ m} \cdot 1{,}58\text{ m} = \underline{\underline{9{,}48\text{ m}^2}}$$

Die Stofffläche des Schirms beträgt etwa 9,48 m^2.

5.6 Die Länge einer Strebe kann mithilfe des Satzes von Pythagoras berechnet werden. Anschließend ist die Länge der Strebe mit 4 zu multiplizieren (da es 4 Streben sind). Alternativ kann auch zunächst die Länge der Diagonale der Grundfläche und dann die Länge einer Strebe mithilfe des Satzes von Pythagoras berechnet werden.

Berechnung der Länge der Strebe s mithilfe des Satzes von Pythagoras:

$$s^2 = h_a^2 + \left(\frac{a}{2}\right)^2 \qquad |\sqrt{}$$

$$s = \sqrt{(1{,}58\text{ m})^2 + (1{,}50\text{ m})^2}$$

$$s = \sqrt{4{,}75\text{ m}^2}$$

$$s = 2{,}18\text{ m}$$

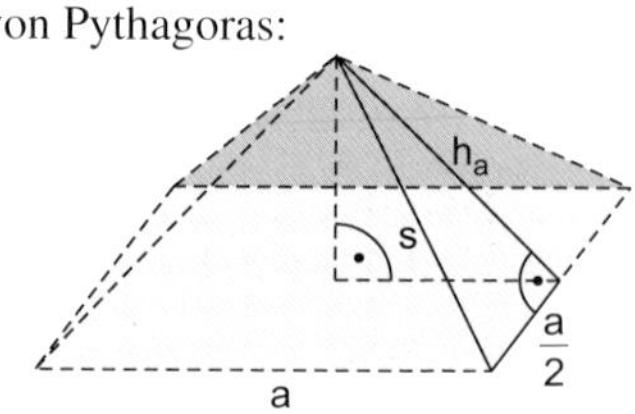

Alternative Berechnung der Länge der Strebe s:

Berechnung der Diagonallänge mithilfe des Satzes von Pythagoras:

$$d^2 = a^2 + a^2 \qquad |\sqrt{}$$

$$d = \sqrt{(3\text{ m})^2 + (3\text{ m})^2}$$

$$d = \sqrt{18\text{ m}^2}$$

$$d = 4{,}24\text{ m}$$

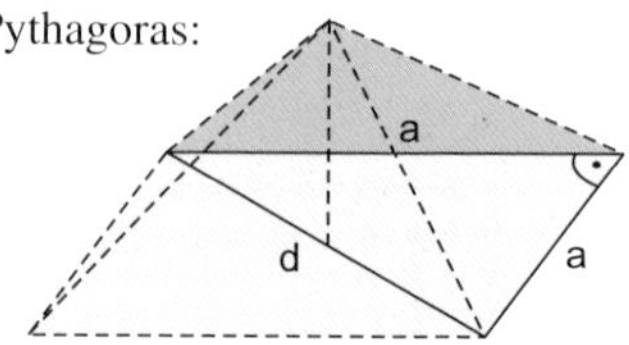

Berechnung der Länge der Strebe s mithilfe des Satzes von Pythagoras:

$$s^2 = h^2 + \left(\frac{d}{2}\right)^2 \qquad |\sqrt{}$$

$$s = \sqrt{(0{,}50\text{ m})^2 + (2{,}12\text{ m})^2}$$

$$s = \sqrt{4{,}74\text{ m}^2}$$

$$s = 2{,}18\text{ m}$$

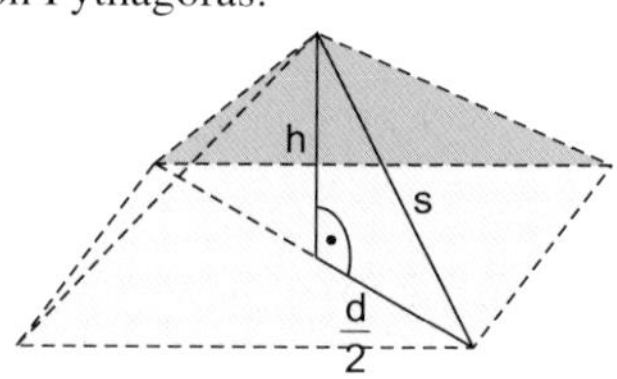

Berechnung der Gesamtlänge der 4 Streben:

$$\ell = 4 \cdot s = 4 \cdot 2{,}18\text{ m} = \underline{\underline{8{,}72\text{ m}}}$$

Die Gesamtlänge der 4 Streben beträgt etwa 8,72 m.

Aufgabe 1 – Finanzmathematik

Frau Petra Knapp, Inhaberin eines Bekleidungsgeschäfts in Marloffstein, verschafft sich einen Überblick über ihre Finanzen. Sie besitzt einen Sparbrief mit 10-jähriger Laufzeit in Höhe von 45.000,00 €, der am 31. 12. 2017 fällig wird. Nach Auskunft der Bank wird der Auszahlungsbetrag 78.707,53 € betragen.

1.1 Berechnen Sie den Prozentsatz p. a., mit dem das Kapital verzinst wird. 3

Zur Modernisierung ihres Geschäfts hat Frau Knapp in der Vergangenheit ein Darlehen mit nachschüssiger Annuitätentilgung aufgenommen. Am 31. 12. 2016 erhielt sie von der Bank den jährlichen Finanzierungsüberblick.

Volksbank Marloffstein eG

– WICHTIGES DOKUMENT FÜR IHRE STEUERUNTERLAGEN –

Modehaus Knapp
Frau Petra Knapp
Artilleriestraße 25a
91080 Marloffstein

Darlehensbuchhaltung
Telefon 09131 5078-453
Telefax 09131 5078-577

Darlehen 12798361897 IBAN DE32 7635 0000 0262 2934 36
Darlehensnehmer Petra Knapp

Bestätigung über die im Zeitraum vom 01. 01. 2016 – 31. 12. 2016 geleisteten Zahlungen und die Restschuld zum 31. 12. 2016

Zinsen	3.519,60 EUR
Restschuld am 01. 01. 2016	132.815,21 EUR
Restschuld am 31. 12. 2016	123.269,17 EUR

Bei Einwendungen bitten wir Sie, sich unverzüglich schriftlich mit unserer Innenrevision in Verbindung zu setzen.

Mit freundlichen Grüßen,
VOLKSBANK MARLOFFSTEIN eG

1.2 Stellen Sie einen Tilgungsplan für die Jahre 2016 und 2017 auf. 5
(Zwischenergebnisse: Annuität A = 13.065,64 € und Zinssatz p = 2,65 %)

Nach Aussage der Bank wird die Restschuld am 31. 12. 2017 noch 113.470,16 € betragen. Zu diesem Zeitpunkt plant Frau Knapp einen Teil des Auszahlungsbetrages aus dem Sparbrief (Aufgabe 1.1) in Höhe von 60.000,00 € als Sondertilgung einzubringen.

1.3 Berechnen Sie, in wie vielen Jahren Frau Knapp das Darlehen vollständig zurückbezahlt haben wird. 5

Private Umstände veranlassen Frau Knapp, sich Gedanken über den Verkauf ihres Geschäfts zu machen. Auf ein Inserat hin melden sich zwei Kaufinteressenten und geben folgende Angebote ab.

Schneiderei Berat Aldemir

Sehr geehrte Frau Knapp,

an der Übernahme Ihres Bekleidungsgeschäfts sind wir interessiert. Als Kaufpreis würden wir sofort 60.000,00 € in bar sowie zwei Teilbeträge von je 20.000,00 € in drei und in sechs Jahren bezahlen.

Mit freundlichen Grüßen

Berat Aldemir

Mode für die junge Dame

Sehr geehrte Frau Knapp,

ich betreibe ein Modegeschäft in Langensendelbach. Gerne würde ich Ihr Geschäft übernehmen. Als Ablöse biete ich Ihnen fünf jährliche nachschüssige Zahlungen in Höhe von 20.000,00 € an.

Mit freundlichen Grüßen

Arnold Koch

* 1.4 Berechnen Sie, welches Angebot Frau Knapp annehmen sollte, wenn sie mit einem Zinssatz von 1,8 % rechnet. 4

Frau Knapp entscheidet sich gegen einen Verkauf. Stattdessen verpachtet sie das Geschäft an ihre langjährige Mitarbeiterin Frau Stefanie Derrer. Die jährlich vorschüssige Pacht möchte Frau Knapp vollständig auf ein Sparkonto überweisen lassen, das in 10 Jahren auf eine Summe von 100.000,00 € anwachsen soll.

1.5 Berechnen Sie den jährlichen Pachtertrag, wenn das Sparkonto mit einem Zinssatz von 1,8 % verzinst wird. 3

20

Aufgabe 2 – Folgen und Reihen

Mona bastelt ein Windspiel aus gebogenen Aluminiumringen. Die hierbei vorgezeichneten Kreisumfänge werden jeweils um einen festen Prozentsatz von innen nach außen größer. Der Umfang des ersten Aluminiumringes beträgt 18,85 cm. Der fünfte Ring hat einen Umfang von 32,97 cm (siehe Skizze).

* 2.1 Berechnen Sie die Vergrößerung der Umfänge von einem zum nächsten Ring in Prozent. (Zwischenergebnis: $q = 1{,}15$) 4

* 2.2 Ermitteln Sie rechnerisch, welcher der Aluminiumringe einen Umfang von 153,38 cm besitzt. 3

* 2.3 Mona biegt für ihr Windspiel insgesamt 21 Ringe.
Bestimmen Sie die Länge des Aluminiumbandes für den letzten Ring. 2

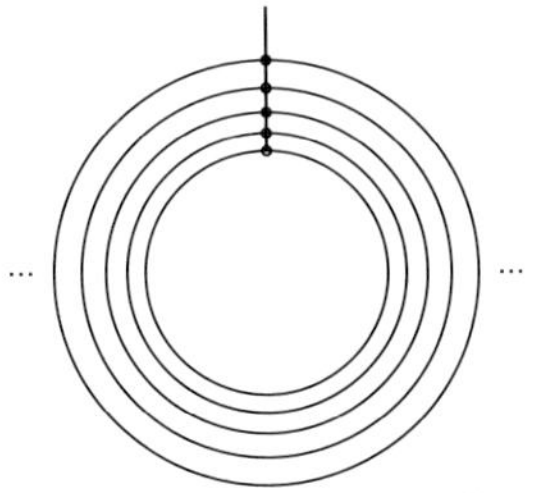

Skizze

Ein Onlineshop bietet Aluminiumbandrollen in verschiedenen Längen an. Die Rollenlängen gibt es in 5 m, 10 m, 15 m usw.

* 2.4 Berechnen Sie, welche Länge die Rolle haben sollte, die Mona für 21 Ringe benötigt. 3

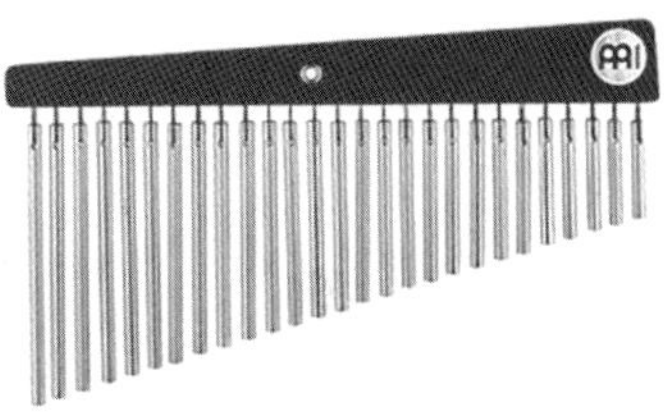

Neben dem Windspiel aus Ringen möchte Mona ein weiteres bestehend aus Klangstäben basteln. Diese sollen aus einem Aluminiumrohr gebaut werden. Von diesem Rohr schneidet Mona ihren ersten (kürzesten) Klangstab mit einer Länge von 44 mm ab. Damit das Windspiel verschiedene Töne erzeugen kann, verlängert Mona jeden weiteren Klangstab immer um das gleiche Maß. Der 15. Klangstab ist 128 mm lang.

* 2.5 Berechnen Sie die Verlängerung der Klangstäbe von einem Stab zum nächsten in mm. (Ergebnis: $d = 6$ mm) 3

* 2.6 Berechnen Sie, wie viele Klangstäbe Mona aus einem Aluminiumrohr mit der Länge von 1 m nacheinander abschneiden kann, wenn sie mit dem kleinsten beginnt. 5

20

Aufgabe 3 – Trigonometrie

Ramona hat das Rennradfahren für sich entdeckt. Ihr Vater geht mit ihr in ein Radsportgeschäft, um ein passendes Rad auszusuchen.

Nebenstehendes Bild zeigt die Rahmengeometrie eines Rades.

Der Abstand vom Tretlager H zur Radnabe B beträgt $\overline{HB} = 410$ mm. Die Winkel sind der folgenden Auflistung zu entnehmen.

$\beta = 38{,}5°$
$\varphi = 51°$
$\delta = 48°$
$\varepsilon = 76°$

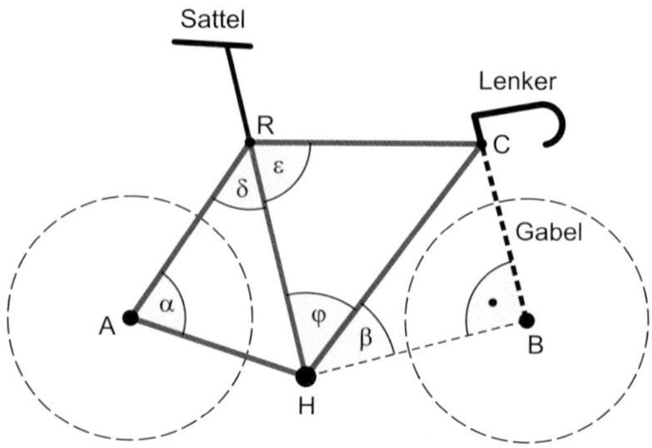

(nicht maßstabsgetreu)

3.1 Berechnen Sie die Länge der Gabel [BC]. 2

3.2 Berechnen Sie die Länge des Unterrohres [HC]. 2
(Ergebnis: $\overline{HC} = 523{,}89$ mm)

Um zu überprüfen, ob das angebotene Rad für Ramona geeignet ist, misst der Radverkäufer ihre Schrittlänge. Diese beträgt 65 cm.

3.3 Berechnen Sie die Rahmenhöhe [RH] und überprüfen Sie anhand der Tabelle, ob das Rennrad für Ramona geeignet ist. 4
(Ergebnis: $\overline{RH} = 431{,}21$ mm)

Schrittlänge Jugend in cm	**Rahmenhöhe RH Jugend in cm**
61 – 62	41
63	42
64 – 65	43
66	44
67 – 68	45
69	46

Die Sitzstrebe [RA] hat eine Länge von 395 mm.

3.4 Berechnen Sie die Länge der Strebe [AH]. 3
(Ergebnis: $\overline{AH} = 337{,}67$ mm)

3.5 Bestimmen Sie, unter welchem Winkel α die Verbindungsstrebe [AH] im Punkt A angeschweißt wurde. 3

Bei einer Testfahrt stellt Ramona fest, dass der Lenker nicht geneigt ist. Der Fahrradhändler stellt die Lenkerneigung auf 5° gegenüber der Horizontalen ein.

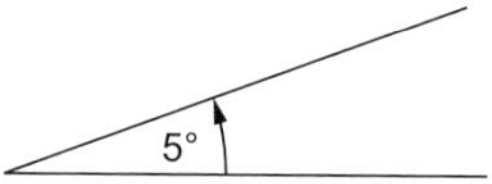

(nicht maßstabsgetreu)

3.6 Berechnen Sie die Neigung des Lenkers in %. 2

Aufgrund eines Lackfehlers bestellt der Fahrradhändler einen neuen Rahmen für Ramona und schickt den alten zurück.

3.7 Berechnen Sie die Fläche des zu verpackenden Rahmens AHCR. 4

20

Aufgabe 4 – Stochastik

Die Schüler der beiden Abschlussklassen wollen ein einheitliches Abschluss-T-Shirt entwerfen. Da es unterschiedliche Meinungen über die Farbe und das Motiv gibt, wird eine Umfrage unter allen 51 Schülern durchgeführt.

Peshkov Daniil. Shutterstock

Umfrage Ergebnisse	Motiv	10 A	10 B		Farbe	10 A	10 B
	Schullogo	4	3		Schwarz	12	10
	Name	7	3		Weiß	6	8
	Zeichnung	8	13		Blau	4	3
	Spruch	6	7		Rot	3	5

4.1 Bestimmen Sie die absolute Häufigkeit für das Ereignis E_1: „Schüler stimmt für den Aufdruck des Schullogos.“ 1

4.2 Berechnen Sie die relative Häufigkeit in Prozent für das Ereignis E_2: „Schüler stimmt für die Farbe Schwarz.“ 2

Das Umfrageergebnis zum Motiv soll veranschaulicht werden.

4.3 Erstellen Sie ein geeignetes Säulendiagramm. 3

Auf der Basis des Umfrageergebnisses sollen schwarze T-Shirts mit einer Zeichnung als Motiv bedruckt werden. Sie holen sich dafür mehrere Angebote ein, die in folgender Übersicht dargestellt sind:

14,99 €	12,45 €	15,35 €	19,88 €	17,95 €	15,99 €

4.4 Bestimmen Sie die Spannweite, den Median und das arithmetische Mittel der Preise. 5

In einem Schülerforum holen sich die Schüler vor der Bestellung Informationen über den ausgewählten Händler ein und finden mehrere negative Einträge. Eine Schule gibt konkret an, dass bei einer Lieferung 5 von 100 Motivdrucken fehlerhaft waren und 2 von 50 T-Shirts in der falschen Farbe geliefert wurden.

4.5 Fertigen Sie zu dem Zufallsexperiment „Lieferung von T-Shirts mit Motiv und Farbe“ ein passendes Baumdiagramm an und tragen Sie die einzelnen Übergangswahrscheinlichkeiten ein. 4

4.6 Bestimmen Sie die Wahrscheinlichkeit, dass ein Schüler ein T-Shirt ohne Mängel erhält. 2

4.7 Bestimmen Sie die Wahrscheinlichkeit, dass ein T-Shirt höchstens einen Mangel aufweist. 3

20

Aufgabe 5 – Funktionen

Der Architekt Andreas Rauch ist für die Planung eines Thermalbades zuständig. Die Kuppel hat die Form einer nach unten geöffneten Parabel p mit der Formvariablen $a = -0{,}05$. Es sollen zwei Scheinwerfer an den Deckenpositionen $A(20 \mid 10{,}5)$ und $B(2 \mid 12{,}3)$ angebracht werden.

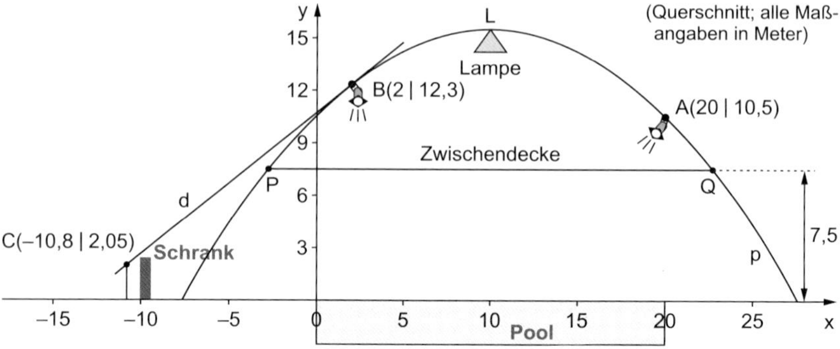

5.1 Stellen Sie die Funktionsgleichung der Parabel p auf. 4
(Ergebnis: p: $y = -0{,}05x^2 + x + 10{,}5$)

Für den Essbereich ist in 7,5 m Höhe eine Zwischendecke geplant.

5.2 Berechnen Sie die Breite $\overline{PQ}$ der Zwischendecke. 4

Im höchsten Punkt L der Kuppel soll eine Lampe installiert werden.

5.3 Berechnen Sie die Koordinaten des Punktes L, an dem die Lichtquelle montiert werden soll. 3

An der linken Seite der Kuppel soll ein Anbau als Lagerraum dienen.
Das Dach des Anbaus kann als Graph einer linearen Funktion d verstanden werden, der durch die Punkte $B(2 \mid 12{,}3)$ und $C(-10{,}8 \mid 2{,}05)$ verläuft.

5.4 Berechnen Sie die Funktionsgleichung des Daches d. 3
(Ergebnis: d: $y = 0{,}8x + 10{,}7$)

5.5 Zeigen Sie rechnerisch, dass das Dach des Anbaus die Kuppel des Thermalbades berührt. 3

Im Anbau soll 80 cm von der Außenwand entfernt ein Schrank mit einer Höhe von 2,2 m aufgestellt werden.

5.6 Überprüfen Sie rechnerisch, ob der Schrank unter das Dach passt. 3

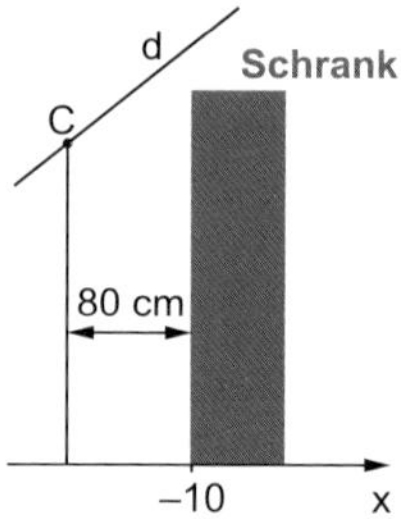

20

Aufgabe 6 – Körperberechnungen

Andreas möchte in seinem Garten einen zylinderförmigen Pool mit einem Außendurchmesser von 2,2 m bauen. Dieser soll auf einer quadratischen, gepflasterten Fläche mit einer Seitenlänge von a = 3 m stehen.

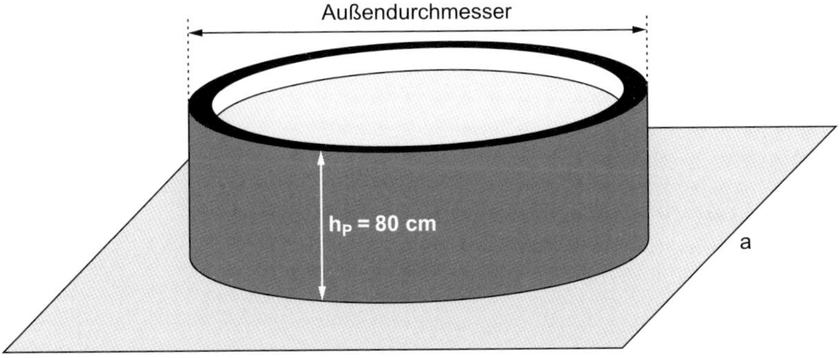

6.1 Berechnen Sie den Teil der gepflasterten Fläche, der vom Pool nicht bedeckt wird. 3

Die Außenwand des Pools soll mit Holz verkleidet werden.

6.2 Berechnen Sie die zu verkleidende Außenfläche in m^2, wenn der Pool $h_P = 80$ cm hoch ist. 2

Damit Andreas sicher in den Pool steigen kann, möchte er eine am Rand des Pools gemauerte Stufe mit rutschfesten Steinplatten belegen. Im Fachhandel kostet ein Quadratmeter dieser Steinplatten 59 €.

Die Trittfläche der Stufe hat die Tiefe von t = 35 cm. Die Breite des Einstiegs soll $\frac{1}{4}$ des Poolumfangs betragen.

6.3 Berechnen Sie die Kosten für die rutschfesten Steinplatten. 4

Der Pool wird nur zu 90 % mit Wasser befüllt. Die Seitenwand ist 10 cm dick.

6.4 Berechnen Sie die Wassermenge in Liter im Pool. 4

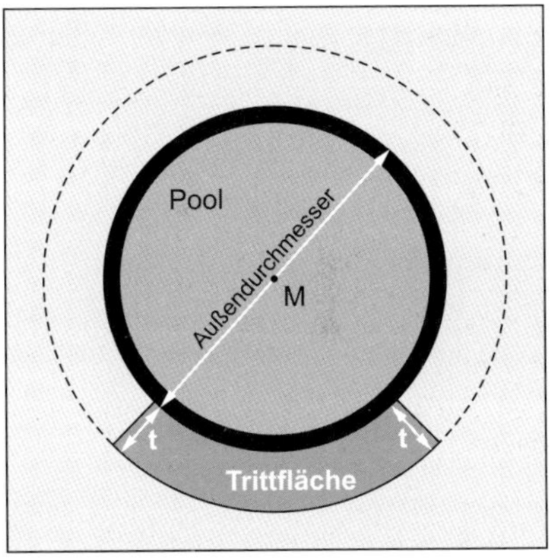

(nicht maßstabsgetreu)

Als Sonnenschutz baut sich Andreas einen Pavillon über seinen Pool. Die senkrechten Stützen befinden sich an den vier Ecken der quadratischen, gepflasterten Grundfläche. Die von der Spitze S zu den Ecken des Daches verlaufenden Dachstangen haben jeweils eine Länge von $\overline{SC} = 222$ cm. Es müssen zur Stabilisierung vier Zusatzstreben z in einer Entfernung von $\overline{SE} = 110$ cm zur Spitze an den Dachstangen befestigt werden (siehe Skizze). Den oberen Teil des Daches möchte Andreas mit einer durchsichtigen Folie versehen.

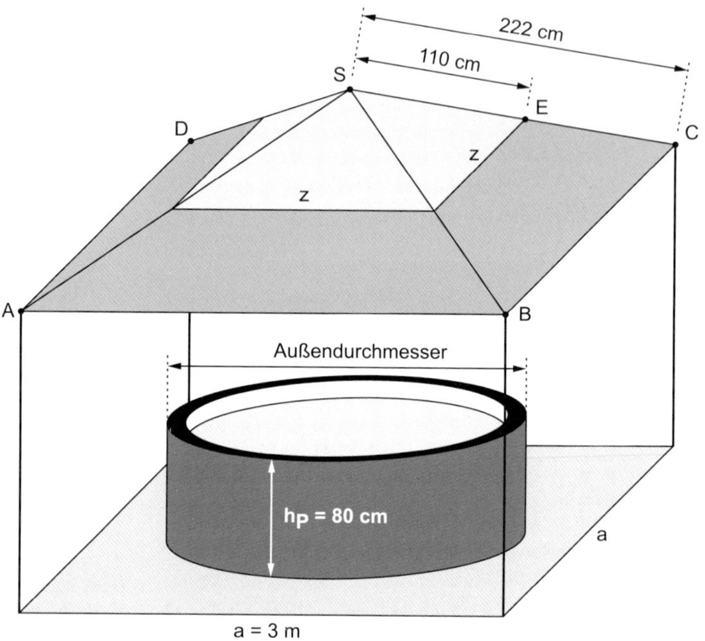

6.5 Berechnen Sie die Länge einer Querstrebe z. 3
(Ergebnis: z = 1,49 m)

6.6 Berechnen Sie, wie viel Quadratmeter durchsichtige Folie Andreas mindestens benötigt. 4

20

Aufgabe 7 – Aufgaben mit verschiedenen Themenbezügen

Das dargestellte Liniendiagramm zeigt den durchschnittlichen Wasserverbrauch pro Person und Tag in Deutschland in den Jahren 2006 bis 2015.

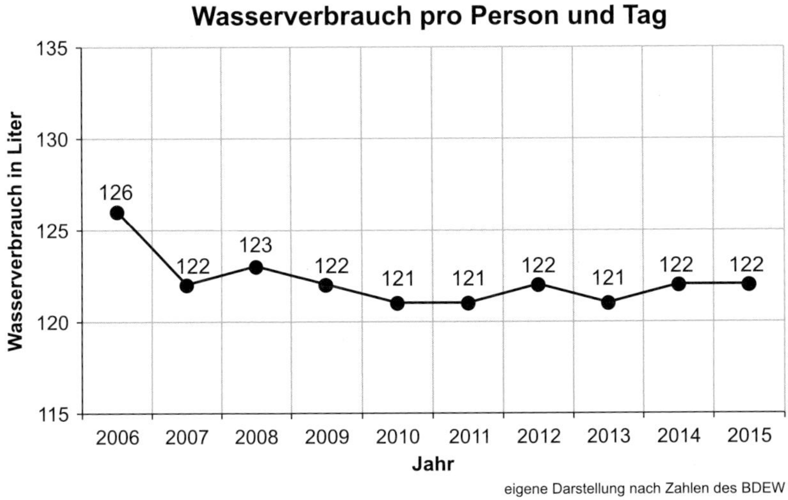

7.1 Berechnen Sie den Durchschnitt obiger Wasserverbrauchszahlen von 2006 bis 2015. 1

7.2 Berechnen Sie, um wie viel Prozent der Wasserverbrauch im Jahr 2015 im Vergleich zum Jahr 2006 gesunken ist. 2

Fachleute gehen davon aus, dass der dargestellte Wasserverbrauch ab dem Jahr 2015 jedes Jahr um 3,17 % gesenkt werden kann.

* 7.3 Berechnen Sie den durchschnittlichen Wasserverbrauch pro Person und Tag im Jahr 2050. 3

* 7.4 Berechnen Sie, wie viel Liter Wasser eine Person dann im Zeitraum von 2015 bis einschließlich 2050 insgesamt verbraucht hätte. 3
(Zur Berechnung: jedes Jahr hat 365 Tage)

Im Jahr 2015 verbrauchte eine Person durchschnittlich 122 Liter Wasser pro Tag. Die folgende Tabelle zeigt, wofür das Wasser verwendet wurde.

Toilette	Baden und Duschen	Wäsche waschen	Körper-pflege	Sonstiger Verbrauch
41 Liter	34 Liter	17 Liter	9 Liter	21 Liter

7.5 Stellen Sie die obige Verteilung des Wasserverbrauchs in einem Kreisdiagramm dar (siehe Zusatzblatt Seite 11). 4

Bei Familie Bauer tropft der Wasserhahn. Jede Sekunde fällt ein Wassertropfen.

7.6 Berechnen Sie, wie viele Tage es dauert, bis 140 Liter Wasser (entspricht etwa dem Fassungsvermögen einer Badewanne) verschwendet wurden.
Zur Berechnung wird ein Wassertropfen näherungsweise als Kugel mit einem Durchmesser von 5 mm angenommen. 3

Da Familie Bauer grundsätzlich sehr verantwortungsbewusst mit Wasser umgeht, fängt sie im Garten Regenwasser in einer Tonne auf. Bevor es wieder zu regnen beginnt, sind 25 Liter Wasser in der Tonne. Der nächste Regen ist so stark, dass pro Minute 2 Liter Wasser dazukommen.

7.7 Untersuchen Sie den Zusammenhang zwischen Zeit und Füllmenge, indem Sie (auf dem Zusatzblatt Seite 11)

- die Wertetabelle vervollständigen,
- die Funktionsgleichung aufstellen und
- den Graphen der Funktion in das gegebene Koordinatensystem zeichnen. 4

20

Zusatzblatt zu 7. Aufgaben mit verschiedenen Themenbezügen

Name: ____________________________

Zu Teilaufgabe 7.5

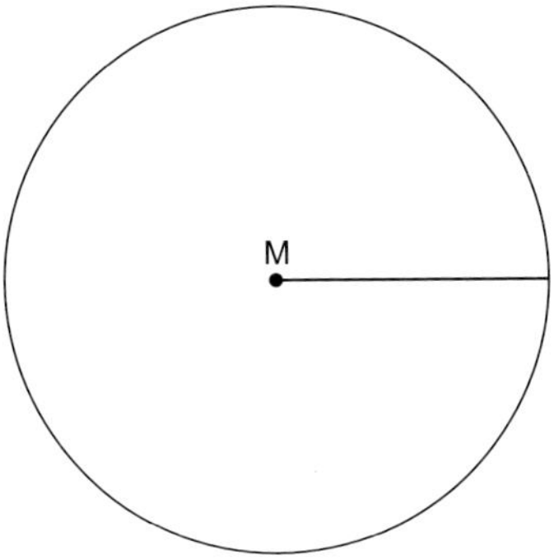

Zu Teilaufgabe 7.7

Zeit x in Minuten	0	1	10		
Füllmenge y in Liter	25			75	95

Funktionsgleichung: ________________________

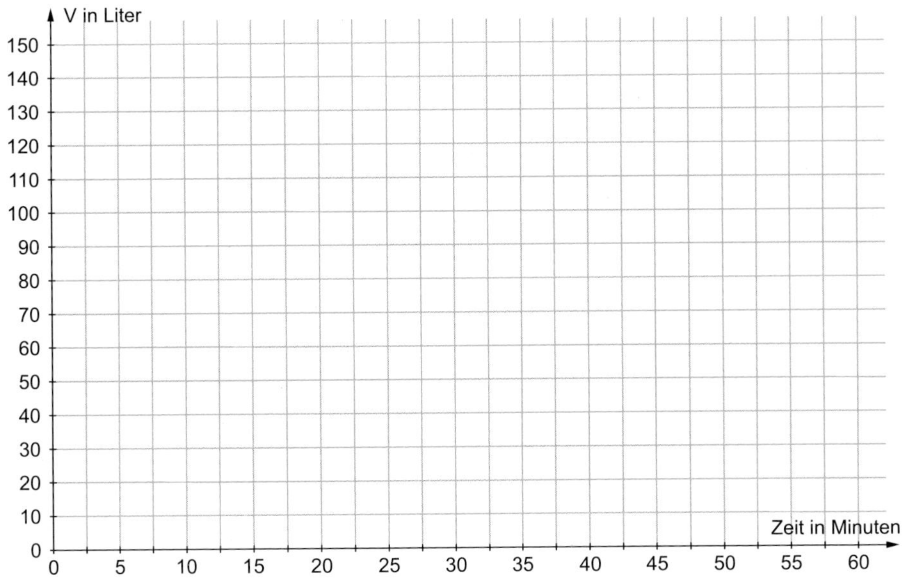

Lösung

Aufgabe 1 – Finanzmathematik

1.1 Frau Knapp hat $K_0 = 45.000{,}00$ € in einen Sparbrief angelegt, der n = 10 Jahre lang auf Zinseszinsen lag. Dafür erhält sie das Endkapital $K_{10} = 78.707{,}53$ €. Um den Prozentsatz p % ermitteln zu können, muss zunächst der Zinsfaktor q mit der Zinseszinsformel berechnet werden. *Beachte:* Der Zinsfaktor q muss auf 4 Nachkommastellen genau berechnet werden, damit der Prozentsatz mit 2 Nachkommastellen angegeben werden kann.

Gegeben: $K_0 = 45.000{,}00$ €; $K_{10} = 78.707{,}53$ €; n = 10

Gesucht: p %

Berechnung des Zinsfaktors q:

$$K_n = K_0 \cdot q^n$$

$$78.707{,}53\,€ = 45.000{,}00\,€ \cdot q^{10} \qquad |:45.000{,}00\,€$$

$$q^{10} = \frac{78.707{,}53\,€}{45.000{,}00\,€} \qquad |\sqrt[10]{\;}$$

$$q = 1{,}0575$$

Berechnung des Prozentsatzes p %:

$$q = 1 + \frac{p}{100} = 1{,}0575 \quad \Rightarrow \quad \underline{\underline{p\,\% = 5{,}75\,\%}}$$

Der Prozentsatz p. a. beträgt 5,75 %.

1.2 Annuitätentilgung bedeutet, dass die Annuität (= Zins + Tilgung) während der gesamten Laufzeit gleich bleibt. Dem Finanzierungsüberblick können die Schuld am Anfang des Jahres 2016 und die Schuld am Ende des Jahres 2016 entnommen werden. Die Differenz dieser Beträge ist die Tilgung im Jahr 2016. Die Schuld am Ende des Jahres 2016 ist gleichzeitig die Schuld am Anfang des Jahres 2017. Um den Tilgungsplan erstellen zu können, müssen der Zinssatz aus den Werten für 2016 und dann damit die Zinsen für das Jahr 2017 berechnet werden.

Gegeben: $S_{2015} = 132.815{,}21$ €; $S_{2016} = 123.269{,}17$ €; $Z_{2016} = 3.519{,}60$ €

Gesucht: T_{2016}; A; p %; Z_{2017}; T_{2017}; S_{2017}

Berechnung der Tilgung T_{2016} im Jahr 2016:

$$T_{2016} = S_{2015} - S_{2016} = 132.815{,}21\,€ - 123.269{,}17\,€ = 9.546{,}04\,€$$

Berechnung der Annuität:

$$A = Z_{2016} + T_{2016} = 3.519{,}60\,€ + 9.546{,}04\,€ = 13.065{,}64\,€$$

Berechnung des Zinssatzes p %:

$$p = \frac{Z_{2016} \cdot 100}{S_{2015}} = \frac{3.519{,}60\,€ \cdot 100}{132.815{,}21\,€} = 2{,}65 \quad \Rightarrow \quad p\,\% = 2{,}65\,\%$$

Berechnung der Zinsen Z_{2017} im Jahr 2017:

$$Z_{2017} = \frac{S_{2016} \cdot p}{100} = \frac{123.269{,}17\,€ \cdot 2{,}65}{100} = 3.266{,}63\,€$$

Berechnung der Tilgung T_{2017} im Jahr 2017:

$T_{2017} = A - Z_{2017} = 13.065{,}64\ € - 3.266{,}63\ € = 9.799{,}01\ €$

Berechnung der Restschuld S_{2017} am Ende des Jahres 2017:

$S_{2017} = S_{2016} - T_{2017} = 123.269{,}17\ € - 9.799{,}01\ € = 113.470{,}16\ €$

Erstellung des Tilgungsplans:

Jahre	Schuld am Jahresanfang	Zinsen	Tilgung	Annuität	Schuld am Jahresende
2016	132.815,21 €	3.519,60 €	9.546,04 €	13.065,64 €	123.269,17 €
2017	123.269,17 €	3.266,63 €	9.799,01 €	13.065,64 €	113.470,16 €

1.3 Frau Knapp leistet Ende 2017 eine Sondertilgung in Höhe von 60.000,00 €, sodass zur Berechnung der Restschulden von Frau Knapp die Schuld Ende 2017 um diesen Betrag reduziert werden muss. Der Zinssatz beträgt $p\,\% = 2{,}65\,\%$. Gesucht ist die Anzahl der Jahre, nach denen das Darlehen vollständig zurückbezahlt, also $K_n = 0\ €$ ist. Diese Laufzeit kann mithilfe der kombinierten Zinseszins-/Rentenzahlung mit Kapitalverminderung berechnet werden.

Gegeben: $K_0 = 113.470{,}16\ € - 60.000{,}00\ € = 53.470{,}16\ €$; $K_n = 0\ €$; $A = 13.065{,}64\ €$

$p\,\% = 2{,}65\,\% \quad \Rightarrow \quad q = 1{,}0265$

Gesucht: n

Berechnung der Anzahl n der Jahre:

$$K_n = K_0 \cdot q^n - A \cdot \frac{q^n - 1}{q - 1}$$

$$0\ € = 53.470{,}16\ € \cdot 1{,}0265^n - 13.065{,}64\ € \cdot \frac{1{,}0265^n - 1}{1{,}0265 - 1}$$

$$0\ € = 53.470{,}16\ € \cdot 1{,}0265^n - 13.065{,}64\ € \cdot \frac{1{,}0265^n - 1}{0{,}0265} \qquad \Big| \cdot 0{,}0265$$

$$0\ € = 1.416{,}96\ € \cdot 1{,}0265^n - 13.065{,}64\ € \cdot (1{,}0265^n - 1)$$

Substitution: $x = 1{,}0265^n$

$$0\ € = 1.416{,}96\ € \cdot x - 13.065{,}64\ € \cdot (x - 1)$$

$$0\ € = 1.416{,}96\ € \cdot x - 13.065{,}64\ € \cdot x + 13.065{,}64\ € \qquad \Big| -13.065{,}64\ €$$

$$-13.065{,}64\ € = -11.648{,}68\ € \cdot x \qquad \Big| : (-11.648{,}68\ €)$$

$$x = 1{,}1216$$

Rück-Substitution: $1{,}1216 = 1{,}0265^n$

$$1{,}0265^n = 1{,}1216 \qquad \Big| \lg$$

$$n \cdot \lg 1{,}0265 = \lg 1{,}1216 \qquad \Big| : \lg 1{,}0265$$

$$n = \frac{\lg 1{,}1216}{\lg 1{,}0265}$$

$$n = 4{,}39$$

In 5 Jahren wird Frau Knapp das Darlehen vollständig zurückbezahlt haben.

Alternative Berechnung von n ohne die Substitution:

$$K_n = K_0 \cdot q^n - A \cdot \frac{q^n - 1}{q - 1}$$

$$0\,€ = 53.470{,}16\,€ \cdot 1{,}0265^n - 13.065{,}64\,€ \cdot \frac{1{,}0265^n - 1}{1{,}0265 - 1}$$

$$0\,€ = 53.470{,}16\,€ \cdot 1{,}0265^n - 13.065{,}64\,€ \cdot \frac{1{,}0265^n - 1}{0{,}0265} \qquad | \cdot 0{,}0265$$

$$0\,€ = 1.416{,}96\,€ \cdot 1{,}0265^n - 13.065{,}64\,€ \cdot (1{,}0265^n - 1)$$

$$0\,€ = 1.416{,}96\,€ \cdot 1{,}0265^n - 13.065{,}64\,€ \cdot 1{,}0265^n + 13.065{,}64\,€$$

$$0\,€ = -11.648{,}68\,€ \cdot 1{,}0265^n + 13.065{,}64\,€ \qquad | -13.065{,}64\,€$$

$$-13.065{,}64\,€ = -11.648{,}68\,€ \cdot 1{,}0265^n \qquad | :(-11.648{,}68\,€)$$

$$1{,}1216 = 1{,}0265^n \qquad | \lg$$

$$\lg 1{,}1216 = n \cdot \lg 1{,}0265 \qquad | : \lg 1{,}0265$$

$$n = \frac{\lg 1{,}1216}{\lg 1{,}0265}$$

$$n = 4{,}39$$

In 5 Jahren wird Frau Knapp das Darlehen vollständig zurückbezahlt haben.

1.4 Um entscheiden zu können, welches der Angebote Frau Knapp annehmen sollte, wird ein Barwertvergleich durchgeführt, d. h., die Angebote werden mit ihren jeweiligen Zahlungen abgezinst. So wird jeweils der Wert, den die in der Zukunft stattfindenden Zahlungen heute besitzen, berechnet.

Angebot von Berat Aldemir:

Das Angebot setzt sich aus einer Sofortzahlung (60.000,00 €), einer Zahlung nach 3 Jahren ($K_3 = 20.000{,}00$ €) und einer Zahlung nach 6 Jahren ($K_6 = 20.000{,}00$ €) zusammen. Um den heutigen Wert zu erhalten, sind die Zahlungen nach 3 und nach 6 Jahren abzuzinsen.

Gegeben: $S = 60.000{,}00\,€$; $K_3 = 20.000{,}00\,€$; $K_6 = 20.000{,}00\,€$; $n_1 = 3$; $n_2 = 6$

$p\,\% = 1{,}8\,\% \Rightarrow q = 1{,}018$

Gesucht: $B_{Aldemir}$

Berechnung des heutigen Gegenwerts $B_{Aldemir}$:

$$B_{Aldemir} = S + \frac{K_3}{q^{n_1}} + \frac{K_6}{q^{n_2}}$$

$$B_{Aldemir} = 60.000{,}00\,€ + \frac{20.000{,}00\,€}{1{,}018^3} + \frac{20.000{,}00\,€}{1{,}018^6}$$

$$B_{Aldemir} = 96.927{,}55\,€$$

Angebot von Arnold Koch:

Herr Koch bietet 5 regelmäßige nachschüssige Zahlungen in Höhe von 20.000,00 €. Diese werden mit der nachschüssigen Barwertformel zum heutigen Gegenwert B_{Koch} abgezinst.

Gegeben: $r = 20.000{,}00$ € (nachschüssig); $n = 5$

$p\,\% = 1{,}8\,\% \Rightarrow q = 1{,}018$

Gesucht: B_{Koch}

Berechnung des heutigen Gegenwerts B_{Koch}:

$$B_{Koch} = r \cdot \frac{q^n - 1}{q^n \cdot (q-1)}$$

$$B_{Koch} = 20.000{,}00\text{ €} \cdot \frac{1{,}018^5 - 1}{1{,}018^5 \cdot (1{,}018 - 1)}$$

$$\underline{\underline{B_{Koch} = 94.818{,}89\text{ €}}}$$

Frau Knapp sollte sich für das Angebot der Schneiderei Berat Aldemir entscheiden.

1.5 Die Pachteinnahmen von Frau Knapp werden zu Beginn jedes Jahres (vorschüssig) auf ein Sparkonto überwiesen und dort mit dem Zinssatz $p\,\% = 1{,}8\,\%$ verzinst. In $n = 10$ Jahren soll das Kapital auf $K_n' = 100.000{,}00$ € angewachsen sein. Da in der Aufgabe nichts vom einem Startkapital steht, ist $K_0 = 0$ € und die gesuchte Rate r (Pachtertrag) kann mit der Rentenendwert-Formel berechnet werden

Gegeben: $K_0 = 0$ €; $K_n' = 100.000{,}00$ €; $n = 10$ (vorschüssig)

$p\,\% = 1{,}8\,\% \Rightarrow q = 1{,}018$

Gesucht: r

Berechnung der Höhe des jährlichen Pachtvertrags:

$$K_n' = r \cdot q \cdot \frac{q^n - 1}{q - 1}$$

$$100.000{,}00\text{ €} = r \cdot 1{,}018 \cdot \frac{1{,}018^{10} - 1}{1{,}018 - 1} \quad \Big|:1{,}018$$

$$\frac{100.000{,}00\text{ €}}{1{,}018} = r \cdot \frac{1{,}018^{10} - 1}{0{,}018} \quad \Big| \cdot \frac{0{,}018}{1{,}018^{10} - 1}$$

$$r = \frac{0{,}018 \cdot 100.000{,}00\text{ €}}{1{,}018 \cdot (1{,}018^{10} - 1)}$$

$$\underline{\underline{r = 9.053{,}51\text{ €}}}$$

Der jährliche Pachtertrag beträgt 9.053,51 €.

Aufgabe 2 – Folgen und Reihen

Bei den Aufgaben aus dem Gebiet Folgen und Reihen ist zunächst zu klären, ob eine arithmetische oder eine geometrische Zahlenfolge vorliegt.

- Eine **arithmetische Zahlenfolge** liegt vor, wenn bei allen aufeinanderfolgenden Werten a_n und a_{n+1} der Zahlenfolge die **Differenz** gleich groß ist.
- Eine **geometrische Zahlenfolge** liegt vor, wenn bei allen aufeinanderfolgenden Werten g_n und g_{n+1} der Zahlenfolge der **Quotient** gleich groß ist.

2.1 Da die Kreisumfänge von innen nach außen um einen festen Prozentsatz zunehmen, handelt es sich um eine steigende geometrische Zahlenfolge. Der Umfang des innersten Kreises ist mit $g_1 = 18{,}85$ cm das erste Glied und der Umfang des 5. Rings ist mit $g_5 = 32{,}97$ cm das fünfte Glied der Zahlenfolge. Gesucht ist der Prozentsatz, um den die Kreisumfänge zunehmen. Dafür wird zuerst der Anteil q der Zunahme mithilfe der Formel $g_n = g_1 \cdot q^{n-1}$ bestimmt. Durch den Zusammenhang $q = 1 + \frac{p}{100}$ wird dann der Prozentsatz p % berechnet.

Gegeben: $g_1 = 18{,}85$ cm; $g_5 = 32{,}97$ cm; $n = 5$

Gesucht: p %

Berechnung des Anteils q:

$$g_n = g_1 \cdot q^{n-1}$$

$$g_5 = g_1 \cdot q^{5-1}$$

$$32{,}97\text{ cm} = 18{,}85\text{ cm} \cdot q^4 \quad \Big| : 18{,}85\text{ cm}$$

$$q^4 = \frac{32{,}97\text{ cm}}{18{,}85\text{ cm}} \quad \Big| \sqrt[4]{}$$

$$q = 1{,}15$$

Berechnung des Prozentsatzes p % der Zunahme:

$$q = 1 + \frac{p}{100} \quad \Rightarrow \quad p = (q-1) \cdot 100 = (1{,}15 - 1) \cdot 100 = 15 \quad \Rightarrow \quad \underline{\underline{p\,\% = 15\,\%}}$$

Die Vergrößerung der Umfänge von einem Ring zum nächsten beträgt 15 %.

2.2 Das erste Glied der geometrischen Zahlenfolge und die prozentuale Zunahme bleiben gleich. Gesucht ist der Aluminiumring, der einen Umfang von $g_n = 153{,}38$ cm besitzt. Der gesuchte Index wird mithilfe der Formel $g_n = g_1 \cdot q^{n-1}$ berechnet.

Gegeben: $g_1 = 18{,}85$ cm; $g_n = 153{,}38$ cm; $q = 1{,}15$

Gesucht: n

Berechnung des Index n:

$$g_n = g_1 \cdot q^{n-1}$$

$$153{,}38\text{ cm} = 18{,}85\text{ cm} \cdot 1{,}15^{n-1} \quad \Big| : 18{,}85\text{ cm}$$

$$1{,}15^{n-1} = \frac{153{,}38\text{ cm}}{18{,}85\text{ cm}} \quad \Big| \lg$$

$$(n-1) \cdot \lg 1{,}15 = \lg \frac{153{,}38\text{ cm}}{18{,}85\text{ cm}} \quad \Big| : \lg 1{,}15$$

$$n - 1 = \frac{\lg \frac{153{,}38\text{ cm}}{18{,}85\text{ cm}}}{\lg 1{,}15} \quad \Big| +1$$

$$n = 16$$

Der $\underline{\underline{\text{16. Aluminiumring}}}$ hat einen Umfang von 153,38 cm.

2.3 Die Länge des Aluminiumbandes für den letzten Ring entspricht dem Umfang des Rings. Das erste Glied der geometrischen Zahlenfolge und die prozentuale Zunahme bleiben gleich. Der Umfang g_{21} des 21. Rings wird mithilfe der Formel $g_n = g_1 \cdot q^{n-1}$ berechnet.

Gegeben: $g_1 = 18{,}85$ cm; $n = 21$; $q = 1{,}15$

Gesucht: g_{21}

Berechnung des Umfangs des 21. Rings:

$$g_n = g_1 \cdot q^{n-1}$$

$$g_{21} = 18{,}85\ \text{cm} \cdot 1{,}15^{21-1}$$

$$\underline{\underline{g_{21} = 308{,}51\ \text{cm}}}$$

Das Aluminiumband für den letzten Ring hat eine Länge von 308,51 cm.

2.4 Die Gesamtlänge der Bänder für die 21 Ringe entspricht der Summe der Umfänge aller 21 Ringe. Die Summe der geometrischen Zahlenfolge kann mithilfe der Summenformel $s_n = g_1 \cdot \frac{q^n - 1}{q - 1}$ berechnet werden. Da es die Aluminiumbandrollen nur in 5-Meter-Längen gibt, muss auf 5 m aufgerundet werden.

Gegeben: $g_1 = 18{,}85$ cm; $q = 1{,}15$; $n = 21$

Gesucht: s_{21}

Berechnung der Gesamtlänge s_{21} der Bänder für die 21 Ringe:

$$s_n = g_1 \cdot \frac{q^n - 1}{q - 1}$$

$$s_{21} = 18{,}85\ \text{cm} \cdot \frac{1{,}15^{21} - 1}{1{,}15 - 1}$$

$$s_{21} = 2.239{,}57\ \text{cm}$$

$$s_{21} = 22{,}3957\ \text{m}$$

$$\underline{\underline{s_{21} \approx 25\ \text{m}}}$$

Die Rolle sollte eine Länge von 25 m haben.

2.5 Da die Länge der Klangstäbe von Stab zu Stab um einen festen Wert zunimmt, handelt es sich um eine steigende arithmetische Zahlenfolge. Die Länge des kürzesten Stabes ist mit $a_1 = 44$ mm das erste Glied und die Länge des längsten Stabes mit $a_{15} = 128$ mm das fünfzehnte Glied der Zahlenfolge. Gesucht ist die Verlängerung von Stab zu Stab.

Gegeben: $a_1 = 44$ mm; $a_{15} = 128$ mm; $n = 15$

Gesucht: d

Berechnung der Verlängerung der Klangstäbe von Stab zu Stab:

$$a_n = a_1 + (n-1) \cdot d$$

$$a_{15} = a_1 + (15-1) \cdot d$$

$$128\ \text{mm} = 44\ \text{mm} + (15-1) \cdot d \qquad |-44\ \text{mm}$$

$$84\ \text{mm} = 14d \qquad |:14$$

$$\underline{\underline{d = 6\ \text{mm}}}$$

Die Verlängerung der Klangstäbe von Stab zu Stab beträgt 6 mm.

2.6 Gesucht ist die Anzahl der Klangstäbe, die Mona von einem $s_n = 1\ m = 1.000\ mm$ langen Aluminiumrohr abschneiden kann, wenn der kürzeste Klangstab $a_1 = 44\ mm$ lang ist und die Länge von Klangstab zu Klangstab um $d = 6\ mm$ zunimmt. Der zugehörige Index n kann mit der Summenformel für arithmetische Zahlenfolgen $s_n = \frac{n}{2} \cdot [2a_1 + (n-1) \cdot d]$ berechnet werden.

Hinweis: $s_n = \frac{n}{2} \cdot (a_1 + a_n)$ kann hier nicht verwendet werden, da n und a_n unbekannt sind.

Gegeben: $a_1 = 44\ mm$; $d = 6\ mm$; $s_n = 1\ m = 1.000\ mm$

Gesucht: n

Berechnung des Index n (ohne Einheiten):

$$s_n = \frac{n}{2} \cdot [2a_1 + (n-1) \cdot d]$$

$$1.000 = \frac{n}{2} \cdot [2 \cdot 44 + (n-1) \cdot 6] \quad | \cdot 2$$

$$2.000 = n \cdot [88 + 6n - 6]$$

$$2.000 = 82n + 6n^2 \quad | -2.000$$

$$0 = 6n^2 + 82n - 2.000$$

Lösen der quadratischen Gleichung ($a = 6$; $b = 82$; $c = -2.000$):

$$n_{1/2} = \frac{-b \pm \sqrt{b^2 - 4ac}}{2a}$$

$$n_{1/2} = \frac{-82 \pm \sqrt{82^2 - 4 \cdot 6 \cdot (-2.000)}}{2 \cdot 6}$$

$$n_{1/2} = \frac{-82 \pm \sqrt{54.724}}{12}$$

$$n_1 = 12{,}66;\ (n_2 = -26{,}33)$$

Mona kann 12 Klangstäbe aus einem Aluminiumrohr der Länge 1 m abschneiden.

Aufgabe 3 – Trigonometrie

3.1 Die Länge der Gabel wird im rechtwinkligen Dreieck HBC mit dem Tangens berechnet.
Im rechtwinkligen Dreieck HBC gilt:

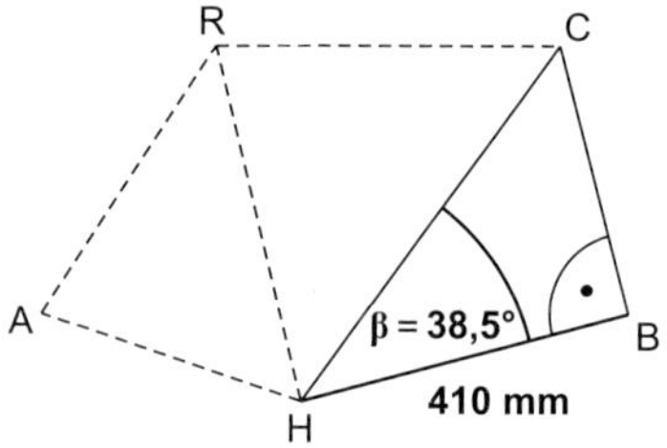

$$\tan\beta = \frac{\text{Gegenkathete}}{\text{Ankathete}}$$

$$\tan\beta = \frac{\overline{BC}}{\overline{HB}}$$

$$\tan 38{,}5° = \frac{\overline{BC}}{410\ mm} \quad | \cdot 410\ mm$$

$$\overline{BC} = 410\ mm \cdot \tan 38{,}5°$$

$$\overline{BC} = 326{,}13\ mm$$

Die Gabel [BC] ist etwa 326,13 mm lang.

3.2 Die Länge des Unterrohrs [HC] kann mit dem Satz des Pythagoras, dem Sinus oder dem Kosinus im rechtwinkligen Dreieck HBC berechnet werden.

Berechnung von $\overline{CH}$ im rechtwinkligen Dreieck HBC mit dem Satz von Pythagoras:

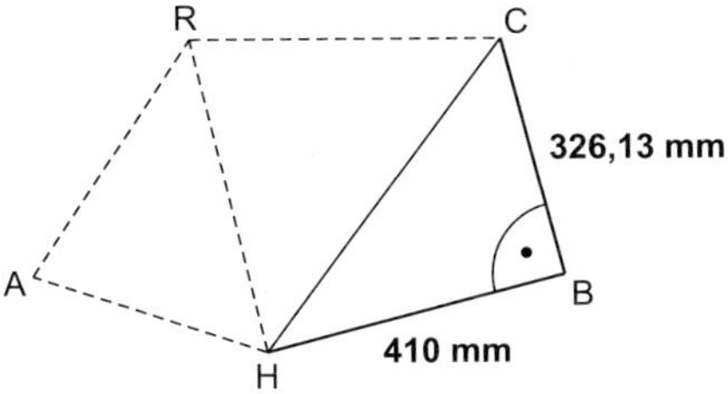

$$\overline{CH}^2 = \overline{HB}^2 + \overline{BC}^2$$

$$\overline{CH}^2 = (410\text{ mm})^2 + (326{,}13\text{ mm})^2 \qquad |\sqrt{}$$

$$\overline{CH} = \sqrt{(410\text{ mm})^2 + (326{,}13\text{ mm})^2}$$

$$\overline{CH} = \sqrt{274.460{,}7769\text{ mm}^2}$$

$$\underline{\underline{\overline{CH} = 523{,}89\text{ mm}}}$$

Das Unterrohr [HC] ist etwa 523,89 mm lang.

Alternative Berechnung mit dem Sinus:

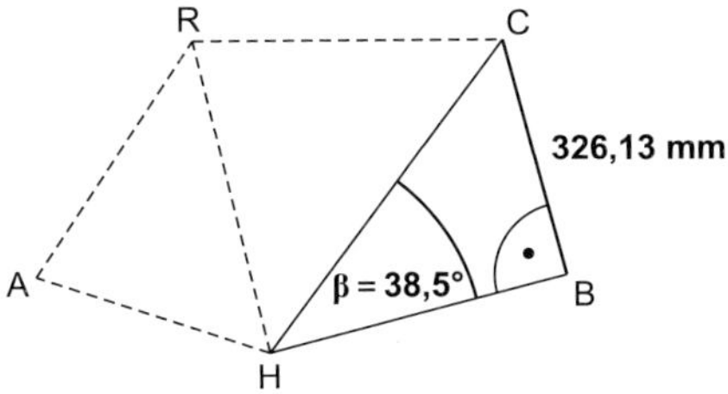

$$\sin\beta = \frac{\text{Gegenkathete}}{\text{Hypotenuse}}$$

$$\sin\beta = \frac{\overline{BC}}{\overline{CH}}$$

$$\sin 38{,}5° = \frac{326{,}13\text{ mm}}{\overline{CH}} \qquad \left|\cdot\frac{\overline{CH}}{\sin 38{,}5°}\right.$$

$$\overline{CH} = \frac{326{,}13\text{ mm}}{\sin 38{,}5°}$$

$$\underline{\underline{\overline{CH} = 523{,}89\text{ mm}}}$$

Das Unterrohr [HC] ist etwa 523,89 mm lang.

Alternative Berechnung mit dem Kosinus:

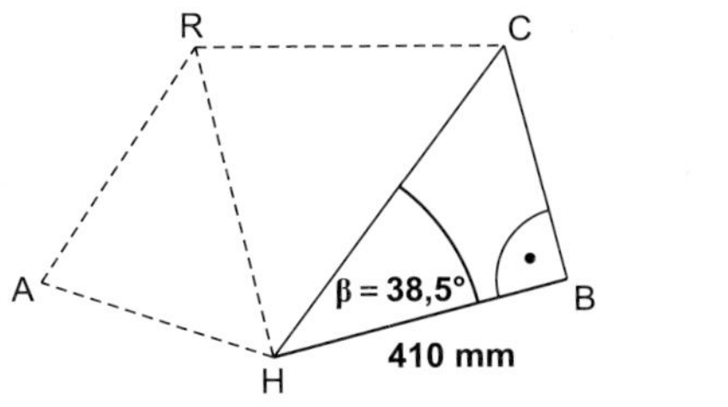

$$\cos\beta = \frac{\text{Ankathete}}{\text{Hypotenuse}}$$

$$\cos\beta = \frac{\overline{HB}}{\overline{CH}}$$

$$\cos 38{,}5° = \frac{410\text{ mm}}{\overline{CH}} \qquad \left|\cdot\frac{\overline{CH}}{\cos 38{,}5°}\right.$$

$$\overline{CH} = \frac{410\text{ mm}}{\cos 38{,}5°}$$

$$\underline{\underline{\overline{CH} = 523{,}89\text{ mm}}}$$

Das Unterrohr [HC] ist etwa 523,89 mm lang.

3.3 Im allgemeinen Dreieck RHC sind zwei Winkel und eine Seitenlänge bekannt. Die Rahmenhöhe [RH] kann mit dem Sinussatz berechnet werden. Dazu wird zunächst der dritte Winkel ε' mit der Innenwinkelsumme berechnet. Dann wird die Rahmenhöhe bei einer Schrittlänge von 65 cm aus der Tabelle entnommen und mit der berechneten Rahmenhöhe verglichen.

Berechnung von ε':
$\varepsilon' = 180° - \varphi - \varepsilon = 180° - 51° - 76° = 53°$

Berechnung von $\overline{RH}$ mit dem Sinussatz im allgemeinen Dreieck RHC:

$$\frac{\overline{RH}}{\sin\varepsilon'} = \frac{\overline{HC}}{\sin\varepsilon}$$

$$\frac{\overline{RH}}{\sin 53°} = \frac{523{,}89\text{ mm}}{\sin 76°} \qquad |\cdot \sin 53°$$

$$\overline{RH} = \frac{523{,}89\text{ mm}\cdot\sin 53°}{\sin 76°}$$

$$\overline{RH} = 431{,}21\text{ mm}$$

$$\overline{RH} \approx 43\text{ cm}$$

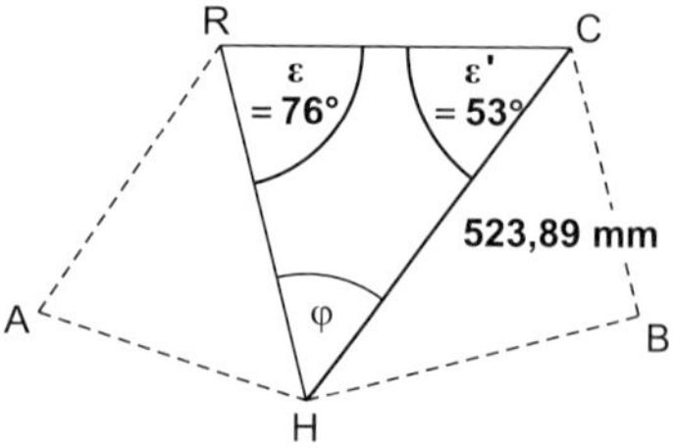

Der Tabelle kann man entnehmen, dass bei einer Schrittlänge von 65 cm die Rahmenhöhe 43 cm betragen sollte. Das Fahrrad ist daher für Ramona geeignet.

3.4 Im allgemeinen Dreieck AHR sind die Seitenlängen $\overline{HR}$ und $\overline{RA}$ sowie der eingeschlossene Winkel δ bekannt. Die Länge der Strebe [AH] wird mit dem Kosinussatz berechnet.

Berechnung von $\overline{AH}$ mit dem Kosinussatz im allgemeinen Dreieck AHR:

$$\overline{AH}^2 = \overline{HR}^2 + \overline{RA}^2 - 2\cdot\overline{HR}\cdot\overline{RA}\cdot\cos\delta \qquad |\sqrt{}$$

$$\overline{AH} = \sqrt{(431{,}21\text{ mm})^2 + (395\text{ mm})^2 - 2\cdot 431{,}21\text{ mm}\cdot 395\text{ mm}\cdot\cos 48°}$$

$$\overline{AH} = \sqrt{341.967{,}06\text{ mm}^2 - 227.943{,}29\text{ mm}^2}$$

$$\overline{AH} = \sqrt{114.023{,}77\text{ mm}^2}$$

$$\underline{\underline{\overline{AH} = 337{,}67\text{ mm}}}$$

Die Strebe [AH] ist etwa 337,67 mm lang.

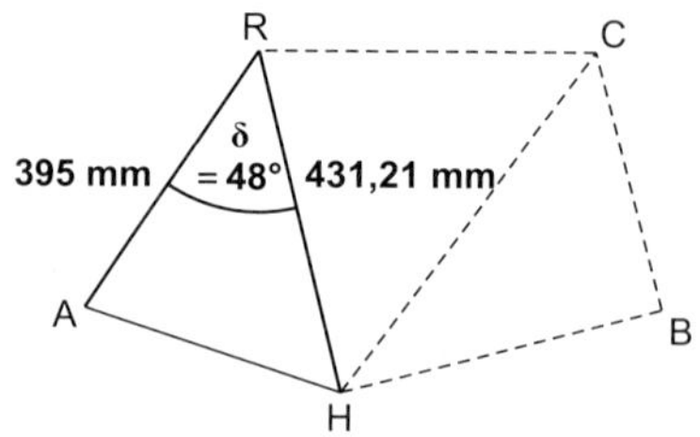

3.5 Im Dreieck AHR sind alle drei Seitenlängen sowie der Winkel δ bekannt. Der gesuchte Winkel α kann entweder mit dem Sinussatz oder mit dem Kosinussatz berechnet werden.

Berechnung von α mit dem Sinussatz im allgemeinen Dreieck AHR:

$$\frac{\sin\alpha}{\overline{HR}} = \frac{\sin\delta}{\overline{AH}}$$

$$\frac{\sin\alpha}{431{,}21\text{ mm}} = \frac{\sin 48°}{337{,}67\text{ mm}} \qquad |\cdot 431{,}21\text{ mm}$$

$$\sin\alpha = \frac{431{,}21\text{ mm}\cdot\sin 48°}{337{,}67\text{ mm}}$$

$$\sin\alpha = 0{,}9490\ldots$$

$$\underline{\underline{\alpha = 71{,}62°}} \quad \vee \quad (\alpha = 180° - 71{,}62° = 108{,}38°)$$

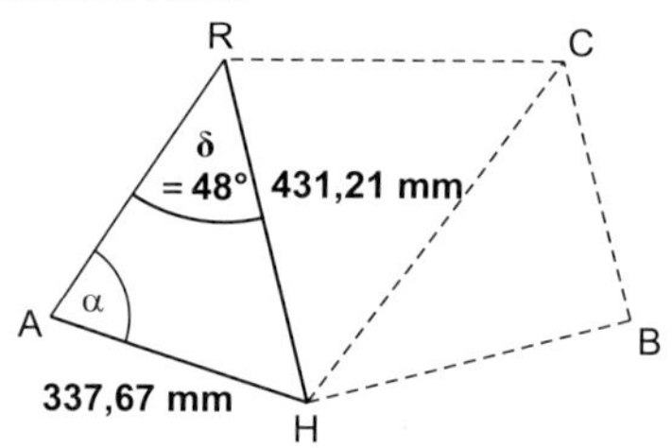

Der Winkel α beträgt etwa 71,62°.

Berechnet man Winkelmaße in beliebigen Dreiecken mithilfe des Sinussatzes, muss wegen $\sin\alpha = \sin(180° - \alpha)$ für $0° < \alpha < 90°$ geprüft werden, welche der Lösungen α bzw. 180° – α richtig ist. Wäre α = 108,38° die richtige Lösung, wäre 23,62° (= 180° – 108,38° – 48°) das Maß des dritten Winkels. Dann würde aber die Seite $\overline{RA} = 395$ mm > $\overline{AH}$ dem kleinsten Winkel (23,62°) gegenüberliegen, im Widerspruch dazu, dass die längere Seite stets dem größeren Winkel gegenüberliegt. Somit kann α = 108,38° nicht die richtige Lösung sein.

Alternative Berechnung von α mit dem Kosinussatz im Dreieck AHR:

$$\overline{HR}^2 = \overline{RA}^2 + \overline{AH}^2 - 2 \cdot \overline{RA} \cdot \overline{AH} \cdot \cos\alpha$$

$$(431{,}21\text{ mm})^2 = (395\text{ mm})^2 + (337{,}67\text{ mm})^2 - 2 \cdot 395\text{ mm} \cdot 337{,}67\text{ mm} \cdot \cos\alpha$$

$$\cos\alpha = \frac{(431{,}21\text{ mm})^2 - (395\text{ mm})^2 - (337{,}67\text{ mm})^2}{-2 \cdot 395\text{ mm} \cdot 337{,}67\text{ mm}}$$

$$\cos\alpha = 0{,}3152\ldots$$

$$\alpha = 71{,}62°$$

Der Winkel α beträgt etwa 71,62°.

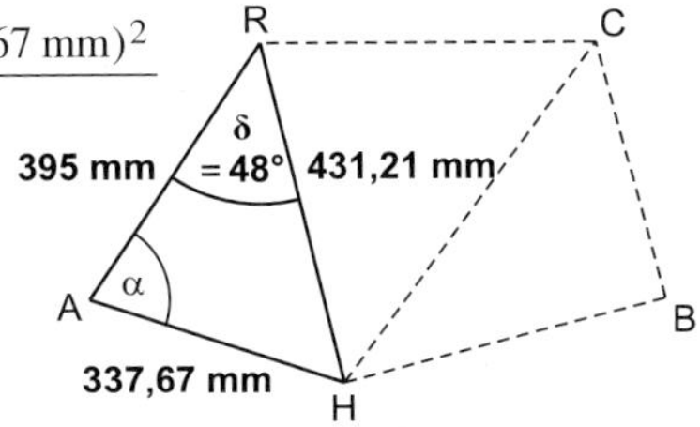

3.6 Die Neigung in % kann mit der Formel Neigung in % = $\tan\gamma \cdot 100$ % berechnet werden.

Berechnung des Neigungswinkels γ:

Neigung in % = $\tan\gamma \cdot 100$ %

Neigung in % = $\tan 5° \cdot 100$ %

Neigung in % = 8,75 %

Die Neigung des Lenkers beträgt 8,75 %.

3.7 Die Fläche des zu verpackenden Rahmens hat die Form eines Vierecks. Für die Flächenberechnung wird das Viereck AHCR in die Dreiecke AHR und HCR geteilt. Da von beiden Dreiecken die Höhe nicht gegeben ist, werden die Flächen mit der Formel $A = \frac{a \cdot b}{2} \cdot \sin\gamma$ berechnet. Beim Aufstellen der Formel für die Lösung ist zu beachten, dass der gegebene Winkel von den beiden Seiten eingeschlossen sein muss.

Flächeninhalt des allgemeinen Dreiecks AHR:

$$A_{\Delta AHR} = \frac{\overline{HR} \cdot \overline{RA}}{2} \cdot \sin\delta$$

$$A_{\Delta AHR} = \frac{431{,}21\text{ mm} \cdot 395\text{ mm}}{2} \cdot \sin 48°$$

$$A_{\Delta AHR} = 63.289{,}17\text{ mm}^2$$

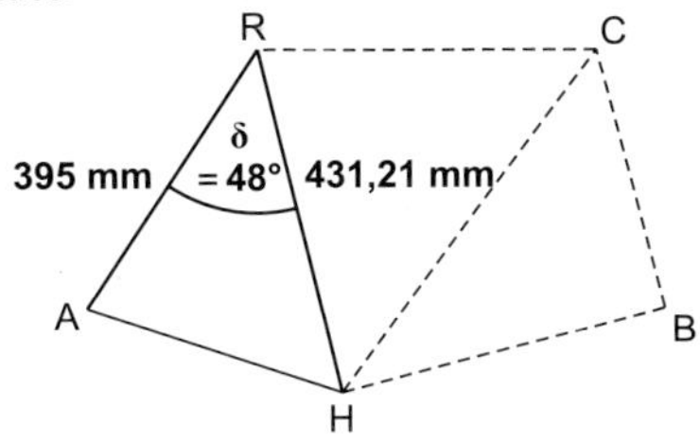

Flächeninhalt des allgemeinen Dreiecks HCR:

$$A_{\Delta HCR} = \frac{\overline{RH} \cdot \overline{HC}}{2} \cdot \sin\varphi$$

$$A_{\Delta HCR} = \frac{431{,}21\text{ mm} \cdot 523{,}89\text{ mm}}{2} \cdot \sin 51°$$

$$A_{\Delta HCR} = 87.781{,}20\text{ mm}^2$$

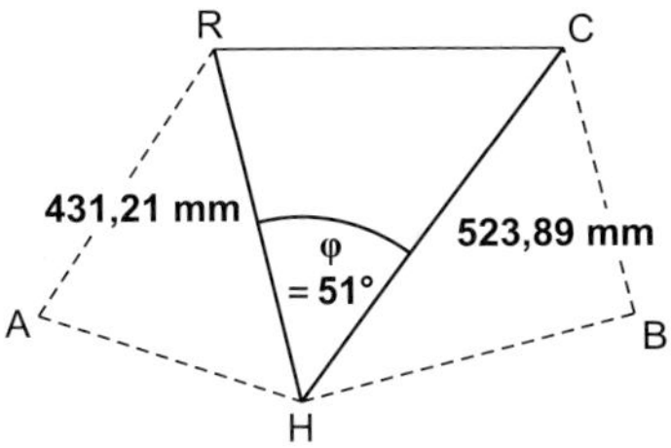

Flächeninhalt des zu verpackenden Rahmens:

$A_{AHCR} = A_{\Delta AHR} + A_{\Delta HCR}$

$A_{AHCR} = 63.289{,}17\ mm^2 + 87.781{,}20\ mm^2$

$\underline{\underline{A_{AHCR} = 151.070{,}37\ mm^2}}$

Die Fläche des zu verpackenden Rahmens beträgt etwa 151.070,37 mm^2.

Aufgabe 4 – Stochastik

4.1. In der linken Tabelle (Motiv) wird die erste Zeile betrachtet. Zur Berechnung der absoluten Häufigkeit (= Anzahl) des Ereignisses E_1 werden die Anzahlen der Schüler aus der Klasse 10 A und aus der Klasse 10 B, die für ein Schullogo gestimmt haben, addiert.

4 Schüler + 3 Schüler = $\underline{\underline{\text{7 Schüler}}}$

4.2 Die relative Häufigkeit h der Schüler, die für Schwarz waren, ist der Quotient aus der absoluten Häufigkeit der Schüler, die für Schwarz waren, (1. Zeile in der Tabelle Farbe) und der Gesamtzahl der Schüler, die an der Umfrage teilgenommen haben (Text).

$$h = \frac{\text{Anzahl der Schüler, die für Schwarz waren}}{\text{Gesamtzahl aller Schüler}} = \frac{12+10}{51} = \frac{22}{51} = 0{,}4314 = \underline{\underline{43{,}14\ \%}}$$

4.3 Im Säulendiagramm werden die absoluten Häufigkeiten durch die Höhen der Säulen dargestellt. Es müssen also die absoluten Häufigkeiten für die Motivwahl aus der linken Tabelle entnommen und für jedes Motiv die Werte der beiden Klassen addiert werden.

Absolute Häufigkeiten der Motive:

- Schullogo: $4+3=7$
- Name: $7+3=10$
- Zeichnung: $8+13=21$
- Spruch: $6+7=13$

Säulendiagramm:

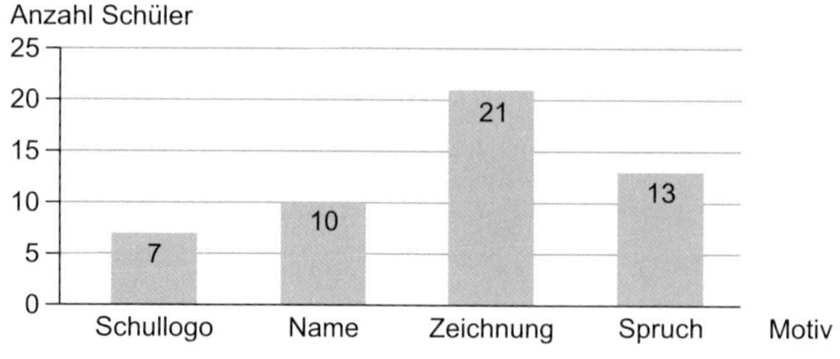

4.4 **Berechnung der Spannweite:**

Die Spannweite ist die Differenz aus dem größten und dem kleinsten Wert der Datenmenge.

Maximum: $x_{max} = 19{,}88$ €

Minimum: $x_{min} = 12{,}45$ €

Spannweite: $x_{max} - x_{min} = 19{,}88\text{ €} - 12{,}45\text{ €} = \underline{\underline{7{,}43\text{ €}}}$

Berechnung des Medians:

Zunächst müssen die Preise der Größe nach geordnet werden. Bei einer geraden Anzahl an Daten ist der Median das arithmetische Mittel der beiden mittleren Werte.

Der Größe nach geordnete Datenmenge:

12,45 € 14,99 € **15,35 €** **15,99 €** 17,95 € 19,88 €

Median:

$$x_{med} = \frac{15{,}35\text{ €} + 15{,}99\text{ €}}{2} = \underline{\underline{15{,}67\text{ €}}}$$

Berechnung des arithmetischen Mittels $\overline{x}$:

Es müssen alle Preise addiert und dann durch die Anzahl der Werte geteilt werden.

$$\overline{x} = \frac{14{,}99\text{ €} + 12{,}45\text{ €} + 15{,}35\text{ €} + 19{,}88\text{ €} + 17{,}95\text{ €} + 15{,}99\text{ €}}{6} = \frac{96{,}61\text{ €}}{6} = \underline{\underline{16{,}10\text{ €}}}$$

4.5 Die dargestellte Situation kann als zweistufiges Zufallsexperiment aufgefasst werden:

- Es werden 5 von 100 T-Shirts mit fehlerhaftem Motiv verschickt. Somit werden $100 - 5 = 95$ T-Shirts mit dem richtigen Motiv verschickt und es gilt:
  Wahrscheinlichkeit, ein T-Shirt mit fehlerhaftem Motiv zu erhalten: $P(fM) = \frac{5}{100}$
  Wahrscheinlichkeit, ein T-Shirt mit dem richtigen Motiv zu erhalten: $P(rM) = \frac{95}{100}$
- Es werden 2 von 50 T-Shirts, also 4 von 100 T-Shirts, in der falschen Farbe geliefert. Somit werden $100 - 4 = 96$ T-Shirts in der richtigen Farbe geliefert und es gilt:
  Wahrscheinlichkeit, ein T-Shirt in der falschen Farbe zu erhalten: $P(fF) = \frac{4}{100}$
  Wahrscheinlichkeit, ein T-Shirt in der richtigen Farbe zu erhalten: $P(rF) = \frac{96}{100}$

Baumdiagramm:

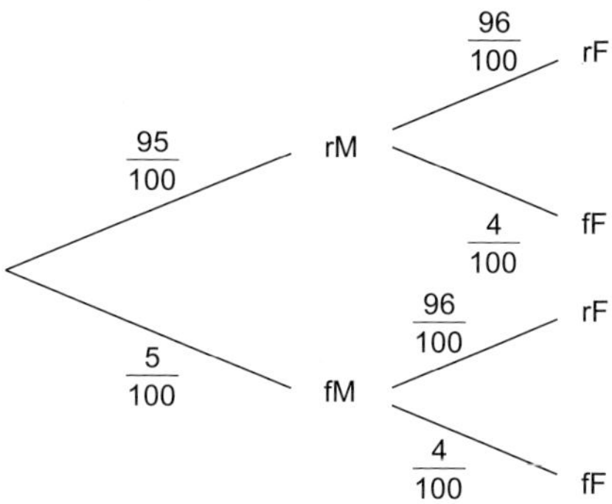

Legende:
rM: T-Shirt mit dem richtigen Motiv
fM: T-Shirt mit dem falschen Motiv
rF: T-Shirt in der richtigen Farbe
fF: T-Shirt in der falschen Farbe

4.6 Ein T-Shirt ist ohne Mängel, wenn sowohl das Motiv als auch die Farbe stimmen. Zur Berechnung der Wahrscheinlichkeit muss man entsprechend der Produktregel dem obersten Pfad folgen und die Wahrscheinlichkeiten entlang des Pfads multiplizieren.

$$P(\text{T-Shirt ohne Mängel}) = P(rM; rF) = \frac{95}{100} \cdot \frac{96}{100} = \frac{114}{125} = 0{,}912 = \underline{\underline{91{,}2\ \%}}$$

Die Wahrscheinlichkeit, dass ein Schüler ein T-Shirt ohne Mängel erhält, beträgt 91,2 %.

4.7 Höchstens ein Mangel bedeutet, dass das T-Shirt keinen oder genau einen Mangel aufweist.

1. Möglichkeit: Berechnung über das Gegenereignis

Das Gegenereignis ist, dass ein Schüler ein T-Shirt erhält, das das falsche Motiv und die falsche Farbe aufweist. Es wird also die Wahrscheinlichkeit dafür berechnet, dass ein T-Shirt beide Mängel hat, und dann diese von 1 abgezogen.

$$\text{P(höchstens ein Mangel)} = 1 - \text{P(fM; fF)} = 1 - \frac{5}{100} \cdot \frac{4}{100} = \frac{499}{500} = 0{,}998 = \underline{\underline{99{,}8\ \%}}$$

Die Wahrscheinlichkeit liegt bei 99,8 %.

2. Möglichkeit: Direkte Berechnung

Die einzelnen Wahrscheinlichkeiten werden mithilfe der Produktregel berechnet und dann aufsummiert.

$$\begin{aligned}\text{P(höchstens ein Mangel)} &= \text{P(rM; rF)} + \text{P(rM; fF)} + \text{P(fM; rF)}\\ &= \frac{95}{100} \cdot \frac{96}{100} + \frac{95}{100} \cdot \frac{4}{100} + \frac{5}{100} \cdot \frac{96}{100}\\ &= \frac{499}{500} = 0{,}998 = \underline{\underline{99{,}8\ \%}}\end{aligned}$$

Die Wahrscheinlichkeit liegt bei 99,8 %.

Aufgabe 5 – Funktionen

5.1 Die Normalform einer quadratischen Funktion lautet $y = ax^2 + bx + c$. Zur Berechnung der Parameter b und c werden die gegebenen Punkte A(20 | 10,5) und B(2 | 12,3) sowie die gegebene Formvariable $a = -0{,}05$ in die Normalform $y = ax^2 + bx + c$ eingesetzt. So erhält man ein Gleichungssystem aus zwei Gleichungen mit den zwei Unbekannten b und c.

Rechenschritte	**Erläuterungen**
$y = ax^2 + bx + c$	Einsetzen von A(20 | 10,5), B(2 | 12,3) und $a = -0{,}05$ liefert zwei Gleichungen mit zwei Unbekannten
I $\quad 10{,}5 = -0{,}05 \cdot 20^2 + b \cdot 20 + c$	A(20 | 10,5) und $a = -0{,}05$ eingesetzt
II $\quad 12{,}3 = -0{,}05 \cdot 2^2 + b \cdot 2 + c$	B(2 | 12,3) und $a = -0{,}05$ eingesetzt
I $\quad 10{,}5 = -20 + 20b + c$	
II $\quad 12{,}3 = -0{,}2 + 2b + c$	
Berechnung von b:	
I – II $\quad -1{,}8 = -19{,}8 + 18b \quad \vert +19{,}8$	Subtraktion der Gleichungen und Auflösen nach b
$18 = 18b \quad \vert :18$	
$b = 1$	
Berechnung von c:	
I $\quad 10{,}5 = -20 + 20 \cdot 1 + c$	Einsetzen von $b = 1$ in Gleichung I und Berechnen von c
$10{,}5 = c$	
Funktionsgleichung:	
$\underline{\underline{y = -0{,}05x^2 + x + 10{,}5}}$	Einsetzen von a, b und c in die Normalform

5.2 Die Zwischendecke befindet sich in 7,5 m Höhe. Um die Breite der Zwischendecke bestimmen zu können, muss berechnet werden, an welchen x-Werten die Parabel p den Wert $y = 7{,}5$ annimmt. Die Breite der Zwischendecke ist die Differenz der berechneten x-Werte.

Berechnung der x-Werte von p an der Stelle y = 7,5:

Rechenschritte	Erläuterungen
$y = -0{,}05x^2 + x + 10{,}5$	Einsetzen der Koordinate $y = 7{,}5$
$7{,}5 = -0{,}05x^2 + x + 10{,}5 \quad \vert -7{,}5$	Auflösen der quadratischen Gleichung nach null
$0 = -0{,}05x^2 + x + 3$	$a = -0{,}05$; $b = 1$; $c = 3$
Lösungsformel:	
$x_{1/2} = \frac{-b \pm \sqrt{b^2 - 4ac}}{2a}$	
$x_{1/2} = \frac{-1 \pm \sqrt{1^2 - 4 \cdot (-0{,}05) \cdot 3}}{2 \cdot (-0{,}05)}$	
$x_{1/2} = \frac{-1 \pm \sqrt{1{,}6}}{-0{,}1}$	
$x_1 = -2{,}65; \quad x_2 = 22{,}65$	

Berechnung der Breite der Zwischendecke:

$\overline{PQ} = x_2 - x_1 = 22{,}65 - (-2{,}65) = 22{,}65 + 2{,}65 = 25{,}30$

Die Breite der Zwischendecke beträgt $\underline{\underline{25{,}30 \text{ m}}}$.

5.3 Der höchste Punkt der Kuppel ist der Scheitelpunkt L der Parabel p. Im Folgenden werden zwei Möglichkeiten aufgezeigt, den Scheitelpunkt der Parabel zu berechnen.

1. Möglichkeit: Scheitelpunktformel

Rechenschritte	Erläuterungen
$y = -0{,}05x^2 + x + 10{,}5$	$a = -0{,}05$; $b = 1$; $c = 10{,}5$
Berechnung von x_S:	
$x_S = -\frac{b}{2a}$	Berechnung von x_S mithilfe der Scheitelpunktformel
$x_S = -\frac{1}{2 \cdot (-0{,}05)}$	
$x_S = 10$	
Berechnung von y_S:	
$y_S = c - \frac{b^2}{4a}$	Berechnung von y_S mithilfe der Scheitelpunktformel
$y_S = 10{,}5 - \frac{1^2}{4 \cdot (-0{,}05)}$	
$y_S = 15{,}5$	

Die Koordinaten des Scheitelpunktes sind $\underline{\underline{L(10 \mid 15{,}5)}}$.

2. Möglichkeit: Berechnung der Scheitelform

Rechenschritte	Erläuterungen
$y = -0{,}05x^2 + x + 10{,}5$	Ausklammern des Formfaktors $a = -0{,}05$
$y = -0{,}05 \cdot (x^2 - 20x - 210)$	Quadratische Ergänzung
$y = -0{,}05 \cdot (x^2 - 20x + 10^2 - 10^2 - 210)$	
$y = -0{,}05 \cdot [(x - 10)^2 - 310]$	
$y = -0{,}05 \cdot (x - 10)^2 + 15{,}5$	Scheitelform der Parabelgleichung

Die Koordinaten des Scheitelpunktes sind $\underline{\underline{L(10 \mid 15{,}5)}}$.

5.4 Es sind zwei Punkte $B(2 \mid 12{,}3)$ und $C(-10{,}8 \mid 2{,}05)$ der Geraden d gegeben, deren Funktionsgleichung zu ermitteln ist. Das Aufstellen einer Geradengleichung für eine Gerade, die durch zwei gegebene Punkte läuft, erfolgt am einfachsten über die Zwei-Punkte-Form.

1. Möglichkeit: Lösung mithilfe der Zwei-Punkte-Form

Gegeben sind die Punkte $B(2 \mid 12{,}3) = B(x_1 \mid y_1)$ und $C(-10{,}8 \mid 2{,}05) = C(x_2 \mid y_2)$.
x_1 steht dabei für den x-Wert des 1. Punktes und y_1 für den y-Wert des 1. Punktes.
Analog beschreibt x_2 den x-Wert des 2. Punktes und y_2 den y-Wert des 2. Punktes.
Die Variablen x und y sind die Parameter der Funktionsgleichung.

Rechenschritte	Erläuterungen
$\frac{y - y_1}{x - x_1} = \frac{y_2 - y_1}{x_2 - x_1}$	Zwei-Punkte-Form der Geradengleichung
$\frac{y - 12{,}3}{x - 2} = \frac{2{,}05 - 12{,}3}{-10{,}8 - 2}$	
$\frac{y - 12{,}3}{x - 2} = 0{,}8 \quad \vert \cdot (x - 2)$	Auflösen nach y
$y - 12{,}3 = 0{,}8 \cdot (x - 2)$	
$y - 12{,}3 = 0{,}8x - 1{,}6 \quad \vert + 12{,}3$	
$y = 0{,}8x + 10{,}7$	

Die Funktionsgleichung der Funktion, die das Dach beschreibt, lautet: $\underline{\underline{y = 0{,}8x + 10{,}7}}$

2. Möglichkeit: Lösung über ein Gleichungssystem

Die Punkte $B(2 \mid 12{,}3)$ und $C(-10{,}8 \mid 2{,}05)$ werden in die Normalform $y = mx + t$ eingesetzt. So erhält man ein Gleichungssystem aus 2 Gleichungen mit den 2 Unbekannten m und t.

Rechenschritte	Erläuterungen
$y = mx + t$	Einsetzen der Punkte $B(2 \mid 12{,}3)$ und $C(-10{,}8 \mid 2{,}05)$ liefert zwei Gleichungen mit zwei Unbekannten
I $\quad 12{,}3 = 2m + t$	$B(2 \mid 12{,}3)$ eingesetzt
II $\quad 2{,}05 = -10{,}8m + t$	$C(-10{,}8 \mid 2{,}05)$ eingesetzt

Rechenschritte	Erläuterungen
Berechnung von m:	
I – II $\quad 10{,}25 = 12{,}8m \quad \vert :12{,}8$	Subtraktion der Gleichungen und Auflösen nach m
$m = 0{,}8$	
Berechnung von t:	
$12{,}3 = 0{,}8 \cdot 2 + t$	Einsetzen von $m = 0{,}8$ in Gleichung I und Berechnen von t
$12{,}3 = 1{,}6 + t \quad \vert -1{,}6$	
$t = 10{,}7$	
Funktionsgleichung von d:	
$\underline{\underline{y = 0{,}8x + 10{,}7}}$	Einsetzen von m und t in die Geradengleichung

5.5 Das Dach des Anbaus und die Kuppel berühren sich, wenn die Gerade d: $y = 0{,}8x + 10{,}7$ und die Parabel p: $y = -0{,}05x^2 + x + 10{,}5$ genau einen Schnittpunkt haben. Um das zu zeigen, werden die beiden Funktionsgleichungen gleichgesetzt und die Diskriminante $D = b^2 - 4ac$ wird berechnet. Ist die Diskriminante null, haben die Parabel und die Gerade genau einen Schnittpunkt und das Dach des Anbaus und die Kuppel berühren sich.

Rechenschritte	Erläuterungen
$0{,}8x + 10{,}7 = -0{,}05x^2 + x + 10{,}5 \quad \vert -0{,}8x - 10{,}7$	Gleichsetzen der Funktionen, Nullsetzen der quadratischen Gleichung
$0 = -0{,}05x^2 + 0{,}2x - 0{,}2$	$a = -0{,}05$; $b = 0{,}2$; $c = -0{,}2$
Diskriminante:	
$D = b^2 - 4ac$	
$D = 0{,}2^2 - 4 \cdot (-0{,}05) \cdot (-0{,}2)$	
$D = 0{,}04 - 0{,}04$	
$D = 0$	

Weil $D = 0$ ist, berühren sich das Dach des Anbaus und die Kuppel.

5.6 Die hintere Seite des Schrankes soll an der Stelle $x = -10{,}8 + 0{,}8 = -10$ aufgestellt werden. Um zu beurteilen, ob der 2,2 m hohe Schrank unter das Dach passt, muss die Höhe des Daches bei $x = -10$ berechnet werden, d. h., es ist $x = -10$ in die Gerade d einzusetzen.

Rechenschritte	Erläuterungen
$y = 0{,}8 \cdot (-10) + 10{,}7$	Einsetzen der Koordinate $x = -10{,}8 + 0{,}8 = -10$
$y = -8 + 10{,}7$	
$\underline{\underline{y = 2{,}7}}$	

Das Dach hat an der Stelle $x = -10$ eine Höhe von 2,7 m. Der 2,2 m hohe Schrank passt also unter das Dach.

Aufgabe 6 – Körperberechnungen

6.1 Den Teil der gepflasterten Fläche, der nicht vom Pool bedeckt ist, erhält man, wenn man von der quadratischen Grundfläche die kreisförmige Grundfläche des Pools abzieht.

Berechnung der quadratischen Grundfläche:

$A_G = a^2 = (3\ m)^2 = 9\ m^2$

Außenradius des Pools:

$d_a = 2{,}2\ m \Rightarrow r_a = 0{,}5 \cdot d_a = 0{,}5 \cdot 2{,}2\ m = 1{,}1\ m$

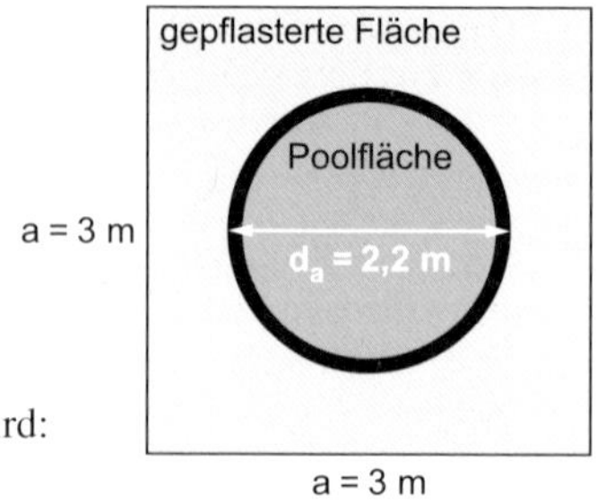

Berechnung der kreisförmigen Grundfläche des Pools:

$A_{Pool} = r_a^2 \cdot \pi = (1{,}1\ m)^2 \cdot \pi = 3{,}8\ m^2$

Berechnung der Fläche, die nicht vom Pool bedeckt wird:

$A = A_G - A_{Pool}$

$A = 9\ m^2 - 3{,}8\ m^2$

$\underline{\underline{A = 5{,}2\ m^2}}$

Die gepflasterte Fläche, die nicht vom Pool bedeckt wird, beträgt etwa 5,2 m^2.

6.2 Die zu verkleidende Außenfläche des Pools entspricht der Mantelfläche des Zylinders.

Höhe des Pools:

$h_P = 80\ cm = 0{,}8\ m$

Berechnung der Mantelfläche des Zylinders:

$M = 2 \cdot r_a \cdot \pi \cdot h_P$

$M = 2 \cdot 1{,}1\ m \cdot \pi \cdot 0{,}8\ m$

$\underline{\underline{M = 5{,}53\ m^2}}$

Die zu verkleidende Außenfläche beträgt etwa 5,53 m^2.

6.3 Um die Kosten ermitteln zu können, muss zunächst der Flächeninhalt der Trittfläche berechnet werden. Da die Breite der Trittfläche $\frac{1}{4}$ des Poolumfangs beträgt, erhält man diesen als Differenz zweier Viertelkreise, wobei der Radius des äußeren Kreises um die Stufentiefe $t = 35$ cm größer ist als der Radius des inneren Kreises (= Außenradius des Pools).

Äußerer Radius der Trittfläche:

$r_t = r_a + t = 1{,}1\ m + 35\ cm = 1{,}1\ m + 0{,}35\ m = 1{,}45\ m$

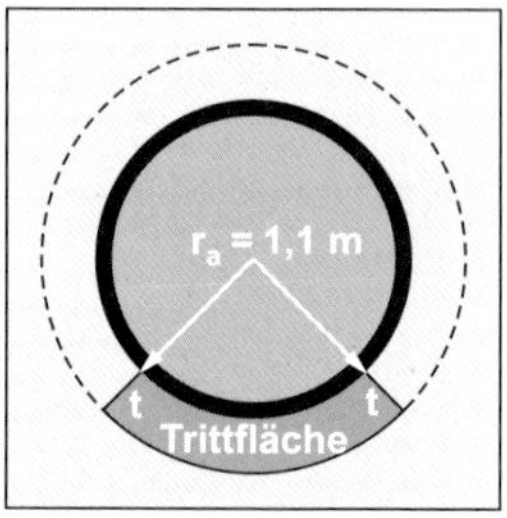

Flächeninhalt der Trittfläche:

$A_{Tritt} = A_{Viertelsektor} - A_{Poolsektor}$

$A_{Tritt} = \frac{1}{4} \cdot r_t^2 \cdot \pi - \frac{1}{4} \cdot r_a^2 \cdot \pi$

$A_{Tritt} = \frac{1}{4} \cdot (1{,}45\ m)^2 \cdot \pi - \frac{1}{4} \cdot (1{,}1\ m)^2 \cdot \pi$

$A_{Tritt} = 0{,}70\ m^2$

Kosten für die rutschfesten Steinplatten:

$\text{Kosten} = A_{Tritt} \cdot 59\ \frac{€}{m^2} = 0{,}70\ m^2 \cdot 59\ \frac{€}{m^2} = \underline{\underline{41{,}30\ €}}$

Die Kosten für die rutschfesten Steinplatten betragen etwa 41,30 €.

6.4 Den Innenradius r_i der zylinderförmigen Wassersäule im Pool erhält man, wenn man vom Außenradius r_a die Dicke der Seitenwände abzieht. Damit wird zunächst das Volumen des zylinderförmigen Pools bei vollständiger Befüllung berechnet. Da der Pool nur zu 90 % befüllt ist, muss das berechnete Gesamtvolumen mit 0,9 multipliziert werden, um die eingefüllte Wassermenge zu erhalten. Es gilt: $1\ m^3 = 1.000\ dm^3$ und $1\ dm^3 = 1$ Liter

Radius der zylinderförmigen Wassersäule:

$r_i = r_a - 10\ cm = 1{,}1\ m - 0{,}1\ m = 1\ m$

Volumen des zylinderförmigen Pools bei vollständiger Befüllung:

$$V_{Pool} = r_i^2 \cdot \pi \cdot h_P$$

$$V_{Pool} = (1\ m)^2 \cdot \pi \cdot 0{,}8\ m$$

$$V_{Pool} = 2{,}51327\ m^3$$

$$V_{Pool} = 2.513{,}27\ dm^3$$

$$V_{Pool} = 2.513{,}27\ \ell$$

Volumen der zylinderförmigen Wassersäule:

$$V_{Wasser} = 0{,}9 \cdot V_{Pool}$$

$$V_{Wasser} = 0{,}9 \cdot 2.513{,}27\ \ell$$

$$\underline{\underline{V_{Wasser} = 2.261{,}94\ \ell}}$$

Im Pool sind etwa 2.261,94 ℓ Wasser.

6.5 Das Dach des Pavillons hat die Form einer quadratischen Pyramide, deren Mantelfläche aus vier kongruenten Dreiecken besteht. Die Länge der Querstrebe z wird mithilfe des Strahlensatzes in einem dieser Teildreiecke berechnet.

Berechnung der Länge der Querstrebe z mithilfe des Strahlensatzes:

$$\frac{z}{a} = \frac{\overline{SE}}{\overline{SC}}$$

$$\frac{z}{3\ m} = \frac{110\ cm}{222\ cm}$$

$$\frac{z}{3\ m} = \frac{1{,}10\ m}{2{,}22\ m} \qquad |\cdot 3\ m$$

$$z = \frac{3\ m \cdot 1{,}10\ m}{2{,}22\ m}$$

$$\underline{\underline{z = 1{,}49\ m}}$$

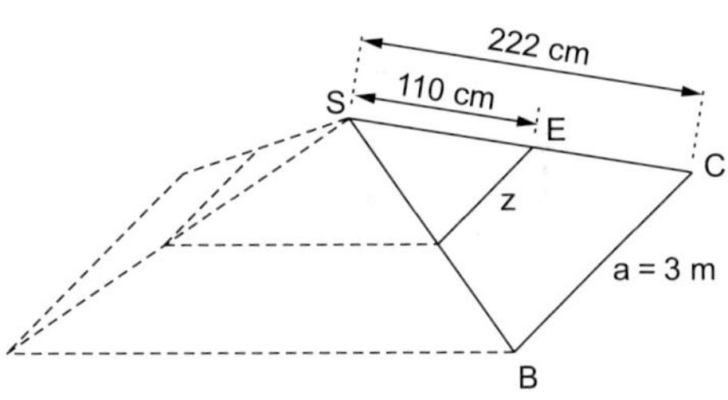

Die Querstrebe z ist etwa 1,49 m lang.

6.6 Gesucht ist die Mantelfläche der kleinen (oberen) Pyramide. Die Mantelfläche setzt sich aus 4 kongruenten gleichschenkligen Dreiecken zusammen. Um den Flächeninhalt berechnen zu können, muss zunächst die Höhe h_z der kleinen Dreiecke mit dem Satz von Pythagoras berechnet werden. Dann kann der Flächeninhalt eines Dreiecks mithilfe der Formel $A = \frac{1}{2} \cdot \text{Grundlinie} \cdot \text{Höhe}$ berechnet werden.

Berechnung der Höhe h_z mithilfe des Satzes von Pythagoras:

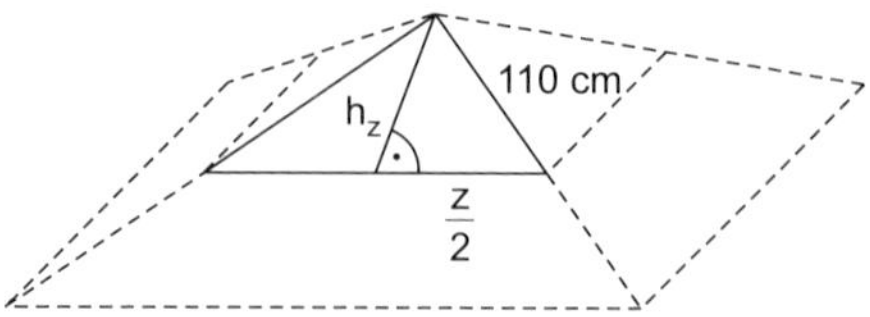

$$h_z^2 = (110\ \text{cm})^2 - \left(\frac{z}{2}\right)^2$$

$$h_z^2 = (1{,}10\ \text{m})^2 - \left(\frac{1{,}49\ \text{m}}{2}\right)^2 \quad |\sqrt{\ }$$

$$h_z = \sqrt{(1{,}10\ \text{m})^2 - \left(\frac{1{,}49\ \text{m}}{2}\right)^2}$$

$$h_z = \sqrt{0{,}65\ \text{m}^2}$$

$$h_z = 0{,}81\ \text{m}$$

Berechnung der Mantelfläche:

$$M = 4 \cdot A_\Delta$$

$$M = 4 \cdot \frac{1}{2} \cdot z \cdot h_z$$

$$M = 4 \cdot \frac{1}{2} \cdot 1{,}49\ \text{m} \cdot 0{,}81\ \text{m} = \underline{\underline{2{,}41\ \text{m}^2}}$$

Andreas benötigt mindestens 2,41 m^2 der durchsichtigen Folie.

Aufgabe 7 – Aufgaben mit verschiedenen Themenbezügen

7.1 Zur Berechnung des Durchschnitts müssen alle Wasserverbrauchszahlen von 2006 bis 2015 addiert und dann durch die Anzahl der gegebenen Werte (10) geteilt werden.

$$\overline{m} = \frac{126+122+123+122+121+121+122+121+122+122}{10} = \frac{1.222}{10} = \underline{\underline{122{,}2}}$$

Der Durchschnitt der Wasserverbrauchszahlen von 2006 bis 2015 beträgt 122,2 Liter.

7.2 Der Wasserverbrauch 2006 entspricht 100 %. Der Wasserverbrauch 2015 ist der Prozentwert. Der Prozentsatz kann mit dem Dreisatz oder der Lösungsformel berechnet werden.

1. Möglichkeit: Dreisatz

$$126\ \ell \ \hat{=}\ 100\ \%$$

$$:126 \qquad\qquad :126$$

$$1\ \ell \ \hat{=}\ \frac{100}{126}\ \%$$

$$\cdot 122 \qquad\qquad \cdot 122$$

$$122\ \ell \ \hat{=}\ 96{,}83\ \%$$

Der Wasserverbrauch ist von 2006 bis 2015 um 100 % − 96,83 % = $\underline{\underline{3{,}17\ \%}}$ gesunken.

2. Möglichkeit: Lösungsformel

Gegeben: $G = 126\ \ell$; $P = 122\ \ell$

Gesucht: p %

$$p\ \% = \frac{P}{G} \cdot 100\ \% = \frac{122\ \ell}{126\ \ell} \cdot 100\ \% = 96{,}83\ \%$$

Der Wasserverbrauch ist von 2006 bis 2015 um 100 % − 96,83 % = $\underline{\underline{3{,}17\ \%}}$ gesunken.

7.3 *1. Möglichkeit: geometrische Zahlenfolge*

Da der Wasserverbrauch mit jedem Jahr um 3,17 % abnimmt, handelt es sich um eine geometrische Zahlenfolge. Der Quotient ist $q = 1 - \frac{p}{100} = 1 - \frac{3{,}17}{100} = 0{,}9683$.

Der Wasserverbrauch im Jahr 2015 ist mit $g_1 = 122\ \ell$ das erste Glied der Zahlenfolge. Gesucht ist der Wasserverbrauch im Jahr 2050, also im 36. Jahr ($n = 2050 - 2015 + 1 = 36$).

Gegeben: $g_1 = 122\ \ell;\ q = 0{,}9683;\ n = 36$

Gesucht: g_{36}

Berechnung des Wasserverbrauchs im Jahr 2050:

$$g_n = g_1 \cdot q^{n-1}$$

$$g_{36} = 122\ \ell \cdot 0{,}9683^{36-1}$$

$$\underline{\underline{g_{36} = 39{,}51\ \ell}}$$

Der durchschnittliche Wasserverbrauch im Jahr 2050 wird etwa 39,51 ℓ betragen.

2. Möglichkeit: exponentielle Abnahme

Da der Wasserverbrauch mit jedem Jahr um $p\,\% = 3{,}17\ \%$ abnimmt, liegt eine exponentielle Abnahme vor. Die zugehörige Funktionsgleichung hat die Form $y = y_0 \cdot a^x$. Dabei ist y_0 der Wasserverbrauch im Jahr 2015 und y der Wasserverbrauch nach x Jahren.

Anfangswert: $y_0 = 122\ \ell$

Abnahmerate: $p\,\% = 3{,}17\ \%$

Abnahmefaktor: $a = 1 - \frac{p}{100} = 1 - \frac{3{,}17}{100} = 1 - 0{,}0317 = 0{,}9683$

Funktionsgleichung: $y = 122\ \ell \cdot 0{,}9683^x$

Zur Berechnung des Wasserverbrauchs im Jahr 2050 wird $x = 2050 - 2015 = 35$ in die Funktionsgleichung $y = 122\ \ell \cdot 0{,}9683^x$ eingesetzt:

$$y = 122\ \ell \cdot 0{,}9683^{35} = \underline{\underline{39{,}51\ \ell}}$$

Der durchschnittliche Wasserverbrauch im Jahr 2050 wird etwa 39,51 ℓ betragen.

7.4 Gesucht ist der Gesamtwasserverbrauch von 2015 bis 2050. Dazu wird zunächst die Summe der durchschnittlichen Wasserverbräuche pro Tag für 2015 bis 2050 berechnet. Da es sich um die Summe der geometrischen Zahlenfolge handelt, wird diese mithilfe der Formel $s_n = g_1 \cdot \frac{q^n - 1}{q - 1}$ bestimmt. Um den Gesamtverbrauch zu erhalten, muss der berechnete Verbrauch pro Tag mit 365 multipliziert werden.

Gegeben: $g_1 = 122\ \ell;\ q = 0{,}9683;\ n = 36$

Gesucht: s_{36}

Berechnung des Wasserverbrauchs von 2015 bis 2050 pro Person und Tag:

$$s_n = g_1 \cdot \frac{q^n - 1}{q - 1}$$

$$s_{36} = 122\ \ell \cdot \frac{0{,}9683^{36} - 1}{0{,}9683 - 1}$$

$$s_{36} = 2.641{,}72\ \ell$$

Berechnung des Gesamtverbrauchs einer Person von 2015 bis 2050:

$365 \cdot s_{36} = 365 \cdot 2.641{,}72\ \ell = \underline{\underline{964.227{,}8\ \ell}}$

Eine Person hätte im Zeitraum von 2015 bis 2050 insgesamt etwa 964.227,8 ℓ verbraucht.

7.5 Im Kreisdiagramm entspricht die Kreisfläche 100 % und die Kreissektoren entsprechen den prozentualen Anteilen der Daten. Zunächst sind die relativen Häufigkeiten (Anteile) der verschiedenen Verwendungszwecke zu berechnen. Die Größen der Mittelpunktwinkel der zugehörigen Sektoren sind dann die entsprechenden Anteile am Vollwinkel (360°).

Berechnung der Mittelpunktwinkel:

	absolute Häufigkeit	**relative Häufigkeit**	**Mittelpunktwinkel**
Toilette	41 Liter	$\frac{41}{122}$	$\frac{41}{122} \cdot 360° = 121°$
Baden und Duschen	34 Liter	$\frac{34}{122}$	$\frac{34}{122} \cdot 360° = 100°$
Wäsche waschen	17 Liter	$\frac{17}{122}$	$\frac{17}{122} \cdot 360° = 50°$
Körper-pflege	9 Liter	$\frac{9}{122}$	$\frac{9}{122} \cdot 360° = 27°$
Sonstiger Verbrauch	21 Liter	$\frac{21}{122}$	$\frac{21}{122} \cdot 360° = 62°$

Kreisdiagramm:

7.6 Ein Wassertropfen kann als Kugel aufgefasst werden. Um auszurechnen, wie viele Tage es dauert, bis 140 Liter verschwendet wurden, muss zunächst das Volumen eines Wassertropfens berechnet werden. Um die Anzahl der Wassertropfen zu ermitteln, die in eine Badewanne passen, müssen die 140 Liter in mm³ umgerechnet und dann durch das Tropfenvolumen geteilt werden. Da pro Sekunde genau ein Tropfen fällt, kann damit berechnet werden, wie lange es dauert, bis 140 Liter verschwendet wurden.

Radius eines Wassertropfens:

$d = 5\ \text{mm} \quad \Rightarrow \quad r = 0{,}5 \cdot d = 0{,}5 \cdot 5\ \text{mm} = 2{,}5\ \text{mm}$

Volumen eines Wassertropfens:

$$V_{Kugel} = \frac{4}{3} \cdot r^3 \cdot \pi$$

$$V_{Kugel} = \frac{4}{3} \cdot (2{,}5 \text{ mm})^3 \cdot \pi$$

$$V_{Kugel} = 65{,}45 \text{ mm}^3$$

Volumen der Badewanne:

$$V_{Wanne} = 140 \,\ell = 140 \text{ dm}^3 = 140.000 \text{ cm}^3 = 140.000.000 \text{ mm}^3$$

Anzahl der Wassertropfen, die in eine Badewanne passen:

$$\frac{V_{Wanne}}{V_{Kugel}} = \frac{140.000.000 \text{ mm}^3}{65{,}45 \text{ mm}^3} = 2.139.037{,}433 \approx 2.139.038$$

Anzahl der Tage, bis die Badewanne voll ist:
$2.139.038 \cdot 1 \text{ s} = 2.139.038 \text{ s} \approx 35.651 \text{ min} \approx 594 \text{ h} \approx \underline{\underline{25 \text{ Tage}}}$

Es dauert ungefähr 25 Tage, bis 140 Liter Wasser verschwendet wurden.

7.7 Es bietet sich an, zunächst die Funktionsgleichung aufzustellen und dann damit die Berechnungen durchzuführen. Da pro Minute ein fester Wert (2 Liter) hinzukommt, handelt es sich um eine lineare Funktion mit einer Funktionsgleichung der Form $y = mx + t$.

Aufstellen der Funktionsgleichung:
Die Funktionsgleichung der linearen Funktion hat die Form $y = mx + t$. Dabei gibt x die vergangene Zeit in Minuten und y die Füllmenge in Litern an.

- Da zum Zeitpunkt $x = 0$ bereits 25 Liter im Tank sind, ist der y-Achsenabschnitt $t = 25$.
- Pro Minute kommen 2 Liter hinzu. Die Steigung lautet somit $m = 2$.

Funktionsgleichung:
$\underline{\underline{y = 2 \cdot x + 25}}$

Berechnungen der fehlenden Werte in der Tabelle:
Die ersten beiden fehlenden Werte bekommt man, wenn man jeweils den x-Wert in die Funktion $y = 2x + 25$ einsetzt und den zugehörigen y-Wert berechnet.
Die letzten beiden fehlenden Werte bekommt man, wenn man jeweils den y-Wert in die Funktion $y = 2x + 25$ einsetzt und den zugehörigen x-Wert berechnet.

Für $x = 1$ ergibt sich:
$y = 2 \cdot 1 + 25 = 27$

Für $x = 10$ ergibt sich:
$y = 2 \cdot 10 + 25 = 45$

Für $y = 75$ ergibt sich:

$$\begin{aligned} 75 &= 2x + 25 && \mid -25 \\ 2x &= 50 && \mid :2 \\ x &= 25 \end{aligned}$$

Für $y = 95$ ergibt sich:

$$\begin{aligned} 95 &= 2x + 25 && \mid -25 \\ 2x &= 70 && \mid :2 \\ x &= 35 \end{aligned}$$

Ausgefüllte Tabelle:

Zeit x in Minuten	0	1	10	**25**	**35**
Füllmenge y in Liter	25	**27**	**45**	75	95

Zeichnen des Graphen in das Koordinatensystem:

Beim Zeichnen des Graphen empfiehlt es sich, zunächst die Punkte aus der Wertetabelle in das Koordinatensystem einzutragen und dann zum Graphen der linearen Funktion zu verbinden.

Zeichnung:

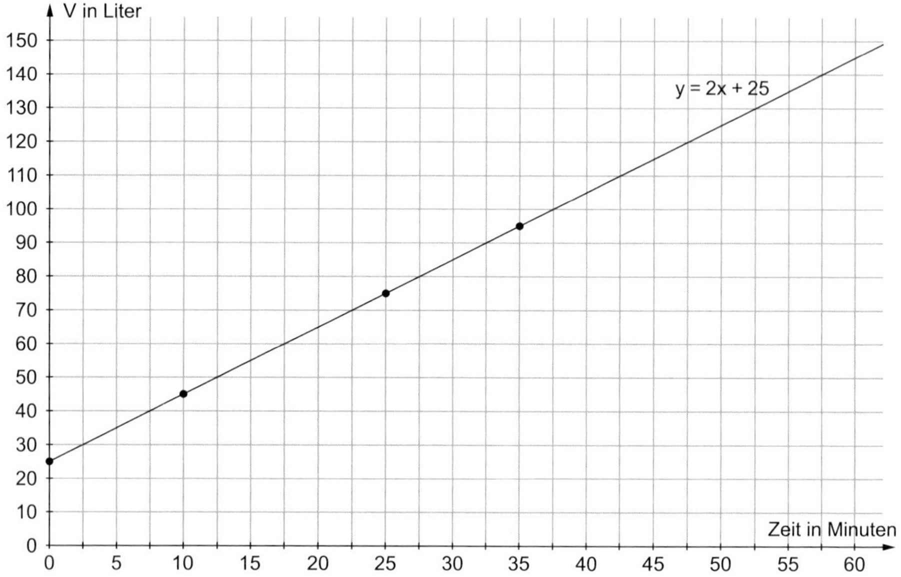

Abschlussprüfung 2018 an drei- und vierstufigen Wirtschaftsschulen
Mathematik – Aufgabenteil A

Aufgaben ohne Benutzung des Taschenrechners

1. Max möchte verreisen. Er packt vier Oberteile, zwei Hosen und drei Paar Schuhe in seine Reisetasche.
Geben Sie die Anzahl der Kombinationsmöglichkeiten an. 1

2. Im Schlussverkauf liest Nadine folgendes Angebot:

5 % Rabatt ab 50,00 €
20 % Rabatt ab 150,00 €

In ihrem Einkaufskorb liegen Kleidungsstücke im Wert von 140,00 €.

2.1 Berechnen Sie den Preis, den Nadine nach Abzug des Rabatts zahlen müsste. 1

2.2 Nadine überlegt, ob sie ein weiteres T-Shirt für 20,00 € kaufen soll.
Was raten Sie ihr? Begründen Sie Ihre Empfehlung mit einer Rechnung. 2

3. In einer Zeitung ist folgende Anzeige abgedruckt:

Günstiger Kredit
schnell und ohne SCHUFA-Auskunft
12.000,00 €
für nur 120,00 € Zinsen im Monat

Bestimmen Sie durch Rechnung die Höhe des Jahreszinssatzes. 2

4. Es wird verdeckt eine Karte gezogen.
Geben Sie die Wahrscheinlichkeit an, dass ein „T“ gezogen wird. 1

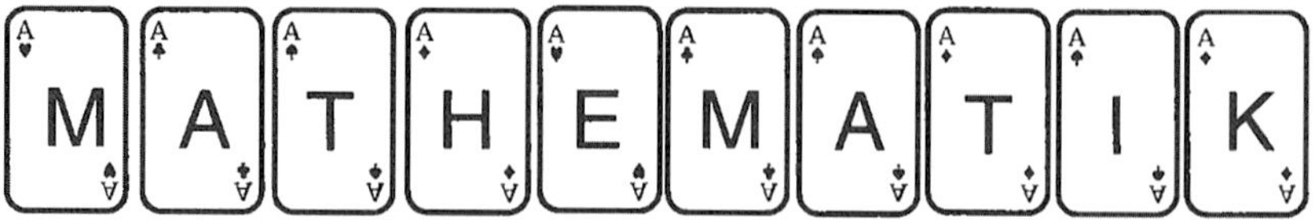

Wahrscheinlichkeit in Prozent
P(„T“) =

5. Die kleinste der folgenden Zahlen ist … 1

A	B	C	D	Lösung
2^0	$4^{\frac{1}{2}}$	$\sqrt[3]{27}$	10^{-2}	

6. Gegeben ist folgende Wertetabelle einer Funktion:

x	–3	0	1	2
y	12	3	4	7

Welche Funktionsgleichung wird durch die Wertetabelle abgebildet? 1

A	B	C	D	Lösung
$y = 2x + 3$	$y = x^2 + 3$	$y = 4x^2$	$y = x + 5$	

7. Gegeben sind das Parallelogramm ABCD und das gleichschenklige Dreieck EDA mit dem Winkel δ.
Bestimmen Sie rechnerisch die Größe des gesuchten Winkels β. 1

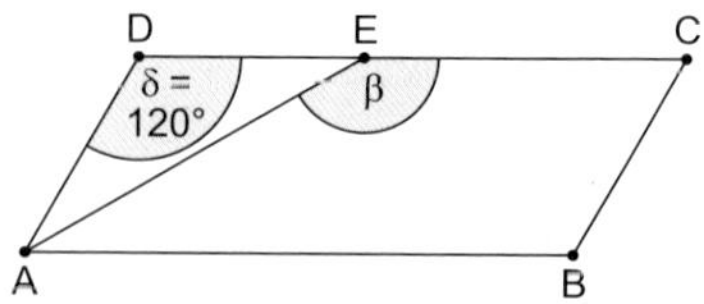

Skizze nicht maßstabsgetreu.

8. Die Maurer nutzen eine einfache Methode zur Kontrolle des rechten Winkels.
Wie wird hier sichergestellt, dass die Wände rechtwinkelig zueinander errichtet werden?
Begründen Sie Ihre Überlegungen auch rechnerisch. 1

9. Ein Landwirt will den Holzgiebel (Dreieck DCE) seines Geräteschuppens streichen und misst folgende Strecken:

$|\overline{AB}| = 8{,}00\ \text{m}$

$|\overline{EF}| = 7{,}00\ \text{m}$

$|\overline{BC}| = 4{,}00\ \text{m}$

Berechnen Sie die zu streichende Fläche. 2

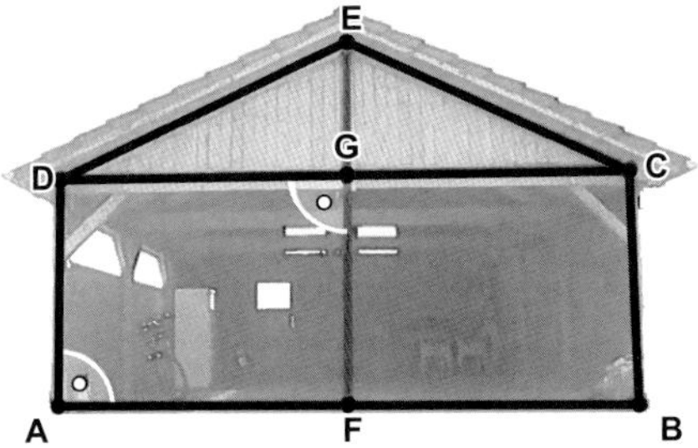

10. Familie Karl betrachtet auf einer Kunstausstellung die Skulptur eines übergroßen Autos. Frau Karl vermutet, dass der Umfang eines Reifens ungefähr 2 m beträgt.

Schätzen Sie auf nachvollziehbare Weise den Durchmesser eines Reifens und geben Sie diesen an.
Berechnen Sie näherungsweise mithilfe Ihres „Schätzdurchmessers" den Umfang eines Reifens.
Ist die Vermutung von Frau Karl richtig? 2

15

Aufgabe 1 – Finanzmathematik

Herr Brandl hat vor 12 Jahren von seiner Unfallversicherung 12.500,00 € ausbezahlt bekommen. In einem Beratungsgespräch mit dem Kundenberater seiner Bank erkundigte er sich damals nach einer sicheren Geldanlage. Herr Brandl wollte durch die Anlage im Jahr 2018 mit Zinseszins über ein Gesamtkapital von 17.000,00 € verfügen.

1.1 Welchen Zinssatz hätte die Bank Herrn Brandl anbieten müssen, damit er sein geplantes Sparziel erreicht? 3

Der Kundenberater erklärte Herrn Brandl, dass sich sein Kapital jährlich mit 2,6 % verzinsen müsste, um auf 17.000,00 € anzuwachsen. Aufgrund des damals niedrigen Zinsniveaus konnte ihm die Bank aber nur einen Zinssatz von 1,25 % p. a. anbieten.

1.2 Berechnen Sie, welchen gleichbleibenden Betrag Herr Brandl jährlich zum Jahresende zusätzlich einzahlen musste, damit er ein Gesamtkapital von 17.000,00 € nach 12 Jahren erreichen konnte. 3

Herr Brandl plant jetzt einen Teil der Studienkosten seines Sohnes Claus mit den angesparten 17.000,00 € zu finanzieren und ihm jährlich zu Beginn eines jeden Jahres 3.000,00 € davon zu geben.

1.3 Berechnen Sie, wie lange Herr Brandl seinen Sohn finanziell unterstützen kann, wenn sich sein Kapital mit 1,5 % p. a. verzinst. 4

Nach Abschluss seines Studiums möchte Claus Brandl seine neue Wohnung einrichten. Dafür nimmt er bei der Bayernbank ein Darlehen auf (siehe Beleg):

DARLEHENSVERTRAG

Zwischen

im Folgenden Darlehensgeber genannt	und	im Folgenden Darlehensnehmer genannt
Bayernbank Bamberg	FIRMA	----------------------------
----------------------------	VORNAME UND NACHNAME	Claus Brandl
Lange Straße 44	STRASSE UND HAUSNUMMER	Willy-Lessingstraße 12
96047 Bamberg	PLZ UND STADT	96047 Bamberg

wird folgende Vereinbarung getroffen:

§1 Darlehensbetrag und Darlehenszweck

Der Darlehensnehmer erhält vom Darlehensgeber ein Darlehen in Höhe von **25.000,00 EUR** .

§2 Auszahlung

Der Darlehensbetrag ist auf folgendes Konto des Darlehensnehmers zu überweisen:

Claus Brandl	KONTOINHABER
DE 12 3467 0404 1967	IBAN / KONTONUMMER
Bayernbank AG Bamberg	GELDINSTITUT
BYRNBK	BIC / BANKLEITZAHL

§3 Zinssatz

Das Darlehen ist mit einem Zinssatz von **3,20 % p. a.** zu tilgen.

§4 Annuitäten / Sondertilgungen

Die jährlichen Annuitäten sind in Höhe von **2.000,00 EUR** jeweils zum **Jahresende** auf folgendes Konto zu entrichten:

Bayernbank AG Bamberg	KONTOINHABER
DE 12 5999 1000 2000	IBAN / KONTONUMMER
Bayernbank AG Bamberg	GELDINSTITUT
BYRNBK	BIC / BANKLEITZAHL

Nach frühestens **6 Jahren** kann zum 31.12. der Restbetrag in einer Summe zurückgezahlt werden.

Sebastian Kienle	*Claus Brandl*
DARLEHENSGEBER Bayern**bank**	DARLEHENSNEHMER

1.4 Erstellen Sie einen Tilgungsplan für die ersten beiden Jahre. 3

Nach 8 Jahren möchte Claus Brandl seine Restschuld begleichen.

1.5 Berechnen Sie die Höhe der Restschuld. 2

15

Aufgabe 2 – Funktionaler Zusammenhang

Dennis trainiert Freiwürfe für das nächste Basketballspiel. Der Ball wird im Punkt A(0 | 2,75) abgeworfen, fliegt durch den Punkt B(2 | 4,85) und landet genau im Korb $K(6 \mid y_K)$. Er beschreibt eine parabelförmige Flugkurve p_1 mit dem Faktor $a = -0{,}25$.

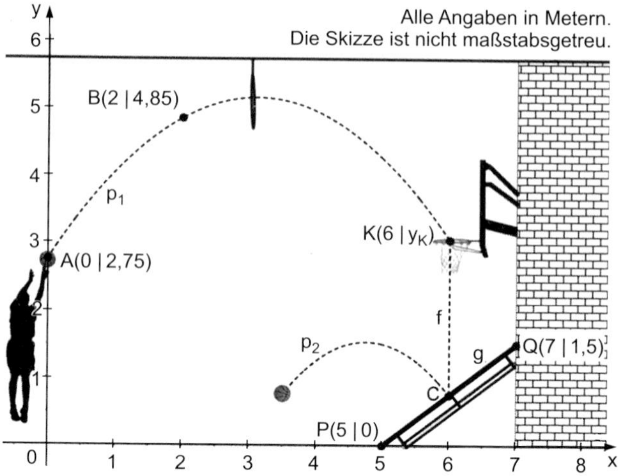

2.1 Ermitteln Sie die Funktionsgleichung der Flugparabel p_1. 3
[Ergebnis: p_1: $y = -0{,}25x^2 + 1{,}55x + 2{,}75$]

2.2 Berechnen Sie die Höhe y_K des Korbrings über dem Boden. 1
[Ergebnis: $y_K = 3{,}05$ m]

Um die optimale Flugkurve p_1 zu trainieren, hängt Dennis einen Reifen an die Hallendecke, durch den der Ball fliegen soll.

2.3 Berechnen Sie den höchsten Punkt der optimalen Flugkurve p_1. 3

Damit der Ball nach einem erfolgreichen Korbwurf wieder zurückspringt, stellt Dennis eine Sitzbank g schräg an die Wand.

2.4 Ermitteln Sie die Funktionsgleichung g der Bank, die durch die Punkte P(5 | 0) und Q(7 | 1,5) verläuft. 3
[Ergebnis: g: $y = 0{,}75x - 3{,}75$]

Nach einem Treffer fällt der Ball senkrecht nach unten und springt parabelförmig von der Bank weg. Die Flugbahn wird durch die Parabel p_2: $y = -0{,}5x^2 + 4{,}75x - 9{,}75$ beschrieben.

2.5 Berechnen Sie die Fallhöhe f des Balls vom Korbring im Punkt K bis zum Aufprall auf die Bank im Punkt C. 2

2.6 Berechnen Sie, wie viele Meter vor Dennis der Ball das erste Mal aufspringt, wenn angenommen werden kann, dass Dennis nach dem Wurf wieder im Nullpunkt der Skizze auf den Ball wartet. 3

15

Aufgabe 3 – Trigonometrie

Ein Baugerüst besteht aus waagerechten Gerüstböden, senkrechten Gerüstelementen, Querstreben, höhenverstellbaren Füßen und Leitern zwischen den Gerüstböden.

Ein Gerüstboden (z. B. $\overline{AB}$) hat eine Länge von 3 m. Ein senkrechtes Gerüstelement (z. B. $\overline{BC}$) ist 2,50 m lang.

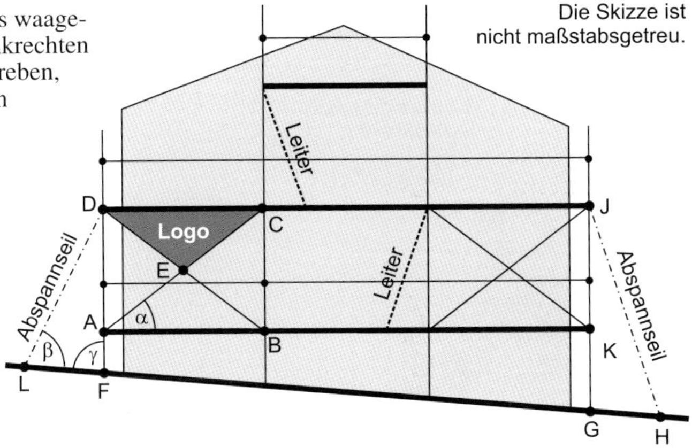

3.1 Berechnen Sie die Länge der Querstrebe $\overline{AC}$. 2

[Ergebnis: $|\overline{AC}| = 3{,}91$ m]

3.2 Berechnen Sie den Winkel α zwischen dem Gerüstboden $\overline{AB}$ und der Querstrebe $\overline{AC}$. 2

[Ergebnis: $\alpha = 39{,}81°$]

Die zur Stabilisierung notwendigen Querstreben $\overline{AC}$ und $\overline{BD}$ halbieren sich gegenseitig. Das so entstehende Dreieck DEC dient als Werbefläche für das Firmenlogo des Gerüstbauers.

3.3 Bestimmen Sie die Größe der Werbefläche. 3

Als Sturmsicherung wird auf der linken Seite des Hauses ein Abspannseil ($\beta = 65°$ und $\gamma = 87°$) angebracht. Der linke Gerüstfuß $\overline{AF}$ ist auf eine Höhe von 15 cm eingestellt.

3.4 Berechnen Sie die Länge des linken Abspannseils $\overline{DL}$. 4

In einer Entfernung von $|\overline{GH}| = 4$ m wird auf der rechten Seite ein weiteres Abspannseil $\overline{HJ}$ im Punkt H befestigt. Der rechte Gerüstfuß $\overline{GK}$ ist auf eine Höhe von 62 cm eingestellt.

3.5 Berechnen Sie die Länge des Seils $\overline{HJ}$. 4

15

Aufgabe 4 – Daten und Zufall

Auf dem deutschen Musikmarkt wurde im Jahr 2016 ein Gesamtumsatz von 1,58 Milliarden Euro erzielt. Vor allem über Streaming-Abos wurden hohe Umsatzzahlen erreicht.

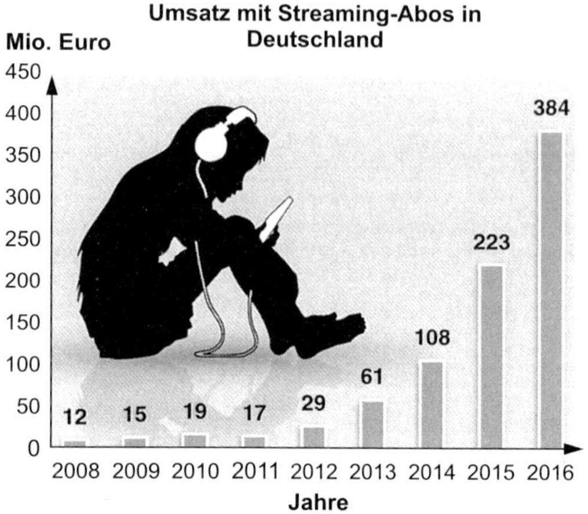

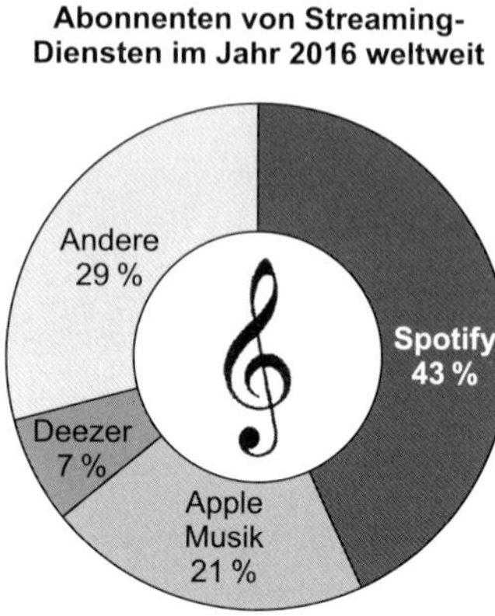

4.1 Bestimmen Sie für das Jahr 2016 den prozentualen Anteil des Umsatzes mit Streaming-Abos in Deutschland gemessen am Gesamtumsatz. 2

Im Jahr 2016 gab es weltweit 100,4 Millionen Musikstreaming-Abonnenten.

4.2 Bestimmen Sie die Anzahl der Spotify-Abos im Jahr 2016 weltweit. 2

Eine Befragung unter 10 Schülern einer Wirtschaftsschule hat folgende Daten hinsichtlich der monatlichen Ausgaben für Streaming-Dienste (Musik und Video) ergeben:

Schüler	1	2	3	4	5	6	7	8	9	10
Ausgaben	2 €	5 €	14 €	4 €	5 €	9 €	20 €	30 €	15 €	8 €

4.3 Bestimmen Sie die durchschnittlichen Ausgaben, den Median und die Spannweite zu dieser Befragung. 5

Laut einer Umfrage der Verbraucherzentrale verwenden 78 % der Internetnutzer Streaming-Dienste. Nicht alle User wollen dafür bezahlen.

4.4 Ergänzen Sie mithilfe der beiden Kreisdiagramme auf Seite 9 die noch fehlenden Übergangswahrscheinlichkeiten im Baumdiagramm. 3

4.5 Berechnen Sie die Wahrscheinlichkeit von E_1 „Umfrageteilnehmer nutzt Streaming-Dienste gratis". 1

4.6 Berechnen Sie die Wahrscheinlichkeit von E_2 „Umfrageteilnehmer nutzt kostenpflichtiges Videostreaming". 2

15

Zusatzblatt zu 4. Daten und Zufall

Name: ____________________

Zu Teilaufgabe 4.4

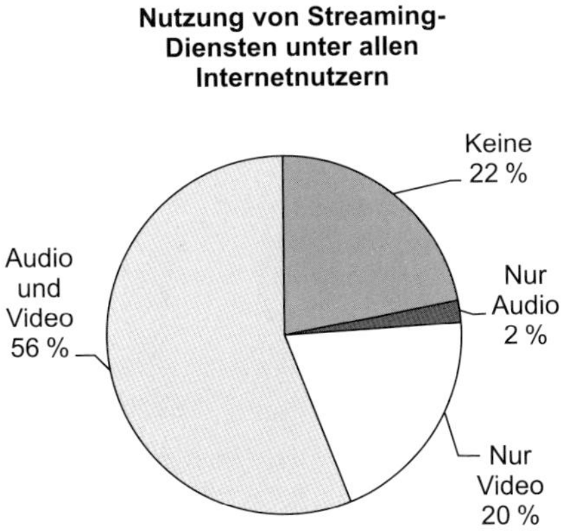

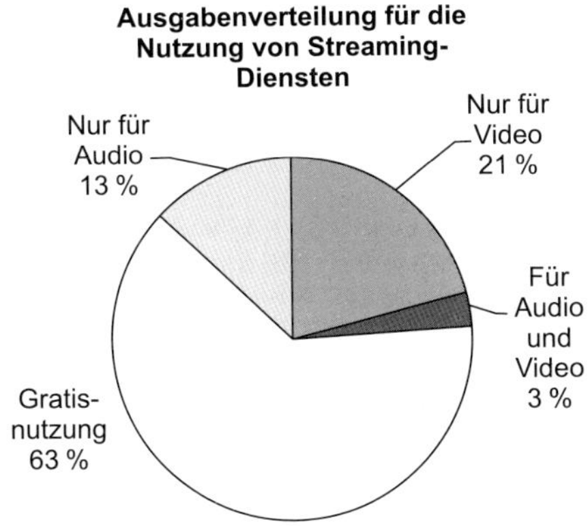

Baumdiagramm

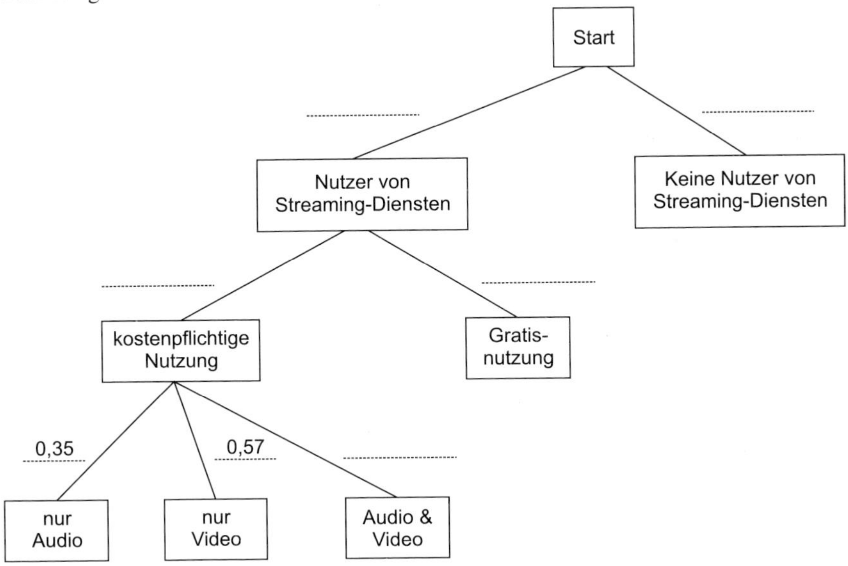

Aufgabe 5 – Raum und Form

Die Firma „Grillomat“ stellt extravagante Kohlegrills her. Unter anderem hat sie einen Halbkugelgrill (siehe linke Skizze) sowie einen Kegelgrill (siehe rechte Skizze) im Sortiment. Beide haben einen oberen Durchmesser von d = 36 cm. Der Kegelgrill hat ein Gesamtvolumen von 19 Litern.

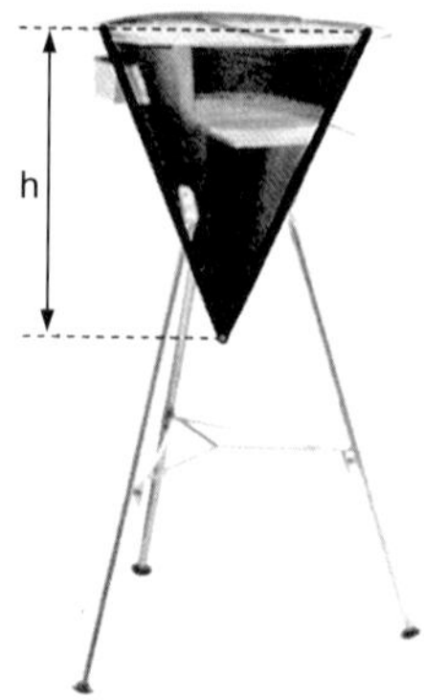

5.1 Zeigen Sie rechnerisch, dass der Halbkugelgrill ein geringeres Volumen besitzt. 2

5.2 Berechnen Sie die Höhe h des Kegelgrills. [Ergebnis: h = 56 cm] 2

5.3 Berechnen Sie die Fläche in m^2, die bei der Herstellung des Kegelgrills außen lackiert werden muss (ohne Standbeine). 4

Die rechte Skizze zeigt den Querschnitt des Kegelgrills (alle Angaben in cm). Damit nicht so viel Grillkohle verbraucht wird und die glühende Kohle von unten Luft bekommt, wird in einem Abstand von 42 cm vom oberen Durchmesser d ein zweiter Rost eingebaut.

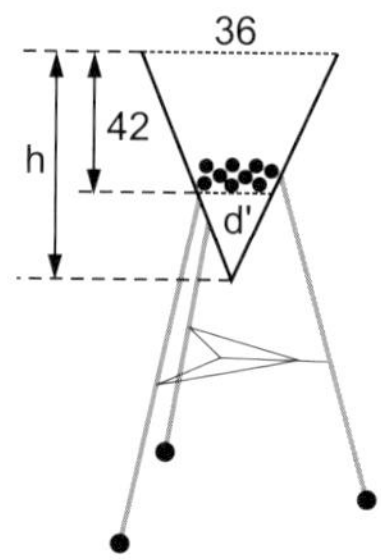

5.4 Berechnen Sie den Durchmesser d' des unteren Rostes. 3

Damit auch bei schlechterem Wetter gegrillt werden kann, bietet die Firma „Grillomat“ auch Partyzelte an. Alle vier Streben a haben die Länge 6 m. Die Stützen f sind jeweils 2,5 m hoch. Das Zelt hat eine Gesamthöhe von 3,5 m.

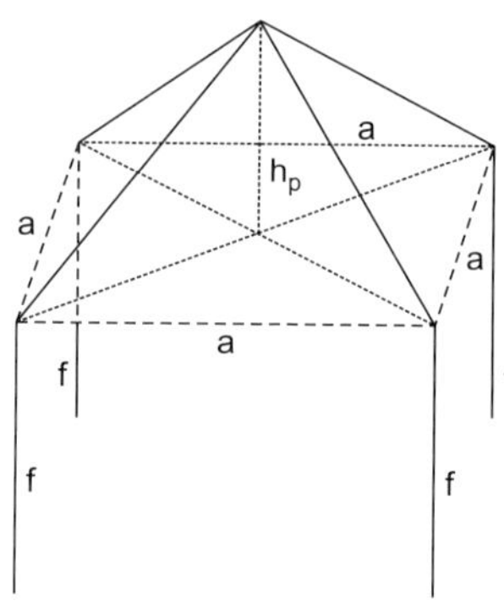

5.5 Berechnen Sie die Gesamtfläche für den Stoff des pyramidenförmigen Zeltdachs. 4

15

Lösung – Aufgabenteil A

Aufgaben ohne Benutzung des Taschenrechners

1. Max kann aus 4 verschiedenen Oberteilen wählen. Zu jedem Oberteil hat er 2 Möglichkeiten, eine Hose hinzuzufügen. Somit gibt es $4 \cdot 2 = 8$ Möglichkeiten, die Oberteile und die Hosen zu kombinieren. Zu jeder dieser 8 Möglichkeiten kann Max aus 3 Paar Schuhen wählen. Es ist anzunehmen, dass er keine verschiedenen Schuhe anzieht.

   Anzahl der Kombinationsmöglichkeiten:

   $4 \cdot 2 \cdot 3 = \underline{\underline{24}}$

2.1 Nadine hat Kleidungsstücke im Wert von 140 € im Einkaufskorb. Daher würde sie (laut Angebot) 5 % Rabatt bekommen. Der Prozentsatz (Rabatt in €) wird mit dem Dreisatz oder der Lösungsformel berechnet. Anschließend wird der Rabatt vom Kaufpreis abgezogen.

Berechnung der Höhe des Rabatts in €:

1. Möglichkeit: Dreisatz

$$\begin{aligned} &:100 \quad 100\,\% \;\hat{=}\; 140\,€ \quad :100 \\ &\cdot 5 \quad\quad 1\,\% \;\hat{=}\; 1{,}40\,€ \quad \cdot 5 \\ &\quad\quad\;\; 5\,\% \;\hat{=}\; 7\,€ \end{aligned}$$

2. Möglichkeit: Lösungsformel

Gegeben: $G = 140\,€$; $p\,\% = 5\,\%$

Gesucht: P

$$P = \frac{G \cdot p}{100} = \frac{140\,€ \cdot 5}{100} = 7\,€$$

Berechnung des neuen Preises:

$140\,€ - 7\,€ = \underline{\underline{133\,€}}$

Nadine müsste nach Abzug des Rabatts noch 133 € bezahlen.

Alternative Lösungsmöglichkeit:

Da Nadine 5 % Rabatt bekommen würde, müsste sie 100 % – 5 % = 95 % bezahlen. Der Prozentwert (neue Preis) wird mit dem Dreisatz oder der Lösungsformel berechnet.

Berechnung des neuen Preises:

1. Möglichkeit: Dreisatz

$$\begin{aligned} &:100 \quad 100\,\% \;\hat{=}\; 140\,€ \quad :100 \\ &\cdot 95 \quad\quad 1\,\% \;\hat{=}\; 1{,}40\,€ \quad \cdot 95 \\ &\quad\quad\;\; 95\,\% \;\hat{=}\; 133\,€ \end{aligned}$$

2. Möglichkeit: Lösungsformel

Gegeben: $G = 140\,€$; $p\,\% = 95\,\%$

Gesucht: P

$$P = \frac{G \cdot p}{100} = \frac{140\,€ \cdot 95}{100} = 133\,€$$

Nadine müsste nach Abzug des Rabatts noch $\underline{\underline{133\,€}}$ bezahlen.

2.2 Wenn Nadine ein weiteres T-Shirt für 20 € kauft, steigt der Warenwert auf 160 € und sie erhält 20 % Rabatt. Der Prozentsatz (Rabatt in €) wird mit dem Dreisatz oder der Lösungsformel berechnet. Dann wird der neue Preis berechnet und mit dem alten Wert verglichen.

Berechnung der Höhe des neuen Rabatts in €:

1. Möglichkeit: Dreisatz

$$\begin{aligned} &:100 \quad 100\,\% \;\hat{=}\; 160\,€ \quad :100 \\ &\cdot 20 \quad\quad 1\,\% \;\hat{=}\; 1{,}60\,€ \quad \cdot 20 \\ &\quad\quad\;\; 20\,\% \;\hat{=}\; 32\,€ \end{aligned}$$

2. Möglichkeit: Lösungsformel

Gegeben: $G = 160\,€$; $p\,\% = 20\,\%$

Gesucht: P

$$P = \frac{G \cdot p}{100} = \frac{160\,€ \cdot 20}{100} = 32\,€$$

Der Rabatt beträgt also 32 €. Dieser muss vom Kaufpreis abgezogen werden.

Berechnung des neuen Preises:
160 € – 32 € = 128 €

Nadine sollte ein weiteres T-Shirt kaufen, da es dadurch billiger als 133 € wird.

Alternative Lösungsmöglichkeit:

Da Nadine 20 % Rabatt bekommen würde, müsste sie 100 % – 20 % = 80 % bezahlen.

Berechnung des neuen Preises:

1. Möglichkeit: Dreisatz

$$\begin{array}{rrcrl} :100 & 100\,\% & \mathrel{\hat{=}} & 160\,€ & :100 \\ & 1\,\% & \mathrel{\hat{=}} & 1{,}60\,€ & \\ \cdot 80 & 80\,\% & \mathrel{\hat{=}} & 128\,€ & \cdot 80 \end{array}$$

2. Möglichkeit: Lösungsformel

Gegeben: G = 160 €; p % = 80 %

Gesucht: P

$$P = \frac{G \cdot p}{100} = \frac{160\,€ \cdot 80}{100} = 128\,€$$

Nadine sollte ein weiteres T-Shirt kaufen, da es dadurch billiger als 133 € wird.

3. Diese Aufgabe ist aus dem Themenbereich Zinsrechnung. Gegeben sind die Kreditsumme K = 12.000 € sowie die Zinsen Z = 120 € für t = 30 Tage („im Monat"). Der gesuchte Jahreszinssatz wird mithilfe der Zinsformel berechnet.

Gegeben: K = 12.000 €; Z = 120 €; t = 30

Gesucht: p %

Berechnung des Jahreszinssatzes p %:

$$Z = \frac{K \cdot p \cdot t}{100 \cdot 360}$$

$$120\,€ = \frac{{}^{120}\cancel{12.000}\,€ \cdot p \cdot \cancel{30}^{\,1}}{{}_{1}\cancel{100} \cdot \cancel{360}_{\,12}} \qquad |\text{kürzen}$$

$$120\,€ = \frac{120\,€ \cdot p}{12} \qquad |\text{kürzen}$$

$$120\,€ = 10\,€ \cdot p \qquad |:10\,€$$

$$p = 12$$

$$\Rightarrow \underline{\underline{p\,\% = 12\,\%}}$$

Der Jahreszinssatz beträgt 12 %.

4. Die Wahrscheinlichkeit eines Ereignisses E berechnet man mit der Formel:

$$P(E) = \frac{\text{Anzahl der für E günstigen Ergebnisse}}{\text{Anzahl aller möglichen Ergebnisse}}$$

Es liegen 10 Karten auf dem Tisch, deren Buchstaben das Wort „MATHEMATIK" bilden (= alle möglichen Ergebnisse). Darunter sind 2 Karten mit dem Buchstaben „T" (= günstige Ergebnisse).

Wahrscheinlichkeit in Prozent
$P(„T") = \frac{\text{Anzahl der Karten mit „T"}}{\text{Anzahl aller Karten}} = \frac{2}{10} = 0{,}2 = \mathbf{20\,\%}$

5. Die gegebenen Zahlen werden berechnet und dann miteinander verglichen:

$2^0 = \mathbf{1}$ $\quad 4^{\frac{1}{2}} = \sqrt{4} = \mathbf{2}$ $\quad \sqrt[3]{27} = \sqrt[3]{3 \cdot 3 \cdot 3} = \sqrt[3]{3^3} = \mathbf{3}$ $\quad 10^{-2} = \frac{1}{10^2} = \frac{1}{100} = \mathbf{0{,}01}$

Die kleinste der angegebenen Zahlen ist somit 10^{-2}.

Lösung: **D**

6. Es werden 2 beliebige Punkte aus der Wertetabelle in die Funktionsgleichungen eingesetzt und überprüft, ob sich wahre Aussagen ergeben.

- Einsetzen von $(x \mid y) = (0 \mid 3)$ liefert:

Funktion A:	Funktion B:	Funktion C:	Funktion D:
$3 \stackrel{?}{=} 2 \cdot 0 + 3$	$3 \stackrel{?}{=} 0^2 + 3$	$3 \stackrel{?}{=} 4 \cdot 0^2$	$3 \stackrel{?}{=} 0 + 5$
$3 = 3$	$3 = 3$	$3 \neq 0$	$3 \neq 5$

  Funktionsgleichungen C und D liefern falsche Aussagen und sind somit *ungeeignet.*

- Einsetzen von $(x \mid y) = (1 \mid 4)$ liefert:

Funktion A:	Funktion B:
$4 \stackrel{?}{=} 2 \cdot 1 + 3$	$4 \stackrel{?}{=} 1^2 + 3$
$4 \neq 5$	$4 = 4$

  Funktionsgleichung A liefert eine falsche Aussage und ist somit *ungeeignet.*

Lösung: **B**

7. Im gleichschenkligen Dreieck EDA sind die beiden Basiswinkel gleich groß. Die Größe des Basiswinkels α kann also mit der Innenwinkelsumme im Dreieck berechnet werden:

$\alpha + \alpha + \delta = 180° \quad \Rightarrow \quad 2\alpha = 180° - \delta$

Da der Punkt E auf der Strecke $\overline{CD}$ liegt, sind α und β Nebenwinkel und ergänzen sich somit zu 180°. Damit kann die Größe des gesuchten Winkels β bestimmt werden.

Berechnung von α:
Im gleichschenkligen Dreieck EDA gilt:
$\alpha = (180° - \delta) : 2 = (180° - 120°) : 2 = 60° : 2 = 30°$

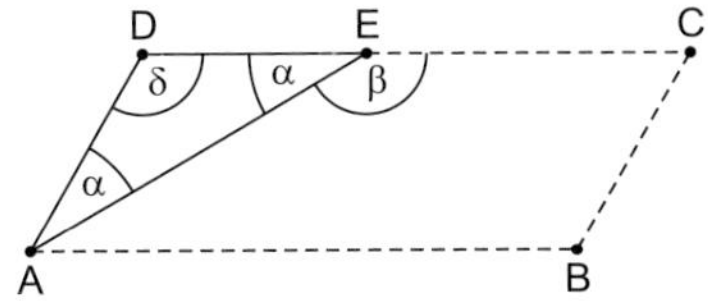

Berechnung von β:
Da α und β Nebenwinkel sind, ergänzen sie sich zu 180°. Damit gilt:
$\beta = 180° - \alpha = 180° - 30° = \underline{\underline{150°}}$

8. Ein Dreieck ist genau dann rechtwinklig, wenn der Satz von Pythagoras gilt. Es wird also überprüft, ob sich durch Einsetzen der gegebenen Größen in den Satz von Pythagoras eine wahre Aussage ergibt. Die 5 m lange Seite wäre dabei als längste Seite die Hypotenuse. Ergibt sich eine wahre Aussage, werden die Wände senkrecht zueinander errichtet.

Überprüfung, ob der Satz von Pythagoras gilt:

$5^2 \stackrel{?}{=} 4^2 + 3^2$

$25 \stackrel{?}{=} 16 + 9$

$25 = 25$

Da der Satz von Pythagoras gilt, werden die Wände rechtwinklig zueinander errichtet.

9. Die zu streichende Fläche entspricht dem Flächeninhalt des Dreiecks DCE. Dieser kann mit der Formel $A = \frac{\text{Grundlinie} \cdot \text{Höhe}}{2}$ berechnet werden. Im Dreieck DCE ist die Grundlinie $|\overline{DC}| = |\overline{AB}| = 8{,}00\ \text{m}$ bekannt. Die zugehörige Höhe erhält man, wenn man von der Gesamthöhe $|\overline{EF}|$ des Schuppens die Höhe der Einfahrt $|\overline{CB}|$ abzieht.

Berechnung der Höhe des Dreiecks DCE:
$|\overline{EG}| = |\overline{EF}| - |\overline{CB}| = 7{,}00\ \text{m} - 4{,}00\ \text{m} = 3{,}00\ \text{m}$

Berechnung der zu streichenden Fläche:

$$A = \frac{|\overline{DC}| \cdot |\overline{EG}|}{2} = \frac{8{,}00\ \text{m} \cdot 3{,}00\ \text{m}}{2} = 4{,}00\ \text{m} \cdot 3{,}00\ \text{m} = \underline{\underline{12\ \text{m}^2}}$$

10. Der Reifen kann als Kreis modelliert werden. Der Durchmesser des Reifens ist etwa $\frac{2}{3}$ so groß wie die Person im Vordergrund. Für die Person kann eine Größe von etwa 1,8 m geschätzt werden.
Der Reifenumfang u wird mit der Formel $u = d \cdot \pi$ berechnet.
Hinweis: Zur Vereinfachung kann bei Schätzaufgaben mit $\pi = 3$ gerechnet werden.

Geschätzte Maße:
Größe der Person: 1,8 m

Reifendurchmesser: $\frac{2}{3} \cdot 1{,}8\ \text{m} = \underline{\underline{1{,}2\ \text{m}}}$

Berechnung des Umfangs eines Reifens:
$u = d \cdot \pi \approx 1{,}2\ \text{m} \cdot 3 = \underline{\underline{3{,}6\ \text{m}}}$

Frau Karls Vermutung ist $\underline{\underline{\text{falsch}}}$. Der Umfang des Reifens ist größer als 2 m.

Hinweis: Je nach Schätzung kann das Ergebnis variieren. Für den Reifendurchmesser wurden Schätzwerte zwischen 1,2 m und 1,8 m akzeptiert.

Lösung – Aufgabenteil B

Aufgabe 1 – Finanzmathematik

1.1 Herr Brandl wollte sein Geld auf Zinseszinsen anlegen. Die Anzahl der Jahre sowie das Start- und Endkapital sind gegeben. Gesucht ist der Zinssatz p %. Um p % ermitteln zu können, muss zunächst der Zinsfaktor q (auf 4 Nachkommastellen genau) mithilfe der Zinseszinsformel berechnet werden.

Gegeben: $K_0 = 12.500$ €; $K_{12} = 17.000$ €; $n = 12$

Gesucht: p %

Berechnung des Zinsfaktors q:

$$K_n = K_0 \cdot q^n$$

$$17.000\text{ €} = 12.500\text{ €} \cdot q^{12} \quad \big|:12.500\text{ €}$$

$$1{,}36 = q^{12} \quad \big|\sqrt[12]{}$$

$$q = 1{,}0260$$

Berechnung des Zinssatzes p %:

$$q = 1 + \frac{p}{100} = 1{,}0260 \quad \Rightarrow \quad \underline{\underline{p\,\% = 2{,}60\,\%}}$$

Die Bank hätte Herrn Brandl einen Zinssatz von 2,60 % anbieten müssen.

1.2 Da die Bank nur einen niedrigeren Zinssatz von p % = 1,25 % zahlen konnte, musste Herr Brandl jährlich nachschüssige Rentenzahlungen leisten, um in 12 Jahren auf ein Guthaben von 17.000 € zu kommen. Es handelt sich also um eine nachschüssige Kapitalmehrung. Die Höhe r einer Rate wird mit der Formel für die kombinierte Zinseszins-/Rentenzahlung mit Kapitalmehrung berechnet.

Gegeben: $K_0 = 12.500$ €; $n = 12$; $K_{12} = 17.000$ €; p % = 1,25 % $\Rightarrow$ $q = 1{,}0125$

Gesucht: r

Berechnung der nachschüssigen Rate r:

$$K_n = K_0 \cdot q^n + r \cdot \frac{q^n - 1}{q - 1}$$

$$17.000\text{ €} = 12.500\text{ €} \cdot 1{,}0125^{12} + r \cdot \frac{1{,}0125^{12} - 1}{1{,}0125 - 1}$$

$$17.000\text{ €} = 14.509{,}43\text{ €} + r \cdot 12{,}86 \quad \big|-14.509{,}43\text{ €}$$

$$2.490{,}57\text{ €} = 12{,}86 \cdot r \quad \big|:12{,}86$$

$$\underline{\underline{r = 193{,}67\text{ €}}}$$

Herr Brandl hätte jährlich nachschüssig 193,67 € einzahlen müssen.

1.3 Herr Brandl legt sein Kapital in Höhe von 17.000 € zu einem Zinssatz von 1,5 % an. Er möchte jährlich vorschüssig so lange 3.000 € abheben, bis das Kapital aufgebraucht, also $K_n' = 0$ € ist. Es handelt sich um eine Kapitalminderung, bei der die Laufzeit n gesucht ist. Diese wird mit der Formel für die kombinierte Zinseszins-/Rentenzahlung mit Kapitalminderung berechnet.

Gegeben: $K_0 = 17.000$ €; $K'_n = 0$ €; $r = 3.000$ € (vorschüssig)

$p\,\% = 1{,}5\,\% \Rightarrow q = 1{,}015$

Gesucht: n

Berechnung der Anzahl n der Jahre:

$$K'_n = K_0 \cdot q^n - r \cdot q \cdot \frac{q^n - 1}{q - 1}$$

$$0\text{ €} = 17.000\text{ €} \cdot 1{,}015^n - 3.000\text{ €} \cdot 1{,}015 \cdot \frac{1{,}015^n - 1}{1{,}015 - 1}$$

$$0\text{ €} = 17.000\text{ €} \cdot 1{,}015^n - 3.045\text{ €} \cdot \frac{1{,}015^n - 1}{0{,}015} \qquad | \cdot 0{,}015$$

$$0\text{ €} = 255\text{ €} \cdot 1{,}015^n - 3.045\text{ €} \cdot (1{,}015^n - 1)$$

Substitution: $x = 1{,}015^n$

$$0\text{ €} = 255\text{ €} \cdot x - 3.045\text{ €} \cdot (x - 1)$$

$$0\text{ €} = 255\text{ €} \cdot x - 3.045\text{ €} \cdot x + 3.045\text{ €} \qquad | -3.045\text{ €}$$

$$-3.045\text{ €} = -2.790\text{ €} \cdot x \qquad | : (-2.790\text{ €})$$

$$x = 1{,}0914$$

Rück-Substitution: $1{,}0914 = 1{,}015^n$

$$1{,}015^n = 1{,}0914 \qquad | \lg$$

$$n \cdot \lg 1{,}015 = \lg 1{,}0914 \qquad | : \lg 1{,}015$$

$$n = \frac{\lg 1{,}0914}{\lg 1{,}015}$$

$$n = 5{,}87$$

Herr Brandl kann seinen Sohn 5 Jahre lang mit den vollen 3.000 € unterstützen.

Alternative Berechnung von n ohne die Substitution:

$$K'_n = K_0 \cdot q^n - r \cdot q \cdot \frac{q^n - 1}{q - 1}$$

$$0\text{ €} = 17.000\text{ €} \cdot 1{,}015^n - 3.000\text{ €} \cdot 1{,}015 \cdot \frac{1{,}015^n - 1}{1{,}015 - 1} \qquad | \cdot 0{,}015$$

$$0\text{ €} = 255\text{ €} \cdot 1{,}015^n - 3.045\text{ €} \cdot (1{,}015^n - 1)$$

$$0\text{ €} = 255\text{ €} \cdot 1{,}015^n - 3.045\text{ €} \cdot 1{,}015^n + 3.045\text{ €} \qquad | -3.045\text{ €}$$

$$-3.045\text{ €} = -2.790\text{ €} \cdot 1{,}015^n \qquad | : (-2.790\text{ €})$$

$$1{,}0914 = 1{,}015^n \qquad | \lg$$

$$\lg 1{,}0914 = n \cdot \lg 1{,}015 \qquad | : \lg 1{,}015$$

$$n = \frac{\lg 1{,}0914}{\lg 1{,}015}$$

$$n = 5{,}87$$

Herr Brandl kann seinen Sohn 5 Jahre lang mit den vollen 3.000 € unterstützen.

1.4 Aus dem Darlehensvertrag geht hervor, dass es sich um Annuitätentilgung handelt (siehe §4). Das bedeutet, dass die Annuität (= Zins + Tilgung) während der gesamten Laufzeit gleich bleibt. Für die Erstellung des Tilgungsplans müssen die Restschuld und die jährlich zu zahlenden Zinsen und Tilgungen berechnet werden. Die Schuld am Ende des Jahres ist gleichzeitig die Schuld zu Beginn des neuen Jahres.

Gegeben: $K_0 = 25.000$ €; $A = 2.000$ €; $p\,\% = 3{,}20\,\%$

Gesucht: Z_1; T_1; S_1; Z_2; T_2; S_2

Berechnung der Zinsen Z_1 im 1. Jahr:

$$Z_1 = K_0 \cdot \frac{p}{100} = 25.000\,€ \cdot \frac{3,20}{100} = 800\,€$$

Berechnung der Tilgung T_1 im 1. Jahr:

$$T_1 = A - Z_1 = 2.000\,€ - 800\,€ = 1.200\,€$$

Berechnung der Restschuld S_1 am Ende des 1. Jahres:

$$S_1 = K_0 - T_1 = 25.000\,€ - 1.200\,€ = 23.800\,€$$

Berechnung der Zinsen Z_2 im 2. Jahr:

$$Z_2 = S_1 \cdot \frac{p}{100} = 23.800\,€ \cdot \frac{3,20}{100} = 761,60\,€$$

Berechnung der Tilgung T_2 im 2. Jahr:

$$T_2 = A - Z_2 = 2.000\,€ - 761,60\,€ = 1.238,40\,€$$

Berechnung der Restschuld S_2 am Ende des 2. Jahres:

$$S_2 = S_1 - T_2 = 23.800\,€ - 1.238,40\,€ = 22.561,60\,€$$

Erstellung des Tilgungsplans:

Jahr	Schuld am Jahresanfang	Zinsen	Tilgung	Annuität	Schuld am Jahresende
1	25.000 €	800 €	1.200 €	2.000 €	23.800 €
2	23.800 €	761,60 €	1.238,40 €	2.000 €	22.561,60 €

1.5 Die Restschuld nach dem 8. Jahr wird mit der Restschuldformel für eine nachschüssige Annuitätentilgung berechnet. Wichtig dabei ist, dass in der Formel n für die Gesamtlaufzeit steht und v das gesuchte Jahr (während der Laufzeit) darstellt.

Gegeben: $K_0 = 25.000$ €; $A = 2.000$ €; $v = 8$; $p\,\% = 3{,}20\,\%$ $\Rightarrow$ $q = 1{,}0320$

Gesucht: K_8

Berechnung der Höhe der Restschuld nach 8 Jahren:

$$K_v = K_0 \cdot q^v - \frac{A \cdot (q^v - 1)}{q - 1}$$

$$K_8 = 25.000\,€ \cdot 1{,}0320^8 - \frac{2.000\,€ \cdot (1{,}0320^8 - 1)}{1{,}0320 - 1}$$

$$\underline{\underline{K_8 = 14.253{,}16\,€}}$$

Nach 8 Jahren beträgt die Restschuld 14.253,16 €.

Aufgabe 2 – Funktionaler Zusammenhang

2.1 *1. Möglichkeit: Betrachtung der Parameter*

Die Normalform einer quadratischen Funktion lautet $y = ax^2 + bx + c$. Die Parameter a, b und c können mithilfe der gegebenen Punkte $A(0|2{,}75)$ und $B(2|4{,}85)$ bestimmt werden.

Normalform einer quadratischen Funktion: $y = ax^2 + bx + c$

Betrachtung der Parameter:

- Parameter a:
  Die Formvariable $a = -0{,}25$ ist gegeben.
- Parameter c:
  Einsetzen von $A(0|2{,}75)$ in die Parabelgleichung $y = -0{,}25x^2 + bx + c$ liefert:
  $2{,}75 = -0{,}25 \cdot 0^2 + b \cdot 0 + c \quad \Rightarrow \quad c = 2{,}75$
- Parameter b:
  Einsetzen von $B(2|4{,}85)$ in die Parabelgleichung $y = -0{,}25x^2 + bx + 2{,}75$ liefert:

$$
\begin{aligned}
4{,}85 &= -0{,}25 \cdot 2^2 + b \cdot 2 + 2{,}75 && |-2{,}75\\
2{,}1 &= -1 + 2b && |+1\\
3{,}1 &= 2b && |:2\\
b &= 1{,}55
\end{aligned}
$$

Die Funktionsgleichung der Flugparabel p_1 lautet: $\underline{\underline{y = -0{,}25x^2 + 1{,}55x + 2{,}75}}$

2. Möglichkeit: Aufstellen eines Gleichungssystems

Zur Berechnung der Parameter b und c werden die Punkte $A(0|2{,}75)$ und $B(2|4{,}85)$ und die Formvariable $a = -0{,}25$ in die Normalform $y = ax^2 + bx + c$ eingesetzt. So erhält man ein Gleichungssystem aus zwei Gleichungen mit den zwei Unbekannten b und c.

Rechenschritte	**Erläuterungen**
$y = ax^2 + bx + c$	Einsetzen von $A(0\|2{,}75)$, $B(2\|4{,}85)$ und $a = -0{,}25$ liefert zwei Gleichungen mit zwei Unbekannten
I $\quad 2{,}75 = -0{,}25 \cdot 0^2 + b \cdot 0 + c$	$A(0\|2{,}75)$ und $a = -0{,}25$ eingesetzt
II $\quad 4{,}85 = -0{,}25 \cdot 2^2 + b \cdot 2 + c$	$B(2\|4{,}85)$ und $a = -0{,}25$ eingesetzt
I $\quad 2{,}75 = c$	
II $\quad 4{,}85 = -1 + 2b + c$	
Berechnung von b:	Einsetzen von $c = 2{,}75$ in Gleichung II
I in II $\quad 4{,}85 = -1 + 2b + 2{,}75 \quad \|-1{,}75$	Auflösen nach b
$3{,}1 = 2b \quad \|:2$	
$b = 1{,}55$	
Funktionsgleichung von p_1:	
$\underline{\underline{y = -0{,}25x^2 + 1{,}55x + 2{,}75}}$	Einsetzen von a, b und c in die Normalform

2.2 Der Korb befindet sich im Punkt $K(6|y_K)$. Um die Höhe des Korbrings y_K zu berechnen, muss der zugehörige Wert $x = 6$ in die Funktionsgleichung $y = -0{,}25x^2 + 1{,}55x + 2{,}75$ eingesetzt werden.

Rechenschritte	Erläuterungen
$y = -0,25x^2 + 1,55x + 2,75$ $y_K = -0,25 \cdot 6^2 + 1,55 \cdot 6 + 2,75$ $y_K = 3,05$	Einsetzen der Koordinate $x = 6$

Der Korbring befindet sich in 3,05 m Höhe über dem Boden.

2.3 Der höchste Punkt der optimalen Flugkurve ist der Scheitelpunkt der Parabel p_1. Es gibt mehrere Möglichkeiten, den Scheitelpunkt der Parabel zu berechnen.

1. Möglichkeit: Scheitelpunktformel

Rechenschritte	Erläuterungen
$y = -0,25x^2 + 1,55x + 2,75$	$a = -0,25;\ b = 1,55;\ c = 2,75$
Berechnung von x_S:	
$x_S = -\frac{b}{2a} = -\frac{1,55}{2 \cdot (-0,25)} = 3,1$	Berechnung von x_S mithilfe der Scheitelpunktformel
Berechnung von y_S:	
$y_S = c - \frac{b^2}{4a} = 2,75 - \frac{1,55^2}{4 \cdot (-0,25)} = 5,15$	Berechnung von y_S mithilfe der Scheitelpunktformel

Der höchste Punkt der optimalen Flugkurve ist der Scheitelpunkt S(3,1 | 5,15).

2. Möglichkeit: Berechnung der Scheitelform

Rechenschritte	Erläuterungen
$y = -0,25x^2 + 1,55x + 2,75$	Ausklammern des Formfaktors $a = -0,25$
$y = -0,25 \cdot (x^2 - 6,2x - 11)$	Quadratische Ergänzung
$y = -0,25 \cdot (x^2 - 6,2x + 3,1^2 - 3,1^2 - 11)$	
$y = -0,25 \cdot [(x - 3,1)^2 - 20,61]$	Ausmultiplizieren der eckigen Klammer
$y = -0,25(x - 3,1)^2 + 5,15$	Scheitelform der Parabelgleichung Scheitelpunktkoordinaten: $x_S = 3,1$ und $y_S = 5,15$

Der höchste Punkt der optimalen Flugkurve ist der Scheitelpunkt S(3,1 | 5,15).

2.4 Die Sitzbank g kann als eine lineare Funktion dargestellt werden. Es sind also zwei Punkte P(5 | 0) und Q(7 | 1,5) der Geraden g gegeben, deren Funktionsgleichung zu berechnen ist. Dazu werden 2 Lösungswege aufgezeigt.

1. Möglichkeit: Lösung mithilfe der Zwei-Punkte-Form

Gegeben sind die Punkte $P(5 \mid 0) = P(x_1 \mid y_1)$ und $Q(7 \mid 1,5) = Q(x_2 \mid y_2)$. x_1 steht dabei für den x-Wert des 1. Punktes und y_1 für den y-Wert des 1. Punktes. Analog beschreibt x_2 den x-Wert des 2. Punktes und y_2 den y-Wert des 2. Punktes. Die Variablen x und y sind die Parameter der Funktionsgleichung.

Rechenschritte	Erläuterungen
$\frac{y - y_1}{x - x_1} = \frac{y_2 \quad y_1}{x_2 - x_1}$	Zwei-Punkte-Form der Geradengleichung Einsetzen von: $x_1 = 5$; $y_1 = 0$; $x_2 = 7$; $y_2 = 1{,}5$
$\frac{y - 0}{x - 5} = \frac{1{,}5 - 0}{7 - 5}$	
$\frac{y}{x - 5} = \frac{1{,}5}{2} \quad \vert \cdot (x - 5)$	Auflösen nach y
$y = 0{,}75 \cdot (x - 5)$	
$y = 0{,}75x - 3{,}75$	

Die Funktionsgleichung der Geraden g lautet: $\underline{\underline{y = 0{,}75x - 3{,}75}}$

2. Möglichkeit: Lösung über ein Gleichungssystem

Rechenschritte	Erläuterungen
$y = mx + t$	Einsetzen der Punkte P(5 | 0) und Q(7 | 1,5) liefert 2 Gleichungen mit 2 Unbekannten
I $\quad 0 = 5m + t \quad \vert \cdot (-1)$	P(5 | 0) eingesetzt
II $\quad 1{,}5 = 7m + t$	Q(7 | 1,5) eingesetzt
I' $\quad 0 = -5m - t$	
II $\quad 1{,}5 = 7m + t$	
Berechnung von m:	
I'+ II $\quad 1{,}5 = 2m \quad \vert : 2$	Addition der Gleichungen I' und II und Auflösen nach m
$m = 0{,}75$	
Berechnung von t:	
$y = 0{,}75x + t$	Einsetzen von P(5 | 0)
$0 = 0{,}75 \cdot 5 + t \quad \vert -3{,}75$	Auflösen nach t
$t = -3{,}75$	
Funktionsgleichung von g: $\underline{\underline{y = 0{,}75x - 3{,}75}}$	Einsetzen von m und t in die Geradengleichung

2.5 Da der Ball nach einem Treffer im Korb im Punkt K(6 | 3,05) senkrecht nach unten fällt, trifft er im Punkt C bei $x = 6$ auf die Bank g. Die gesuchte Fallhöhe f ist die Differenz aus Korbhöhe und der y-Koordinate von C. Es muss also zunächst die y-Koordinate des Auftreffpunkts C berechnet werden. Dafür wird $x = 6$ in $y = 0{,}75x - 3{,}75$ eingesetzt.

Berechnung der y-Koordinate des Punktes C an der Stelle x = 6:

Rechenschritte	Erläuterungen
$y_C = 0{,}75 \cdot 6 - 3{,}75$	Einsetzen der Koordinate $x = 6$
$y_C = 0{,}75$	

Berechnung der Fallhöhe f:

$f = y_K - y_C = 3{,}05 - 0{,}75 = 2{,}30$

Die Fallhöhe f beträgt $\underline{\underline{2{,}30\text{ m}}}$.

2.6 Der Ball springt erstmals an der linken Nullstelle der Flugparabel p_2 auf. Da Dennis im Nullpunkt steht, entspricht der Abstand zu Dennis dem Wert der linken Nullstelle.

Bestimmung der Nullstellen der Parabel p_2:

Rechenschritte	**Erläuterungen**
$y = -0{,}5x^2 + 4{,}75x - 9{,}75$	Nullsetzen der Funktionsgleichung von p_2
$0 = -0{,}5x^2 + 4{,}75x - 9{,}75$	$a = -0{,}5$; $b = 4{,}75$; $c = -9{,}75$
Lösungsformel:	
$x_{1/2} = \frac{-b \pm \sqrt{b^2 - 4ac}}{2a}$	
$x_{1/2} = \frac{-4{,}75 \pm \sqrt{4{,}75^2 - 4 \cdot (-0{,}5) \cdot (-9{,}75)}}{2 \cdot (-0{,}5)}$	
$x_{1/2} = \frac{-4{,}75 \pm \sqrt{3{,}0625}}{-1}$	
$x_{1/2} = 4{,}75 \pm 1{,}75$	
$x_1 = 3$; $(x_2 = 6{,}5)$	Es wird nur die linke Nullstelle benötigt.

Der Ball springt das erste Mal $\underline{\underline{3\text{ m}}}$ vor Dennis auf den Boden.

Aufgabe 3 – Trigonometrie

3.1 Die Länge der Strecke $\overline{CA}$ wird im rechtwinkligen Teildreieck ABC des Rechtecks ABCD mit dem Satz von Pythagoras berechnet.

Berechnung von $|\overline{CA}|$ im rechtwinkligen Dreieck ABC mit dem Satz von Pythagoras:

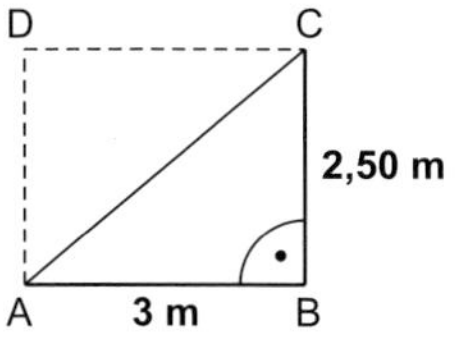

$|\overline{CA}|^2 = |\overline{AB}|^2 + |\overline{BC}|^2$

$|\overline{CA}|^2 = (3\text{ m})^2 + (2{,}50\text{ m})^2 \quad |\sqrt{\ }$

$|\overline{CA}| = \sqrt{(3\text{ m})^2 + (2{,}50\text{ m})^2}$

$|\overline{CA}| = \sqrt{15{,}25\text{ m}^2}$

$|\overline{CA}| = 3{,}91\text{ m}$

$\Rightarrow \underline{\underline{|\overline{AC}| = |\overline{CA}| = 3{,}91\text{ m}}}$

3.2 Der Winkel α kann mit dem Tangens, Sinus oder Kosinus im rechtwinkligen Dreieck ABC berechnet werden.

Berechnung von α mit dem Tangens im rechtwinkligen Dreieck ABC:

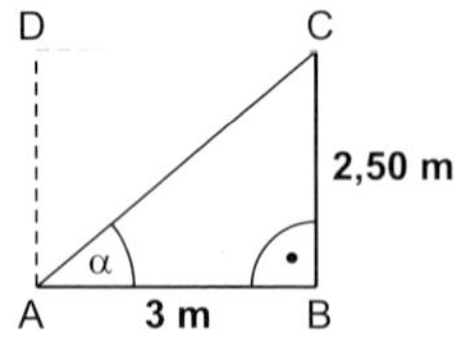

$$\tan\alpha = \frac{\text{Gegenkathete}}{\text{Ankathete}} = \frac{|\overline{BC}|}{|\overline{AB}|} = \frac{2{,}50\ \text{m}}{3\ \text{m}} = \frac{5}{6}$$

$$\underline{\underline{\alpha = 39{,}81^\circ}}$$

Alternative Berechnung mit dem Sinus:

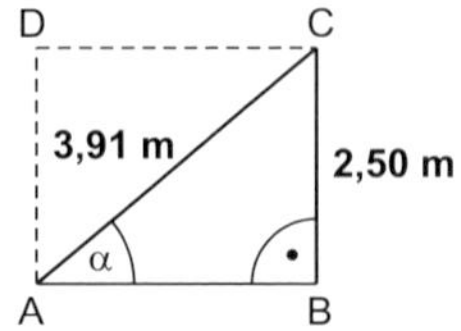

$$\sin\alpha = \frac{\text{Gegenkathete}}{\text{Hypotenuse}} = \frac{|\overline{BC}|}{|\overline{CA}|} = \frac{2{,}50\ \text{m}}{3{,}91\ \text{m}} = 0{,}63938\ldots$$

$$\underline{\underline{\alpha = 39{,}75^\circ}}$$

Alternative Berechnung mit dem Kosinus:

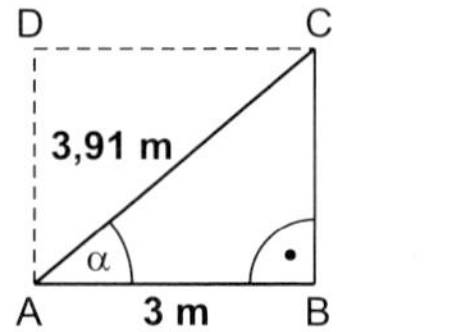

$$\cos\alpha = \frac{\text{Ankathete}}{\text{Hypotenuse}} = \frac{|\overline{AB}|}{|\overline{CA}|} = \frac{3\ \text{m}}{3{,}91\ \text{m}} = 0{,}76726\ldots$$

$$\underline{\underline{\alpha = 39{,}89^\circ}}$$

Hinweis: Zu den Abweichungen im Ergebnis kommt es, weil für die Länge der Hypotenuse mit einem gerundeten Wert gerechnet wurde. Der Lösungsweg über den Tangens liefert das exakteste Ergebnis, das mit dem angegebenen Wert übereinstimmt.

3.3 Da das Viereck ABCD ein Rechteck ist, sind die Dreiecke ABE und DEC kongruent und flächengleich. Der Flächeninhalt des Dreiecks DEC wird mit der Formel $A = \frac{1}{2} \cdot a \cdot b \cdot \sin\gamma$ berechnet. Dabei wird der verwendete Winkel von den verwendeten Seiten eingeschlossen. Alternativ kann der Flächeninhalt mit der Formel $A = \frac{\text{Grundlinie} \cdot \text{Höhe}}{2}$ berechnet werden.

Berechnung der Größe der Werbefläche:

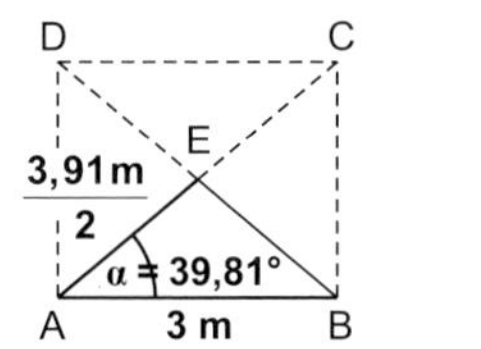

$$A_{DEC} = A_{ABE} = \frac{1}{2} \cdot |\overline{AB}| \cdot \frac{|\overline{AC}|}{2} \cdot \sin\alpha$$

$$A_{DEC} = \frac{1}{2} \cdot 3\ \text{m} \cdot \frac{3{,}91\ \text{m}}{2} \cdot \sin 39{,}81^\circ$$

$$\underline{\underline{A_{DEC} = 1{,}88\ \text{m}^2}}$$

Alternative Berechnung:

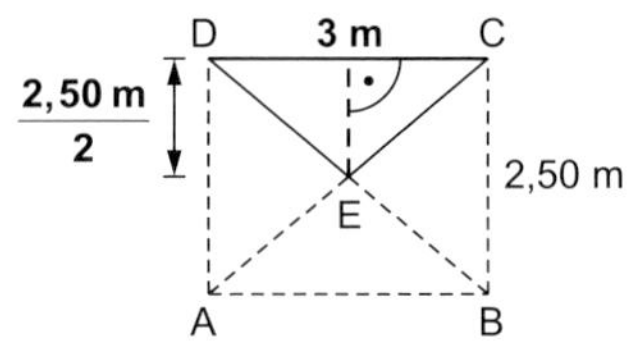

$$A_{DEC} = \frac{\text{Grundlinie} \cdot \text{Höhe}}{2}$$

$$A_{DEC} = \frac{|\overline{AB}| \cdot \frac{|\overline{BC}|}{2}}{2}$$

$$A_{DEC} = \frac{3\ \text{m} \cdot \frac{2{,}50\ \text{m}}{2}}{2} = \underline{\underline{1{,}88\ \text{m}^2}}$$

3.4 Im allgemeinen Dreieck LFD sind zwei Winkel und eine Seitenlänge bekannt. Die Länge des Abspannseils kann mit dem Sinussatz berechnet werden.

Berechnung von $|\overline{FD}|$:

$|\overline{FD}| = |\overline{FA}| + |\overline{AD}| = 15\text{ cm} + 2{,}50\text{ m} = 0{,}15\text{ m} + 2{,}50\text{ m} = 2{,}65\text{ m}$

Berechnung von $|\overline{DL}|$ mit dem Sinussatz im allgemeinen Dreieck LFD:

$$\frac{|\overline{DL}|}{\sin\gamma} = \frac{|\overline{FD}|}{\sin\beta}$$

$$\frac{|\overline{DL}|}{\sin 87°} = \frac{2{,}65\text{ m}}{\sin 65°} \qquad |\cdot\sin 87°$$

$$|\overline{DL}| = \frac{2{,}65\text{ m}\cdot\sin 87°}{\sin 65°}$$

$$|\overline{DL}| = 2{,}92\text{ m}$$

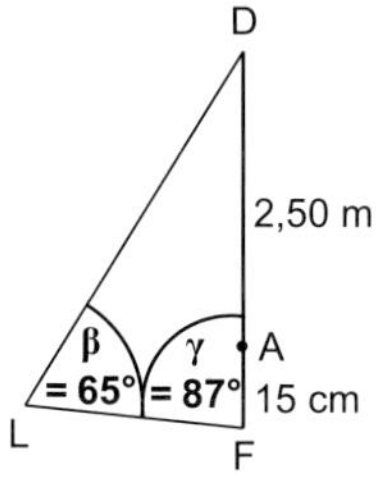

3.5 Im allgemeinen Dreieck GHJ sind die Längen der Seiten $\overline{JG}$ und $\overline{GH}$ bekannt. Da die Geraden DF und JG parallel sind, sind der Stufenwinkel von γ und $\gamma' = \sphericalangle HGJ$ Nebenwinkel und somit gleich groß. γ und γ' ergänzen sich also zu 180°. Nach der Berechnung von γ' sind im allgemeinen Dreieck GHJ somit $|\overline{JG}|$ und $|\overline{GH}|$ sowie der eingeschlossene Winkel γ' bekannt. Die Länge des Seils $\overline{HJ}$ wird mit dem Kosinussatz berechnet.

Berechnung von $|\overline{JG}|$:

$|\overline{JG}| = |\overline{JK}| + |\overline{KG}|$

$|\overline{JG}| = 2{,}50\text{ m} + 62\text{ cm}$

$|\overline{JG}| = 2{,}50\text{ m} + 0{,}62\text{ m}$

$|\overline{JG}| = 3{,}12\text{ m}$

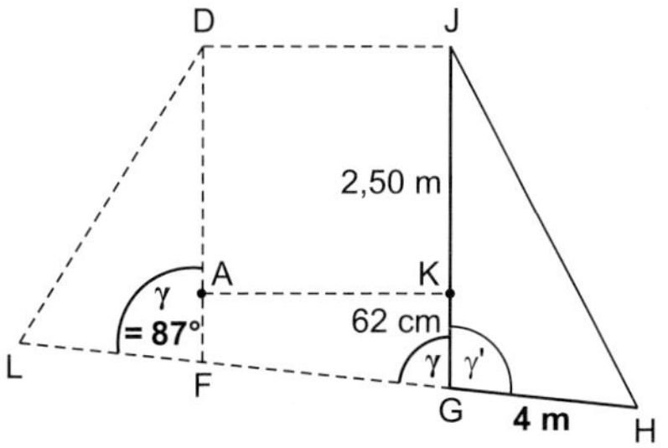

Berechnung von $\gamma' = \sphericalangle HGJ$:
Der Stufenwinkel von γ und γ' sind Nebenwinkel. Somit gilt:
$\gamma' = 180° - \gamma = 180° - 87° = 93°$

Berechnung von $|\overline{HJ}|$ im allgemeinen Dreieck GHJ mit dem Kosinussatz:

$$|\overline{HJ}|^2 = |\overline{JG}|^2 + |\overline{GH}|^2 - 2\cdot|\overline{JG}|\cdot|\overline{GH}|\cdot\cos\gamma' \qquad |\sqrt{\ }$$

$$|\overline{HJ}| = \sqrt{(3{,}12\text{ m})^2 + (4\text{ m})^2 - 2\cdot 3{,}12\text{ m}\cdot 4\text{ m}\cdot\cos 93°}$$

$$|\overline{HJ}| = \sqrt{27{,}04\text{ m}^2}$$

$$|\overline{HJ}| = 5{,}2\text{ m}$$

Aufgabe 4 – Daten und Zufall

4.1 Im Jahr 2016 wurde auf dem deutschen Musikmarkt ein Gesamtumsatz von 1,58 Milliarden Euro (=1.580 Millionen Euro) erzielt. Laut Säulendiagramm entfielen davon 384 Mio. Euro auf Streaming-Abos. Gesucht ist der prozentuale Anteil der Streaming-Abos (relative Häufigkeit). Dieser kann auch mit dem Dreisatz oder der Lösungsformel berechnet werden.

Berechnung der relativen Häufigkeit:

$$h = \frac{\text{Umsatz mit Streaming-Abos 2016}}{\text{Gesamtumsatz 2016}} = \frac{384 \text{ Mio. €}}{1.580 \text{ Mio. €}} = 0,2430 = \underline{\underline{24,30\ \%}}$$

Alternative Lösungsmöglichkeiten:

Mit dem Dreisatz:

$$\begin{array}{rrcll} :1.580 & 1.580 \text{ Mio. €} & \hat{=} & 100\ \% & :1.580 \\ \cdot 384 & 1 \text{ Mio. €} & \hat{=} & \frac{100}{1.580}\ \% & \cdot 384 \\ & 384 \text{ Mio. €} & \hat{=} & \underline{\underline{24,30\ \%}} & \end{array}$$

Mit der Lösungsformel:

Gegeben: $G = 1.580$ Mio. €
$P = 384$ Mio. €

Gesucht: p %

$$p = \frac{P \cdot 100}{G}$$

$$p = \frac{384 \text{ Mio. €} \cdot 100}{1.580 \text{ Mio. €}}$$

$$p = 24,30 \quad \Rightarrow \quad \underline{\underline{p\ \% = 24,30\ \%}}$$

4.2 Im Jahr 2016 gab es weltweit 100,4 Mio. Musikstreaming-Abonnenten. Laut Kreisdiagramm nutzten davon 43 % Spotify (relative Häufigkeit). Gesucht ist die Anzahl der Spotify-Abonnenten im Jahr 2016 (absolute Häufigkeit). Diese kann auch mit dem Dreisatz oder der Lösungsformel berechnet werden.

Berechnung der absoluten Häufigkeit:

$$h_{\text{Spotify}} = \frac{\text{Anzahl der Spotify-Abonnenten 2016}}{\text{Anzahl aller Streaming-Abonnenten 2016}}$$

$$0,43 = \frac{H_{\text{Spotify}}}{100,4 \text{ Mio.}} \qquad | \cdot 100,4 \text{ Mio.}$$

$$H_{\text{Spotify}} = 0,43 \cdot 100,4 \text{ Mio.}$$

$$\underline{\underline{H_{\text{Spotify}} = 43,172 \text{ Mio.}}}$$

Alternative Lösungsmöglichkeiten:

Mit dem Dreisatz:

$$\begin{array}{rrcll} :100 & 100\ \% & \hat{=} & 100,4 \text{ Mio.} & :100 \\ \cdot 43 & 1\ \% & \hat{=} & 1,004 \text{ Mio.} & \cdot 43 \\ & 43\ \% & \hat{=} & \underline{\underline{43,172 \text{ Mio.}}} & \end{array}$$

Mit der Lösungsformel:

Gegeben: $G = 100,4$ Mio. €
$p\ \% = 43\ \%$

Gesucht: P

$$P = \frac{G \cdot p}{100}$$

$$P = \frac{100,4 \text{ Mio.} \cdot 43}{100}$$

$$\underline{\underline{P = 43,172 \text{ Mio.}}}$$

4.3 **Berechnung der durchschnittlichen Ausgaben (arithmetisches Mittel) $\overline{x}$:**

Die einzelnen Werte werden addiert und das Ergebnis durch die Anzahl der Werte geteilt.

$$\overline{x} = \frac{2\,€ + 5\,€ + 14\,€ + 4\,€ + 5\,€ + 9\,€ + 20\,€ + 30\,€ + 15\,€ + 8\,€}{10} = \frac{112\,€}{10} = \underline{\underline{11{,}20\,€}}$$

Berechnung des Medians x_{med}:

Zunächst werden die Werte der Größe nach geordnet. Da eine gerade Anzahl an Daten vorliegt, ist der Median das arithmetische Mittel der beiden in der Mitte liegenden Werte.

Der Größe nach geordnete Datenmenge:

2 € 4 € 5 € 5 € **8 €** **9 €** 14 € 15 € 20 € 30 €

$$x_{med} = \frac{8\,€ + 9\,€}{2} = \underline{\underline{8{,}5\,€}}$$

Berechnung der Spannweite R:

Die Spannweite ist die Differenz aus größtem und kleinstem Wert der Datenmenge.

$$R = x_{max} - x_{min} = 30\,€ - 2\,€ = \underline{\underline{28\,€}}$$

4.4 Für die Übergangswahrscheinlichkeiten des Baumdiagramms gilt:

- Im Einleitungstext steht, dass 78 % (= 0,78) der Internetnutzer Streaming-Dienste verwenden. Somit nutzen 100 % – 78 % = 22 % (= 0,22) keine Streaming-Dienste.
  Hinweis: Diese Werte kann man auch der linken Grafik des Zusatzblattes entnehmen.
- Der rechten Grafik des Zusatzblattes kann man entnehmen, dass 63 % (= 0,63) Gratisdienste nutzen. Somit bezahlen 100 % – 63 % = 37 % (= 0,37) für Streaming-Dienste.
- Da die Summe der Wahrscheinlichkeiten auf den Ästen, die von einem Verzweigungspunkt ausgehen, 1 ergeben muss, gilt für die Wahrscheinlichkeit für User von Streaming-Diensten, die kostenpflichtiges Audio & Video nutzen: $P = 1 - (0{,}35 + 0{,}57) = 0{,}08$

Baumdiagramm:

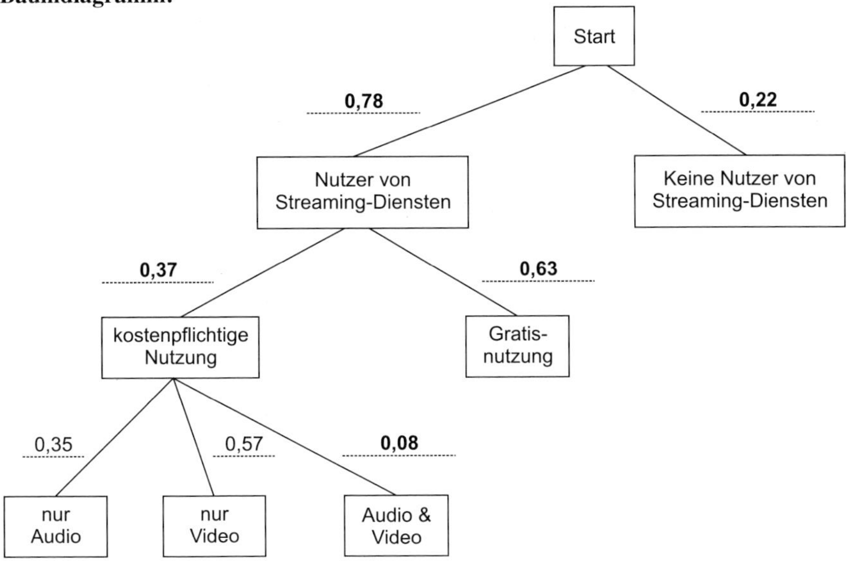

4.5 Gesucht ist die Wahrscheinlichkeit dafür, dass ein User Streaming-Dienste gratis nutzt. Zur Berechnung der Wahrscheinlichkeit muss man entsprechend der Produktregel dem mittleren Pfad folgen und die Wahrscheinlichkeiten entlang des Pfads multiplizieren.

$P(E_1) = P(\text{Nutzer von Streaming-Diensten; Gratisnutzung})$

$P(E_1) = 0{,}78 \cdot 0{,}63 = 0{,}4914 = \underline{\underline{49{,}14\ \%}}$

4.6 Gesucht ist die Wahrscheinlichkeit dafür, dass ein User kostenpflichtiges Videostreaming nutzt. Dafur gibt es die beiden Möglichkeiten, dass der User kostenpflichtig nur Video oder kostenpflichtig Video & Audio nutzt. Die einzelnen Wahrscheinlichkeiten werden mithilfe der Produktregel berechnet und dann aufsummiert.

$P(E_2) = P(\text{Nutzer von Streaming-Diensten; kostenpflichtige Nutzung; nur Video})$

$\quad + P(\text{Nutzer von Streaming-Diensten; kostenpflichtige Nutzung; Audio \& Video})$

$P(E_2) = 0{,}78 \cdot 0{,}37 \cdot 0{,}57 + 0{,}78 \cdot 0{,}37 \cdot 0{,}08$

$P(E_2) = 0{,}18759$

$P(E_2) = \underline{\underline{18{,}76\ \%}}$

Aufgabe 5 – Raum und Form

5.1 Um die beiden Volumina miteinander vergleichen zu können, muss zunächst das Volumen des Halbkugelgrills mithilfe der Formel $V_{Halbkugel} = \frac{1}{2} \cdot \frac{4}{3} \cdot r^3 \cdot \pi$ berechnet werden.
Es gilt: $1\ dm^3 = 1\ \ell$

Radius des Halbkugelgrills:
$d = 36\ cm \quad \Rightarrow \quad r = 0{,}5 \cdot d = 0{,}5 \cdot 36\ cm = 18\ cm$

Volumen des Halbkugelgrills:

$$V_{Halbkugel} = \frac{1}{2} \cdot \frac{4}{3} \cdot r^3 \cdot \pi = \frac{1}{2} \cdot \frac{4}{3} \cdot (18\ cm)^3 \cdot \pi = 12.214{,}51\ cm^3 = 12{,}21\ dm^3 = 12{,}21\ \ell$$

Der Halbkugelgrill besitzt mit 12,21 ℓ ein geringeres Volumen als der Kegelgrill mit 19 ℓ.

5.2 Die Höhe des Kegelgrills wird mithilfe der Volumenformel $V_{Kegel} = \frac{1}{3} \cdot r^2 \cdot \pi \cdot h$ berechnet.
Es gilt: $19\ \ell = 19\ dm^3 = 19.000\ cm^3$

Berechnung der Höhe h des Kegelgrills:

$$V_{Kegel} = \frac{1}{3} \cdot r^2 \cdot \pi \cdot h$$

$$19.000\ cm^3 = \frac{1}{3} \cdot (18\ cm)^2 \cdot \pi \cdot h$$

$$19.000\ cm^3 = 108\ cm^2 \cdot \pi \cdot h \qquad |:(108\ cm^2 \cdot \pi)$$

$$h = \frac{19.000\ cm^3}{108\ cm^2 \cdot \pi}$$

$$\underline{\underline{h = 56\ cm}}$$

5.3 Die Fläche, die lackiert werden muss, entspricht der Mantelfläche des Kegels. Um diese berechnen zu können, muss zunächst die Seitenlinie s mit dem Satz von Pythagoras berechnet werden. Dann kennt man alle nötigen Größen, um mit der Formel $M = r \cdot s \cdot \pi$ die Mantelfläche des Kegels zu berechnen. Es gilt: $1\ m^2 = 100\ dm^2 = 10.000\ cm^2$
Achtung: Das Ergebnis ist auf m^2 zu runden.

Berechnung der Seitenlinie s mit dem Satz von Pythagoras:

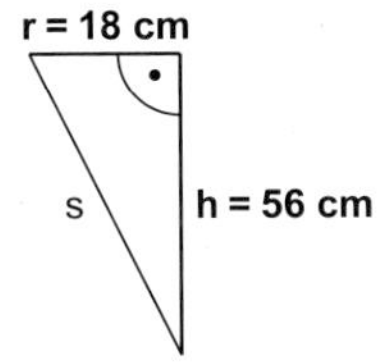

$$s^2 = r^2 + h^2$$

$$s^2 = (18\ cm)^2 + (56\ cm)^2 \quad |\sqrt{\ }$$

$$s = \sqrt{(18\ cm)^2 + (56\ cm)^2}$$

$$s = \sqrt{3.460\ cm^2}$$

$$s = 58{,}82\ cm$$

Berechnung der Mantelfläche des Kegels:

$$M = r \cdot s \cdot \pi$$

$$M = 18\ cm \cdot 58{,}82\ cm \cdot \pi$$

$$M = 3.326{,}19\ cm^2$$

$$\underline{\underline{M = 0{,}33\ m^2}}$$

5.4 Für die Berechnung des gesuchten Durchmessers d' wird zunächst der Radius r' des unteren Rosts mithilfe des Strahlensatzes berechnet.

Berechnung des Radius r' mithilfe des Strahlensatzes:

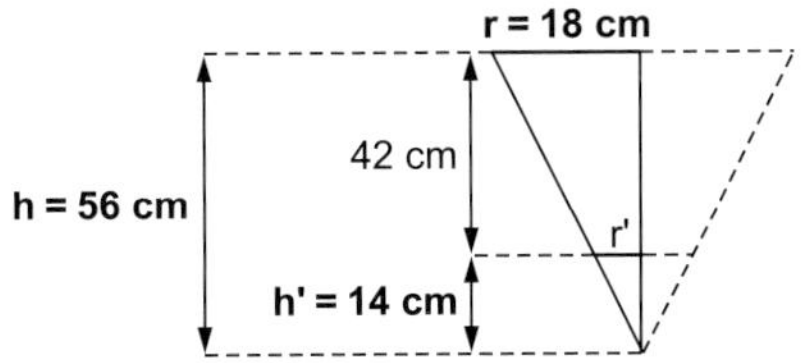

$$\frac{r'}{r} = \frac{h'}{h}$$

$$\frac{r'}{18\ cm} = \frac{14\ cm}{56\ cm} \quad |\cdot 18\ cm$$

$$r' = \frac{14\ cm \cdot 18\ cm}{56\ cm}$$

$$r' = 4{,}5\ cm$$

Berechnung des Durchmessers d':

$$d' = 2 \cdot r' = 2 \cdot 4{,}5\ cm = \underline{\underline{9\ cm}}$$

5.5 Das Zeltdach hat die Form einer quadratischen Pyramide. Die Gesamtfläche für den Stoff entspricht der Mantelfläche der Pyramide. Zunächst wird die Höhe h_P der Pyramide berechnet, indem man von der Gesamthöhe (3,5 m) die Länge der Stützen $f = 2{,}5$ m abzieht. Die Mantelfläche der Pyramide besteht aus 4 kongruenten gleichschenkligen Dreiecken. Um den Flächeninhalt eines solchen Dreiecks berechnen zu können, muss zunächst mit dem Satz von Pythagoras die Seitenhöhe h_s berechnet werden. Dann kann der Flächeninhalt eines Dreiecks mit der Formel $A = \frac{\text{Grundlinie} \cdot \text{Höhe}}{2}$ berechnet werden.
Hinweis: Auch wenn es nicht explizit angegeben ist, muss für die Lösung davon ausgegangen werden, dass die Grundfläche der Pyramide ein Quadrat und keine Raute ist.

Berechnung der Höhe h_p der Pyramide:

$h_p = 3{,}5\text{ m} - f$

$h_p = 3{,}5\text{ m} - 2{,}5\text{ m}$

$h_p = 1\text{ m}$

Berechnung der Höhe h_s mit dem Satz von Pythagoras:

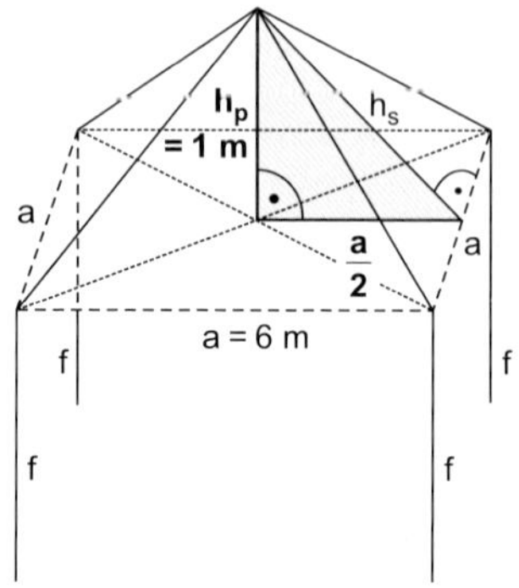

$$h_s{}^2 = h_p{}^2 + \left(\frac{a}{2}\right)^2$$

$$h_s{}^2 = (1\text{ m})^2 + \left(\frac{6\text{ m}}{2}\right)^2 \qquad |\sqrt{}$$

$$h_s = \sqrt{(1\text{ m})^2 + \left(\frac{6\text{ m}}{2}\right)^2}$$

$$h_s = \sqrt{10\text{ m}^2}$$

$$h_s = 3{,}16\text{ m}$$

Berechnung der Mantelfläche:

$$M = 4 \cdot A_\Delta$$

$$M = 4 \cdot \frac{a \cdot h_s}{2}$$

$$M = 4 \cdot \frac{6\text{ m} \cdot 3{,}16\text{ m}}{2}$$

$$\underline{\underline{M = 37{,}92\text{ m}^2}}$$

Abschlussprüfung 2019 an drei- und vierstufigen Wirtschaftsschulen
Mathematik – Aufgabenteil A

Aufgaben ohne Benutzung des Taschenrechners

1. Aus dem abgebildeten Holzwürfel mit der Kantenlänge 3 dm wurden acht Würfel mit der Kantenlänge 1 dm herausgeschnitten. Welches Volumen hat der Restkörper?

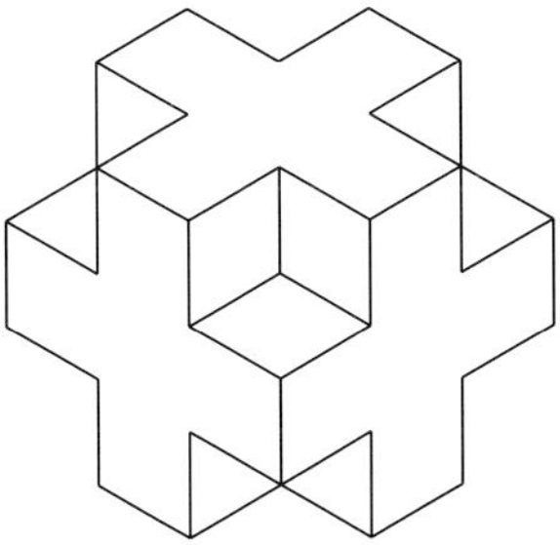

2

2. Gegeben sind die Punkte A(1 | 3) und B (–1 | –1) sowie die Funktionen $y_1 = -2x + 1$ und $y_2 = x^2 - 3x - 5$.
Sind folgende Behauptungen wahr (w) oder falsch (f)?
Ergänzen Sie die Tabelle und begründen Sie rechnerisch Ihre Entscheidung. 2

$A \in y_1$	$B \in y_2$
☐	☐

3. Herr Schneider benötigt täglich eine Stunde mit dem Auto zu seiner Arbeitsstelle.
Wegen einer Baustelle verlängert sich seine Fahrzeit um 15 %.
Wie viele Minuten ist Herr Schneider dadurch länger mit dem Auto unterwegs? 1

A	B	C	D	Lösung
0,1 h	9 min	69 min	6 min	

4. Lässt man ein Rechteck um eine Körperachse rotieren, so entsteht ein …

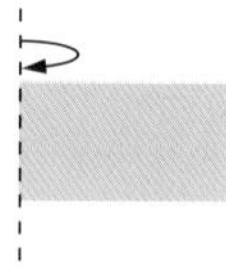

A	B	C	D	Lösung
Quader	Kegel	Würfel	Zylinder	

1

5. Geben Sie an, welche Potenz sich bei folgender Multiplikation ergibt: $5^3 \cdot 5^6$

A	B	C	D	Lösung
5^{18}	5^{-3}	5^9	5^3	

1

6. 

Frank hat von seinem neuen Vermieter einen Schlüsselbund mit drei Schlüsseln erhalten.
Nur einer von ihnen sperrt die neue Wohnung auf. Er probiert die Schlüssel in zufälliger Reihenfolge.
Tragen Sie die fehlenden Übergangswahrscheinlichkeiten in das Baumdiagramm ein.
Entscheiden Sie, wie groß die Wahrscheinlichkeit ist, dass erst der letzte Schlüssel passt.

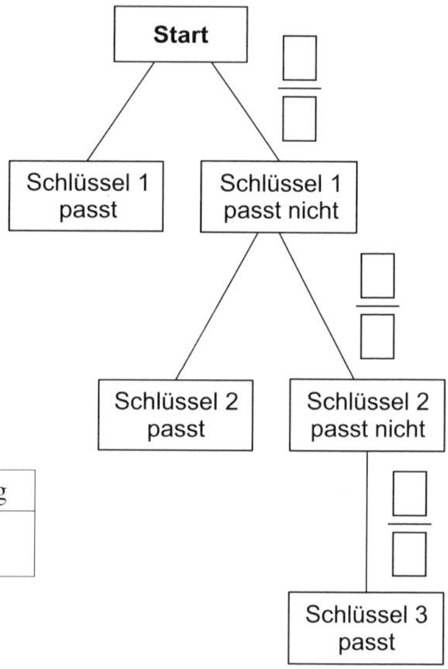

A	B	C	Lösung
$\frac{4}{9}$	$\frac{1}{3}$	$\frac{1}{4}$	

2

7. Petra und Jürgen haben eine Fahrradtour von Passau nach Wien begonnen. Die Längen ihrer fünf Tagestouren sind im nebenstehenden Diagramm dargestellt.
Ermitteln Sie nachvollziehbar, wie viele Kilometer Petra und Jürgen durchschnittlich pro Tag gefahren sind.

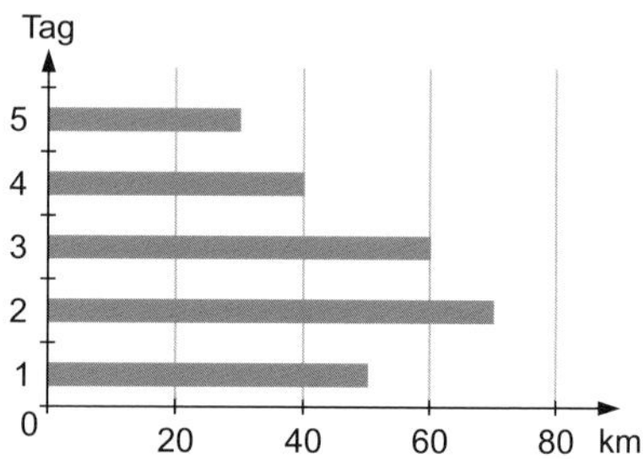

2

8. Am Sporttag der 10. Klassen der Wirtschaftsschule sollten sich die Schüler jeweils für genau eine Sportart entscheiden und diese in die ausgehängte Liste eintragen.
Die Eintragung ergab folgende Verteilung über die Sportarten:
Volleyball (30 %), Badminton (45 %), Yoga (? %)

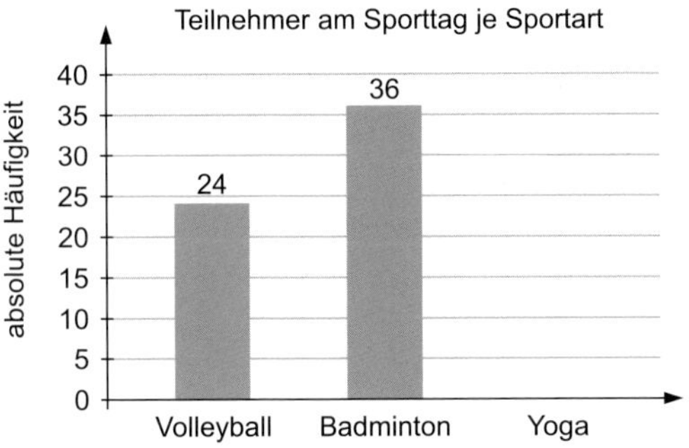

Berechnen Sie die Teilnehmerzahl bei Yoga und ergänzen Sie das oben dargestellte Diagramm um die fehlende Säule „Yoga". 2

9. Pia hat versucht die folgende Gleichung zu lösen. Leider ist ihr dabei ein Rechenfehler unterlaufen.
Kreisen Sie den Fehler ein und lösen Sie die Gleichung rechts daneben richtig. 2

$x \cdot (x-8) = (3-x)^2$

$x^2 - 8x = 9 - 9x + x^2$

$-8x = 9 - 9x$

$x = 9$

$x \cdot (x-8) = (3-x)^2$

15

Abschlussprüfung 2019 an drei- und vierstufigen Wirtschaftsschulen
Mathematik – Aufgabenteil B

Aufgabe 1 – Finanzmathematik

Zur Geburt seines Sohnes Luca am 01.01.2001 hat Herr Abel 3.000,00 € auf ein Konto seiner Hausbank angelegt. Des Weiteren überweist er zukünftig jeweils am Jahresende eine bestimmte Summe auf dieses Konto. Am Ende des Jahres 2001 erhielt Herr Abel einen Kontoauszug (siehe Anlage Seite 2019-5) von seiner Hausbank.

1.1 Berechnen Sie, über wie viel Geld Luca zu seinem 18. Geburtstag verfügen kann. 2

Luca möchte das angesparte Kapital in Höhe von 33.331,84 € zunächst auf dem Konto belassen. Damit er in drei Jahren ohne weitere Einzahlungen über die Summe von 35.000,00 € verfügen kann, verhandelt er mit der Bank einen höheren Zinssatz.

1.2 Berechnen Sie, welchen gleichbleibenden Zinssatz die Bank Luca anbieten müsste. 3

Nachdem Luca für Auto und Urlaub einiges von dem Geld benötigt hat, befinden sich noch 20.000,00 € auf dem Konto. Davon möchte er sich zukünftig jeweils am Jahresanfang 4.500,00 € für die Finanzierung seines Studiums auszahlen lassen.

1.3 Berechnen Sie, wie viele Jahre sich Luca den vollen Betrag bei einem Zinssatz von 1,64 % ausbezahlen lassen kann. 4

Herr Abel benötigt für die Modernisierung seines Hauses einen Kredit. Von seiner Hausbank erhält er einen Darlehensvertrag (siehe Anlage Seite 2019-5).

1.4 Erstellen Sie einen Tilgungsplan für die ersten zwei Jahre. 3
(Zwischenergebnis: A = 4.314,42 €)

Herr Abel möchte mithilfe eines fälligen Sparbriefes in Höhe von 21.000,00 € das Darlehen zum erstmöglichen Zeitpunkt vollständig zurückzahlen. Darum plant er von seinem vereinbarten Sondertilgungsrecht Gebrauch zu machen.

1.5 Überprüfen Sie rechnerisch, ob dieses Vorhaben gelingt. 3

15

Anlage zu 1. Finanzmathematik

Zu Teilaufgabe 1.1:

```
GESCHÄFTSGIRO    S-ONLINE 10103554   BLZ 742 500 000  Kontoauszug 2
Moneybank Niederbayern-Mitte UST-ID DE132462045              Blatt 1
Datum          Erläuterungen                                  Betrag

Kontostand in EUR am 01.01.2001                            3.000,00+  H
                                                      ------------------
31.12.2001     Überweisung Einzel                          1.500,00+  H
               10103554
               Martin Abel
               Zinssatz p = 1,1 %
31.12.2001     Zinsen                                         33,00+  H
                                                      ------------------
Kontostand in EUR am 31.12.2001   15:00 Uhr                4.533,00+  H

Luca Abel
Hans Carossa Str. 5
94447 Plattling
```

Zu Teilaufgabe 1.4:

Darlehensvertrag

MONEY
Bank

zwischen

Martin Abel
Hans Carossa Str. 5
94447 Plattling – **im Folgenden „Darlehensnehmer"**

und

Moneybank Niederbayern-Mitte
Frühlingsstraße 12
94469 Deggendorf – **im Folgenden „Darlehensgeber"**

wird folgender Vertrag geschlossen

§ 1 Darlehensgewährung

Der Darlehensgeber stellt dem Darlehensnehmer einen Betrag von **40.000,00 €** als Darlehen zur Verfügung.

§ 2 Verzinsung

Das Darlehen ist über den gesamten Zeitraum mit 1,40 % p. a. zu verzinsen.

§ 3 Laufzeit

(1) Der Darlehensgeber gewährt dem Darlehensnehmer den in § 1 vereinbarten Kreditbetrag für die Dauer von 10 Jahren nach Laufzeitbeginn.
(2) Das Darlehen ist mit jährlich gleichen Raten (Tilgung + Zinsen) jeweils zum 31.12. eines jeden Jahres zu tilgen.
(3) Die Laufzeit beginnt mit dem 01.01.2020.

§ 4 Sondertilgung

Der Darlehensnehmer kann erstmalig nach fünf Jahren das Darlehen zum 01.01.2025 durch eine Sondertilgung zurückzahlen.

Deggendorf, 27.06.2019 — i. V. Klaus Progel (Darlehensgeber) — Martin Abel (Darlehensnehmer)

Aufgabe 2 – Funktionaler Zusammenhang

Die Konstruktion einer Brücke besteht aus zwei festen Auflagern in den Punkten A und B, zwei Stützen E und F sowie drei Parabelstücken, an denen die Fahrbahn mit Seilen aufgehängt wird.
Vereinfacht kann die x-Achse als Fahrbahn und die Stütze E als y-Achse angenommen werden.

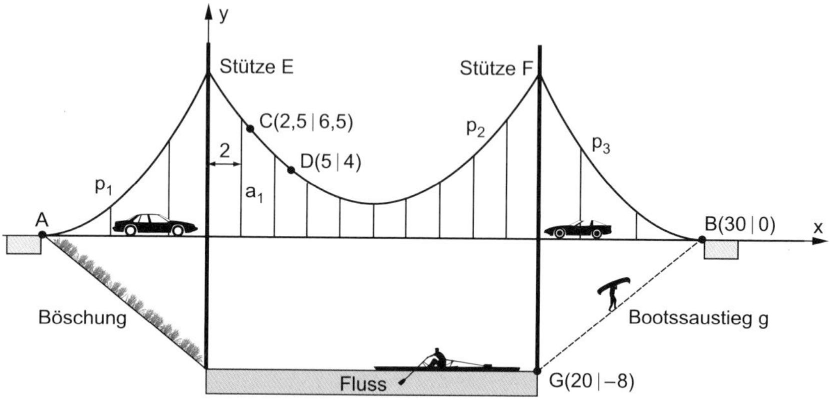

Alle Angaben in Meter. Die Skizze ist nicht maßstabsgetreu.

2.1 Bestimmen Sie die Funktionsgleichung des mittigen Parabelstücks p_2, wenn dieses durch die Punkte $C(2{,}5\,|\,6{,}5)$ und $D(5\,|\,4)$ verläuft und der Formfaktor $a = 0{,}08$ beträgt. 4
(Ergebnis: p_2: $y = 0{,}08x^2 - 1{,}6x + 10$)

Bei Wartungsarbeiten wurden Mängel an der Brücke festgestellt.

2.2 Berechnen Sie die Koordinaten des tiefsten Punktes im mittleren Parabelstück p_2, da dort die Aufhängung ausgetauscht werden muss. 3

2.3 Berechnen Sie die Seillänge a_1, die im Abstand von 2,00 m parallel zur Stütze E verläuft. 2

Das linke Parabelstück kann durch die Funktionsgleichung p_1: $y = 0{,}1x^2 + 2x + 10$ beschrieben werden.

2.4 Berechnen Sie den Abstand des Auflagepunktes A von der Stütze E. 3

Vom Punkt $G(20\,|\,-8)$ zum Auflager $B(30\,|\,0)$ verläuft ein geradliniger Weg für die Kajakfahrer, um ihr Boot nach oben zu bringen.

2.5 Bestimmen Sie die Funktionsgleichung des Bootsausstiegs g durch die Punkte G und B. 3

15

Aufgabe 3 – Trigonometrie

Die MODERN-ART GmbH baut für die Familie Kröger ein modernes Fachwerkhaus. Einige Sichtbalken sollen in der Hausfassade mit Farbe gestrichen werden. Die seitliche Erhöhung $\overline{EF}$ beträgt 1,01 m und der Winkel $\beta = 26{,}4°$.

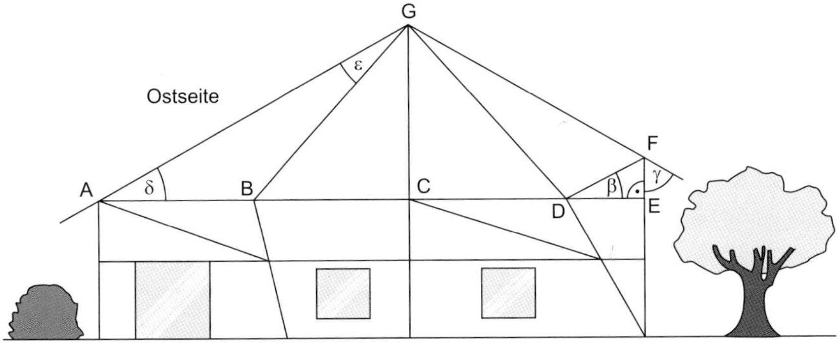

Die Breite der Balken soll bei den Berechnungen vernachlässigt werden. Die Skizze ist nicht maßstabsgetreu.

Der Balken $\overline{DF}$ dient als Stütze zum Abtragen der Dachlast.

3.1 Berechnen Sie die Balkenlänge $|\overline{DF}|$. 2
(Ergebnis: $|\overline{DF}| = 2{,}27$ m)

Im Dreieck DEF soll nachträglich ein Glasfenster eingesetzt werden.

3.2 Berechnen Sie diese Glasfläche. 3

Der Teil $\overline{GF}$ des rechten Dachbalkens beträgt 6,90 m. Des Weiteren gilt $\gamma = 60{,}2°$.

3.3 Berechnen Sie die zu streichende Länge des Balkens $\overline{GD}$. 4
(Ergebnis: $|\overline{GD}| = 5{,}94$ m)

Der Balken $\overline{AD}$ muss ein weiteres Mal gestrichen werden. Die Holzbalken $\overline{GD}$ und $\overline{GB}$ sind gleich lang. Es gilt: $\delta = 29{,}1°$, $\varepsilon = 18{,}8°$.

3.4 Berechnen Sie die zu streichende Balkenlänge $\overline{AD}$, wenn die Strecken $\overline{AB}$, $\overline{BC}$ und $\overline{CD}$ ebenfalls gleich lang sind. 4

Die moderne Architektur des Hauses wird von der Nachbarschaft kritisch gesehen. Ein Nachbar legt bei der Gemeinde Einspruch ein, um den Weiterbau zu stoppen. Der Bebauungsplan sieht eine Dachneigung des Balkens $\overline{AG}$ von mindestens 55 % vor. Er behauptet, dass diese Vorgabe nicht eingehalten wurde.

3.5 Berechnen Sie die tatsächliche Dachneigung auf der Ostseite. Hat der Einspruch Erfolg? 2

15

Aufgabe 4 – Daten und Zufall

Immer mehr Menschen nutzen „Fitness-Tracker" zur Aufzeichnung ihrer Fitnesswerte. Die Ergebnisse einer Umfrage unter 1.236 Personen zur Nutzung solcher Geräte sind in folgender Tabelle abzulesen.

Art	Fitness-Armband	Smartphone mit Fitness-App	Smartwatch	Keine Nutzung
Anzahl	220	160	75	?

4.1 Bestimmen Sie die absolute und relative Häufigkeit derjenigen Personen, die „Keine Nutzung" angegeben haben. 2

Karin und Emma nehmen an einem Programm ihrer Krankenkasse teil. Versicherte erhalten für ihre Aktivität je einen Bonuspunkt, wenn ihr Fitness-Tracker …
- … mindestens 10.000 Schritte pro Tag gemessen hat oder
- … einen Puls von mindestens 120 Schlägen pro Minute über die Dauer von täglich 30 Minuten gespeichert hat.

Die nachstehende Tabelle zeigt die Anzahl der Schritte in den ersten fünf Tagen. Emma hat am fünften Tag wegen einer Fehlbedienung des Gerätes keine Daten.

	1. Tag	2. Tag	3. Tag	4. Tag	5. Tag
Anzahl Schritte Karin	9.755	11.379	9.349	9.256	12.458
Anzahl Schritte Emma	11.378	10.687	3.464	10.247	--------

Karin behauptet: „Du bekommst zwar mehr Bonuspunkte, aber im Durchschnitt habe ich eine größere Anzahl von Schritten pro Tag erreicht."

4.2 Überprüfen Sie die Aussagen von Karin. 3

4.3 Berechnen Sie jeweils die Spannweite der Schrittzahl und beurteilen Sie anhand der Ergebnisse, wer von beiden gleichmäßiger trainiert. 2

Das Diagramm zeigt einen Ausschnitt der Pulsfrequenz von Karin.

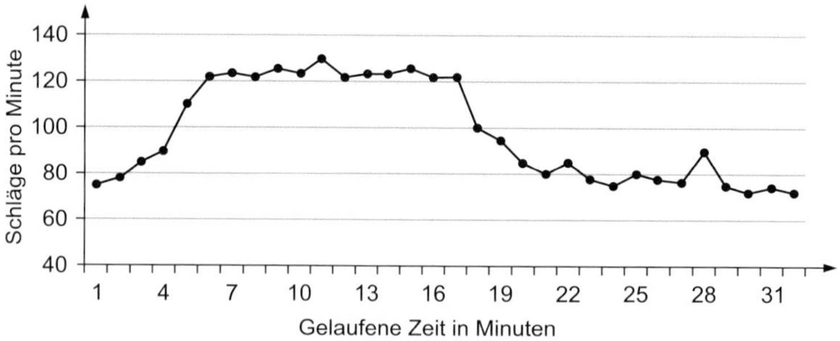

4.4 Beurteilen Sie, ob Karin im dargestellten Zeitraum Anspruch auf einen Bonuspunkt hat. 2

Die Befragung eines Herstellers von Fitness-Armbändern ergab, wie viel Prozent der Nutzer die jeweilige Fitness-Armband-Funktion als Lieblingsfunktion angegeben haben.

	Lieblingsfunktion		
	GPS-Tracker	Herzfrequenzmessung	Schrittzähler
Frauen	5 %	65 %	?
Männer	45 %	30 %	25 %

Die Auswertung hat außerdem ergeben, dass 60 % der befragten Nutzer Männer waren. Als kleines Dankeschön wird unter allen Teilnehmern der Befragung am Ende eine neue Smartwatch verlost.

4.5 Ergänzen Sie das folgende Baumdiagramm für das Zufallsexperiment „Gewinner der Smartwatch“ und tragen Sie alle fehlenden Übergangswahrscheinlichkeiten in die leeren Quadrate ein. 3

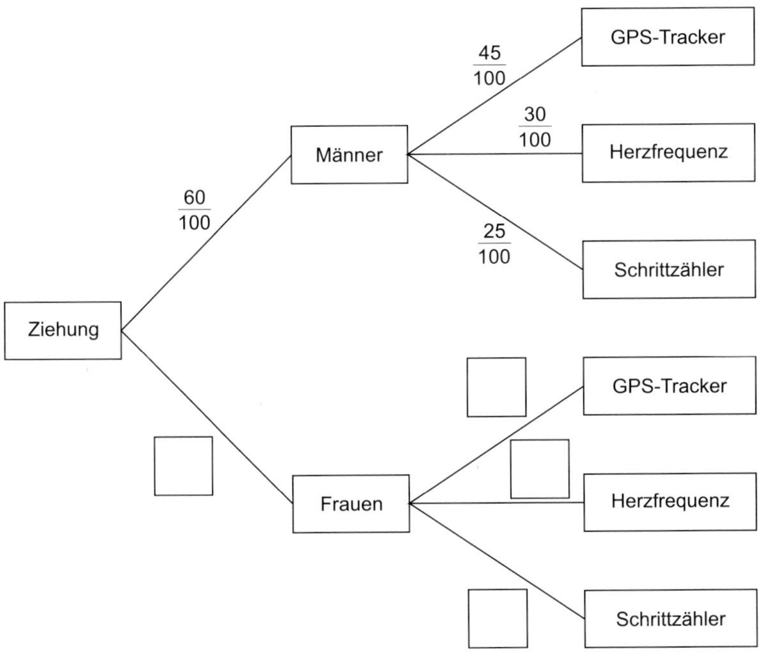

4.6 Bestimmen Sie die Wahrscheinlichkeit des Ereignisses E_1 in Prozent, dass der Gewinner ein Mann ist, der als Lieblingsfunktion GPS-Tracker angibt. 1

4.7 Bestimmen Sie die Wahrscheinlichkeit des Ereignisses E_2, dass der Gewinner ein Mann ist, der entweder den Schrittzähler oder die Herzfrequenzmessung gut findet. 2

15

Aufgabe 5 – Raum und Form

Frau Süß kocht Marmelade ein. Zum Abfüllen stehen ihr zwei Sorten von Gläsern zur Verfügung. Das zylinderförmige Glas ist mit 212 cm^3 gefüllt. In das quaderförmige Gefäß mit quadratischer Grundfläche passen 270 cm^3 Marmelade.

5.1 Berechnen Sie die Füllhöhe des zylinderförmigen Glases in cm, wenn der Innendurchmesser 60 mm beträgt. 2

Frau Süß beklebt das zylinderförmige Gefäß mit einem 5 cm breiten, rechteckigen Streifen zur Beschriftung, welcher das ganze Glas umschließen soll.

5.2 Berechnen Sie die Fläche eines Streifens, wenn mit 15 % Überlappung gerechnet werden muss. Die Wandstärke ist zu vernachlässigen. 3

5 cm

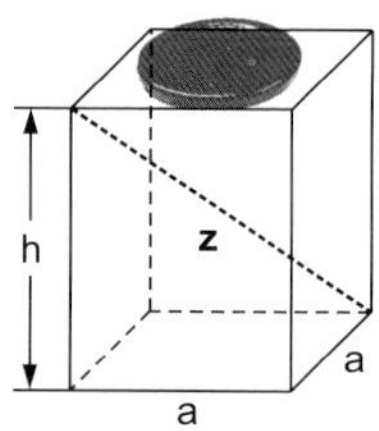

5.3 Überprüfen Sie rechnerisch, ob eine 10 cm lange Zimtstange z theoretisch diagonal in das 7,50 cm hohe, quaderförmige Glas passt. 4

Frau Süß möchte auch ein Pflaumengelee zubereiten. Dazu benötigt sie 250 $m\ell$ Fruchtsaft. Leider ist die 250-$m\ell$-Markierung am Messbecher nicht mehr lesbar. Frau Süß schätzt kurzerhand die 250-$m\ell$-Markierung und misst dabei die Länge $s_2 = 13$ cm.

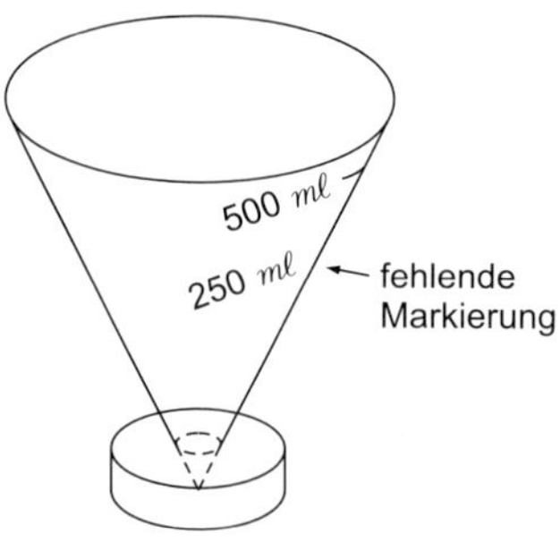

Messbecher

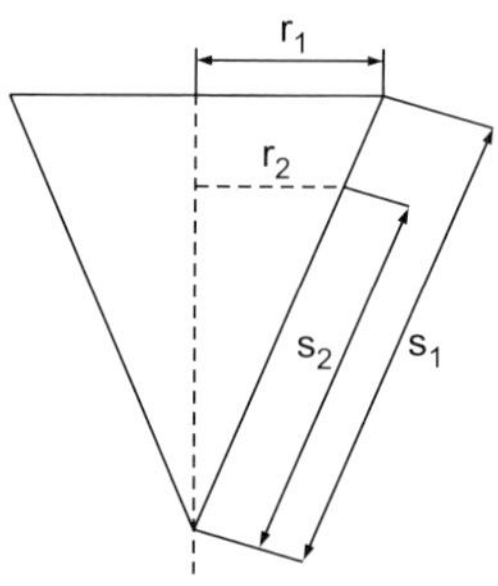

Querschnittsskizze

Sie misst darüber hinaus folgende Längen:
$s_1 = 17$ cm
$r_1 = 5{,}5$ cm

5.4 Berechnen Sie, wie hoch der Fruchtsaft im Messbecher steht, wenn Frau Süß diesen bis zu ihrer neu gesetzten Markierung füllt. 4
(Zwischenergebnis: $r_2 = 4{,}21$ cm)

5.5 Berechnen Sie, wie viel Milliliter ($m\ell$) Fruchtsaft Frau Süß tatsächlich abgemessen hat, wenn der Messbecher bis zu einer Höhe von 12,30 cm gefüllt ist. 2

15

Lösung – Aufgabenteil A

Aufgaben ohne Benutzung des Taschenrechners

1. Zunächst ist das Volumen des ursprünglichen Holzwürfels zu berechnen sowie das Volumen der 8 herausgeschnittenen Würfel der Kantenlänge 1 dm. Das gesuchte Volumen ergibt sich dann als Differenz.

   $V_{\text{ursprünglich}} = a^3 = (3\text{ dm})^3 = 27\text{ dm}^3$

   $V_{\text{herausgeschnitten}} = 8 \cdot (1\text{ dm})^3 = 8\text{ dm}^3$

   $V_{\text{abgebildeter Holzwürfel}} = 27\text{ dm}^3 - 8\text{ dm}^3 = 19\text{ dm}^3$

2. $A \in y_1$ bedeutet, dass der Punkt A auf dem Graphen der Funktion y_1 liegt. Um dies zu prüfen, müssen wir den Punkt A mit der x-Koordinate 1 und der y-Koordinate 3 in die Funktion y_1 einsetzen.

   $3 = -2 \cdot 1 + 1$ | rechte Seite zusammenfassen
   $3 = -1$ falsche Aussage, da $3 \neq -1$

   A liegt nicht auf y_1; die Behauptung ist falsch.

   $B \in y_2$ bedeutet, dass der Punkt B auf dem Graphen der Funktion y_2 liegt. Um dies zu prüfen, müssen wir den Punkt B mit der x-Koordinate –1 und der y-Koordinate –1 in die Funktion y_2 einsetzen.

   $-1 = (-1)^2 - 3 \cdot (-1) - 5$ | rechte Seite zusammenfassen
   $-1 = 1 + 3 - 5$
   $-1 = -1$ wahre Aussage, da $-1 = -1$

   B liegt auf y_2; die Behauptung ist wahr.

$A \in y_1$	$B \in y_2$
f	w

3. Herr Schneider fährt normalerweise eine Stunde, also 60 Minuten.

   : 100 (100 % ≙ 60 Minuten): 100
   · 15 (1 % ≙ 0,6 Minuten)· 15
   15 % ≙ 9 Minuten

   NR: $0{,}6 \cdot 15 = 9$
   6
   +3
   9

   Lösung **B**

Man kann hier auch mit dem Ausschlussverfahren arbeiten.

Lösung A:
0,1 Stunden entsprechen 6 Minuten. Dies wären allerdings nur 10 % von 60 Minuten. Daher kann es diese Lösung nicht sein.

Lösung C:
69 Minuten: Hier würde sich die Fahrzeit um mehr als das Doppelte der ursprünglichen Fahrzeit verlängern. Der Prozentsatz müsste also über 100 % liegen.

Lösung D:
Siehe Lösung A: 6 Minuten sind nur 10 % von 60 Minuten.

Lösung **B**

4. Durch Drehung des Rechtecks entsteht ein Zylinder.

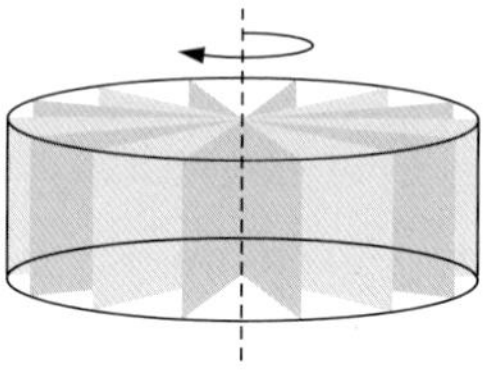

Lösung **D**

5. Bei einer Multiplikation von Potenzen mit gleicher Basis werden die Exponenten addiert.
$5^3 \cdot 5^6 = 5^{3+6} = 5^9$

Lösung **C**

6. Frank hat 3 Schlüssel, von denen nur einer passt. Daher liegt die Wahrscheinlichkeit, dass der 1. Schlüssel passt, bei $\frac{1}{3}$, dass er nicht passt, bei $\frac{2}{3}$.
Passt der erste Schlüssel nicht, kann es nur noch einer der zwei verbleibenden Schlüssel sein, der passt. Die Wahrscheinlichkeit ist also $\frac{1}{2}$.
Wenn auch der zweite Schlüssel nicht passt, muss es der dritte und letzte Schlüssel mit der Wahrscheinlichkeit $\frac{1}{1}$ (also 1 bzw. 100 %) sein, der passt.

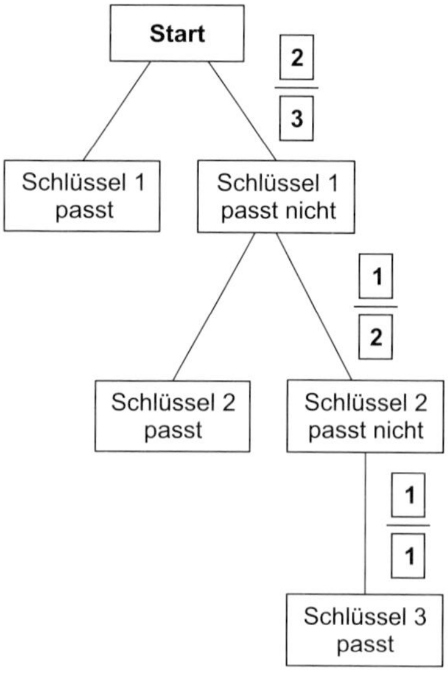

Um die Wahrscheinlichkeit zu berechnen, dass der letzte Schlüssel passt, müssen die Einzelwahrscheinlichkeiten multipliziert werden.

$$P(\text{der letzte Schlüssel passt}) = \frac{2}{3} \cdot \frac{1}{2} \cdot \frac{1}{1} = \frac{2}{6} = \frac{1}{3}$$

Der gekürzte Bruch entspricht der Wahrscheinlichkeit $\frac{1}{3}$.

Lösung **B**

7. Zunächst müssen die einzelnen Längen aus dem Diagramm herausgelesen werden:
Tag 1: 50 km
Tag 2: 70 km
Tag 3: 60 km
Tag 4: 40 km
Tag 5: 30 km

Gesamtstrecke:
$50\text{ km} + 70\text{ km} + 60\text{ km} + 40\text{ km} + 30\text{ km} = 250\text{ km}$

Um den Durchschnitt zu ermitteln, muss die Gesamtstrecke durch die Anzahl der Tage geteilt werden.

Durchschnittlich zurückgelegte Strecke pro Tag:
$250\text{ km} : 5 = 50\text{ km}$

8. Aus den Informationen zu Volleyball ($30\,\% \mathrel{\hat{=}} 24$ Teilnehmer) und Badminton ($45\,\% \mathrel{\hat{=}} 36$ Teilnehmer) können wir durch Addition Folgendes herleiten:

$$30\,\% + 45\,\% \mathrel{\hat{=}} 24\text{ Teilnehmer} + 36\text{ Teilnehmer}$$
$$75\,\% \mathrel{\hat{=}} 60\text{ Teilnehmer}$$

Da 75 % aller Teilnehmer nicht beim Yoga waren, waren $100\,\% - 75\,\% = 25\,\%$ aller Teilnehmer beim Yoga:

$$:3 \left(\begin{array}{l} 75\,\% \mathrel{\hat{=}} 60\text{ Teilnehmer} \\ 25\,\% \mathrel{\hat{=}} 20\text{ Teilnehmer} \end{array} \right) :3$$

Es waren 20 Teilnehmer beim Yoga.

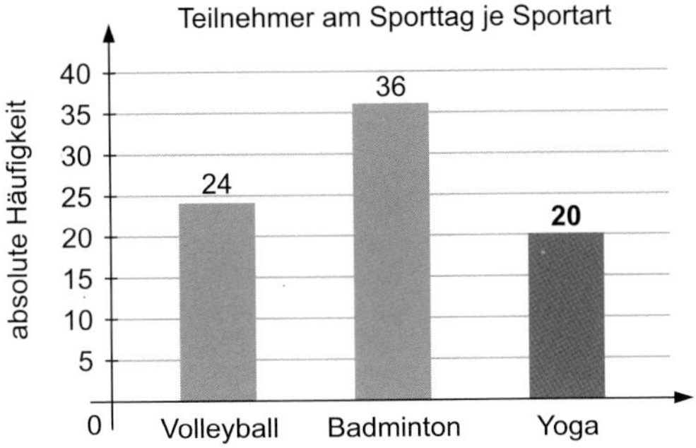

9. Der Fehler in der Gleichung passiert beim Auflösen der rechten Klammer: Man kann die Klammer mithilfe der 2. binomischen Formel auflösen:

$$
\begin{aligned}
(3-x)^2 &= 3^2 - 2\cdot 3\cdot x + x^2 \\
&= 9 - 6x + x^2
\end{aligned}
$$

Oder man multipliziert die beiden Klammern aus:

$$
\begin{aligned}
(3-x)\cdot(3-x) &= \underbrace{3\cdot 3}_{9} + \underbrace{3\cdot(-x)}_{-3x} + \underbrace{(-x)\cdot 3}_{-3x} + \underbrace{(-x)\cdot(-x)}_{+x^2} \\
&= 9 - 6x + x^2
\end{aligned}
$$

Der Fehler in der zweiten Zeile ist also einzukreisen.

$$
\begin{aligned}
x\cdot(x-8) &= (3-x)^2 \\
x^2 - 8x &= 9 - \boxed{9x} + x^2 \\
-8x &= 9 - 9x \\
x &= 9
\end{aligned}
$$

Die vollständig (richtig) gelöste Gleichung lautet:

$$
\begin{aligned}
x\cdot(x-8) &= (3-x)^2 && \mid \text{beide Klammern auflösen} \\
x^2 - 8x &= 9 - 6x + x^2 && \mid -x^2;\ x^2 \text{ fällt auf beiden Seiten weg} \\
-8x &= 9 - 6x && \mid +6x \\
-2x &= 9 && \mid :(-2) \\
x &= -4{,}5
\end{aligned}
$$

Lösung – Aufgabenteil B

Aufgabe 1 – Finanzmathematik

1.1 Herr Abel hat 3.000 € angelegt und zahlt jeweils am 31.12. (nachschüssig) 1.500 € zusätzliches Kapital (Kapitalmehrung) ein (siehe Kontoauszug). Es ist gefragt, über welche Summe (K_n) sein Sohn Luca an seinem 18. Geburtstag ($n = 18$) verfügen kann, wenn der Zinssatz $p = 1{,}1\ \%$ (siehe Kontoauszug) beträgt.

Gegeben: $K_0 = 3.000$ €; $n = 18$; $p\ \% = 1{,}1\ \%$ $\Rightarrow$ $q = 1{,}011$; $r = 1.500$ € (nachschüssig)

Gesucht: K_n

Berechnung der Kapitalsumme nach 18 Jahren:

$$K_n = K_0 \cdot q^n + r \cdot \frac{q^n - 1}{q - 1}$$

$$K_{18} = 3.000\ € \cdot 1{,}011^{18} + 1.500\ € \cdot \frac{1{,}011^{18} - 1}{0{,}011}$$

$$K_{18} = 3.652{,}94\ € + 29.678{,}91\ €$$

$$\underline{\underline{K_{18} = 33.331{,}85\ €}}$$

Luca kann zu seinem 18. Geburtstag über 33.331,85 € verfügen.

1.2 Da Luca keine weiteren Einzahlungen (und Abhebungen) tätigen möchte, handelt es sich hier um eine Zinseszinsrechnung, bei der der Zinssatz gesucht ist.

Gegeben: $K_0 = 33.331{,}84$ €; $K_n = 35.000$ €; $n = 3$ (nachschüssig)

Gesucht: $p\ \%$; q

Berechnung des Zinsfaktors q:

$$K_n = K_0 \cdot q^n$$

$$35.000\ € = 33.331{,}84\ € \cdot q^3 \quad \left|: 33.331{,}84\ €\right.$$

$$1{,}0500\ldots = q^3 \quad \left|\sqrt[3]{\ }\right.$$

$$q = 1{,}0164$$

Berechnung des Zinssatzes p %:

Zur Umrechnung von q nach p verwende die Formel $q = 1 + \frac{p}{100}$.

$$q = 1 + \frac{p}{100}$$

$$1{,}0164 = 1 + \frac{p}{100} \quad |-1 \quad |\cdot 100$$

$$(1{,}0164 - 1) \cdot 100 = p$$

$$\underline{\underline{p\ \% = 1{,}64\ \%}}$$

Die Bank müsste Luca einen Zinssatz von 1,64 % anbieten.

1.3 Luca möchte sich jeweils am Jahresanfang (vorschüssig) einen festen Betrag (Rente $r = 4.500$ €) auszahlen lassen (Kapitalminderung). Gesucht ist, wie oft (Laufzeit n) er sich den vollen Betrag auszahlen lassen kann.

Gegeben: $K_0 = 20.000$ €; $K'_n = 0$ €; $r = 4.500$ €; vorschüssig

$p\,\% = 1{,}64\,\% \Rightarrow q = 1{,}0164$

Gesucht: n

Berechnung der Anzahl n der Jahre:

$$K'_n = K_0 \cdot q^n - r \cdot q \cdot \frac{q^n - 1}{q - 1}$$

$$0\,€ = 20.000\,€ \cdot 1{,}0164^n - 4.500\,€ \cdot 1{,}0164 \cdot \frac{1{,}0164^n - 1}{1{,}0164 - 1}$$

Substitution: $x = 1{,}0164^n$

$$0\,€ = 20.000\,€ \cdot x - 4.573{,}80\,€ \cdot \frac{x - 1}{0{,}0164} \qquad |\cdot 0{,}0164$$

$$0\,€ = 328\,€ \cdot x - 4.573{,}80\,€ \cdot (x - 1)$$

$$0\,€ = 328\,€ \cdot x - 4.573{,}80\,€ \cdot x + 4.573{,}80\,€ \qquad |-4.573{,}80\,€$$

$$-4.573{,}80\,€ = -4.245{,}80\,€ \cdot x \qquad |:(-4.245{,}80\,€)$$

$$1{,}07725\ldots = x$$

Rück-Substitution: $x = 1{,}0164^n$

$$1{,}07725\ldots = 1{,}0164^n \qquad |\lg$$

$$\lg 1{,}07725\ldots = n \cdot \lg 1{,}0164 \qquad |:\lg 1{,}0164$$

$$n = \frac{\lg 1{,}07725\ldots}{\lg 1{,}0164}$$

$$n = 4{,}57 \text{ Jahre}$$

Luca kann sich <u>4 Jahre</u> den vollen Betrag auszahlen lassen.

Obwohl $n = 4{,}57$ ist, muss hier abgerundet werden, weil nach den Jahren gefragt ist, in denen er sich den vollen Betrag auszahlen lassen kann. Im 5. Jahr wird die Restauszahlung weniger als 4.500 € betragen.

Alternative Berechnung von n ohne die Substitution:

$$K_n = K_0 \cdot q^n - r \cdot q \cdot \frac{q^n - 1}{q - 1}$$

$$0\,€ = 20.000\,€ \cdot 1{,}0164^n - 4.500\,€ \cdot 1{,}0164 \cdot \frac{1{,}0164^n - 1}{1{,}0164 - 1} \qquad |\cdot 0{,}0164$$

$$0\,€ = 328\,€ \cdot 1{,}0164^n - 4.573{,}80\,€ \cdot 1{,}0164^n + 4.573{,}80\,€ \qquad |-4.573{,}80\,€$$

$$-4.573{,}80\,€ = -4.245{,}80\,€ \cdot 1{,}0164^n \qquad |:(-4.245{,}80\,€)$$

$$\frac{-4.573{,}80\,€}{-4.245{,}80\,€} = 1{,}0164^n \qquad |\lg$$

$$\lg\left(\frac{4.573,80\ €}{4.245,80\ €}\right) = n \cdot \lg 1,0164 \qquad |:\lg 1,0164$$

$$n = \frac{\lg \frac{4.573,80\ €}{4.245,80\ €}}{\lg 1,0164}$$

$$n = 4,57$$

Luca kann sich 4 Jahre den vollen Betrag auszahlen lassen.

1.4 Herr Abel braucht einen Kredit in Höhe von $K_0 = 40.000$ €. Aus dem beigefügten Kreditvertrag lässt sich herauslesen, dass es sich um ein Annuitätendarlehen (siehe Vertrag, §3 (2)) handelt, der Zinssatz 1,4 % beträgt und der Kredit n = 10 Jahre laufen soll.

Gegeben: $K_0 = 40.000$ €; $p\ \% = 1,4\ \% \Rightarrow q = 1,014$; $n = 10$

Gesucht: Z_1; A; T_1; S_1; Z_2; T_2; S_2

Berechnung der Zinsen Z_1 im 1. Jahr:

$$Z_1 = K_0 \cdot \frac{p}{100} = 40.000\ € \cdot \frac{1,4}{100} = 560\ €$$

Berechnung der Annuität A:

$$A = \frac{K_0 \cdot q^n \cdot (q-1)}{q^n - 1} = \frac{40.000\ € \cdot 1,014^{10} \cdot 0,014}{1,014^{10} - 1}$$

$$A = 4.314,42\ €$$

Berechnung der Tilgung T_1 im 1. Jahr:

$$T_1 = A - Z_1 = 4.314,42\ € - 560,00\ € = 3.754,42\ €$$

Berechnung der Restschuld S_1 am Ende des 1. Jahres:

$$S_1 = K_0 - T_1 = 40.000,00\ € - 3.754,42\ € = 36.245,58\ €$$

Berechnung der Zinsen Z_2 im 2. Jahr:

$$Z_2 = S_1 \cdot \frac{p}{100} = 36.245,58\ € \cdot \frac{1,4}{100} = 507,44\ €$$

Berechnung der Tilgung T_2 im 2. Jahr:

$$T_2 = A - Z_2 = 4.314,42\ € - 507,44\ € = 3.806,98\ €$$

Berechnung der Restschuld S_2 am Ende des 2. Jahres:

$$S_2 = S_1 - T_2 = 36.245,58\ € - 3.806,98\ € = 32.438,60\ €$$

Erstellung des Tilgungsplans:

Jahr	Schuld am Jahresanfang	Zinsen	Tilgung	Annuität	Schuld am Jahresende
1	40.000,00 €	560,00 €	3.754,42 €	4.314,42 €	36.245,58 €
2	36.245,58 €	507,44 €	3.806,98 €	4.314,42 €	32.438,60 €

1.5 Um zu überprüfen, ob der Sparbrief in Höhe von 21.000 € ausreicht, muss die Restschuld des Kredits nach v = 5 Jahren (erstmöglicher Zeitpunkt zur vollständigen Rückzahlung – siehe Kreditvertrag §4) berechnet werden.

Gegeben: $v = 5$; $K_0 = 40.000$ €; $A = 4.314,42$ €; $q = 1,014$

Gesucht: K_v

Berechnung der Höhe der Restschuld nach 5 Jahren:

$$K_v = K_0 \cdot q^v - \frac{A \cdot (q^v - 1)}{q - 1}$$

$$K_5 = 40.000,00\,€ \cdot 1,014^5 - \frac{4.314,42\,€ \cdot (1,014^5 - 1)}{1,014 - 1}$$

$$K_5 = 42.879,51\,€ - 22.184,63\,€$$

$$\underline{\underline{K_5 = 20.694,88\,€}} \quad \text{Restschuld}$$

Ja, er kann das Darlehen mithilfe des fälligen Sparbriefs i. H. v. 21.000 € vollständig zurückzahlen.

Aufgabe 2 – Funktionaler Zusammenhang

2.1 Die Parabel verläuft durch die Punkte C(2,5 | 6,5) und D(5 | 4). Darüber hinaus ist der Formfaktor $a = 0,08$ bekannt. Man setzt a sowie die beiden Punkte C und D in die Normalform $y = ax^2 + bx + c$ ein. Es entsteht ein lineares Gleichungssystem.

Gegeben: C(2,5 | 6,5); D(5 | 4); $a = 0,08$; $y = ax^2 + bx + c$

Rechenschritte	**Erläuterungen**
$y = ax^2 + bx + c$	Einsetzen von C(2,5 | 6,5), D(5 | 4) und a = 0,08 liefert zwei Gleichungen mit zwei Unbekannten.
I $\quad 6,5 = 0,08 \cdot 2,5^2 + b \cdot 2,5 + c$	C(2,5 | 6,5) und a = 0,08 eingesetzt
II $\quad 4 = 0,08 \cdot 5^2 + b \cdot 5 + c$	D(5 | 4) und a = 0,08 eingesetzt
I $\quad 6,5 = 0,5 + 2,5b + c$ II $\quad 4 = 2 + 5b + c$	Gleichungen vereinfacht
Berechnung von b:	
I – II $\quad 2,5 = -1,5 - 2,5b \quad \| +1,5$	Additionsverfahren: Gleichung I – Gleichung II
$4 = -2,5b \quad \| :(-2,5)$	Auflösen nach b
$\underline{-1,6 = b}$	
Berechnung von c:	
b in I $\quad 6,5 = 0,5 + 2,5 \cdot (-1,6) + c \quad \| -0,5$	Einsetzen von b in Gleichung I (oder II)
$6 = -4 + c \quad \| +4$	Auflösen nach c
$\underline{10 = c}$	
Funktionsgleichung von p_2:	
$p_2: \underline{\underline{y = 0,08x^2 - 1,6x + 10}}$	Einsetzen von a, b und c in die Normalform

2.2 Der gesuchte tiefste Punkt des mittleren Parabelstücks p_2 ist der Scheitelpunkt. Dieser kann mit folgenden Formeln berechnet werden:

$S\left(-\frac{b}{2a} \middle| c-\frac{b^2}{4a}\right)$ bzw. $x_S = -\frac{b}{2a}$; $y_S = c - \frac{b^2}{4a}$

Es gilt außerdem: a = 0,08; b = –1,6; c = 10

$$x_S = -\frac{b}{2a} = -\frac{-1,6}{2 \cdot 0,08} = 10$$

$$y_S = c - \frac{b^2}{4a} = 10 - \frac{(-1,6)^2}{4 \cdot 0,08} = 10 - 8 = 2$$

$\underline{\underline{S(10\,|\,2)}}$

2.3 Das erste Seil a_1 ist 2 m von der Stütze E bzw. der y-Achse entfernt. Darum muss x = 2 in die Funktionsgleichung von p_2 eingesetzt werden, um die Länge/Höhe y zu berechnen.

x = 2 in p_2:

$$y = 0,08 \cdot 2^2 - 1,6 \cdot 2 + 10 = 7,12$$

$$\Rightarrow \quad a_1 = 7,12 \text{ m}$$

Die Seillänge der ersten Aufhängung a_1 beträgt $\underline{\underline{7,12 \text{ m}}}$.

2.4 Da es sich bei dem Punkt A um einen Auflagepunkt auf der x-Achse handelt, ist seine x-Koordinate eine Nullstelle der Parabel p_1. Bei der Nullstellenberechnung muss die Bedingung y = 0 gelten.
Achtung: Da nicht angegeben ist, dass die Parabelstücke p_1 und p_3 deckungsgleich sind, können die x-Koordinaten der Punkte G und B nicht zur Berechnung des gesuchten Abstands herangezogen werden.

$$y = 0 = 0,1x^2 + 2x + 10$$

a = 0,1; b = 2; c = 10

$$x_{1/2} = \frac{-b \pm \sqrt{b^2 - 4ac}}{2a}$$

$$x_{1/2} = \frac{-2 \pm \sqrt{2^2 - 4 \cdot 0,1 \cdot 10}}{2 \cdot 0,1}$$

$$x = \frac{-2 \pm \sqrt{0}}{0,2}$$

$$x = \frac{-2 \pm 0}{0,2}$$

$$x = -10$$

$$|\overline{AO}| = |-10| \mathrel{\hat{=}} 10 \text{ m}$$

Der Abstand vom Auflagepunkt A zur Stütze E beträgt $\underline{\underline{10 \text{ m}}}$.

2.5 Da der Bootsausstieg g ein geradliniger Weg ist, lässt er sich durch eine lineare Funktion beschreiben, deren Graph (Gerade) durch die Punkte G und B verläuft.
Es gibt mehrere Möglichkeiten, die Funktionsgleichung von g zu finden. Die Steigung m kann über die Formel berechnet werden, der y-Achsenabschnitt t durch Einsetzen von m und B in $y = mx + t$.

$$m = \frac{y_2 - y_1}{x_2 - x_1} = \frac{0-(-8)}{30-20} = \frac{8}{10} = 0{,}8$$

$B(30\,|\,0)$ einsetzen in $y = m \cdot x + t$:

$0 = 0{,}8 \cdot 30 + t \;\Rightarrow\; t = -24$

$\Rightarrow\; y = 0{,}8x - 24$

Alternative Lösungsmöglichkeit:

Durch Einsetzen der beiden Punkte G und B in $y = m \cdot x + t$ erhält man ein lineares Gleichungssystem, das gelöst werden kann.

Gegeben: $G(20\,|\,-8)$; $B(30\,|\,0)$; $y = mx + t$

$\text{I} \quad -8 = m \cdot 20 + t$

$\text{II} \quad 0 = m \cdot 30 + t$

$\text{I} - \text{II} \quad -8 = -10 \cdot m \qquad |:(-10)$

$0{,}8 = m$

m in II: $0 = 0{,}8 \cdot 30 + t$

$0 = 24 + t \qquad |-24$

$\underline{-24 = t}$

Die Funktionsgleichung g lautet: $\underline{\underline{g\colon\; y = 0{,}8x - 24}}$

Aufgabe 3 – Trigonometrie

3.1 Um die Balkenlänge $|\overline{DF}|$ zu berechnen, betrachten wir das rechtwinklige Dreieck DEF und berechnen mit dem Sinus die gesuchte Hypotenuse.

Berechnung von $|\overline{DF}|$:

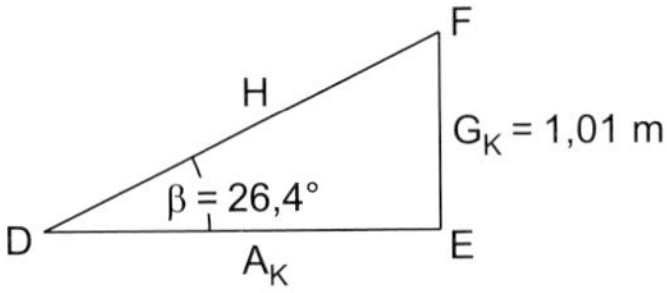

$$\sin\beta = \frac{G_K}{H} = \frac{|\overline{EF}|}{|\overline{DF}|}$$

$$\sin 26{,}4° = \frac{1{,}01\text{ m}}{|\overline{DF}|} \qquad |\cdot|\overline{DF}|$$

$$|\overline{DF}|\cdot\sin 26{,}4° = 1{,}01\text{ m} \qquad |:\sin 26{,}4°$$

$$|\overline{DF}| = \frac{1{,}01\text{ m}}{\sin 26{,}4°}$$

$$\underline{\underline{|\overline{DF}| = 2{,}27\text{ m}}}$$

3.2 Wir betrachten weiterhin das Dreieck DEF, dessen Fläche berechnet werden soll. Dafür gibt es zwei Möglichkeiten.

1. Möglichkeit:

Wir berechnen über die Innenwinkelsumme im Dreieck den fehlenden Winkel, um dann mit dem Flächensatz für Dreiecke (Merkhilfe S. 4, Nr. 20) die Fläche zu berechnen. Beim Aufstellen des Ansatzes ist zu beachten, dass der Winkel $\sphericalangle DFE$ von den bekannten Seiten ($\overline{DF}$ und $\overline{EF}$) eingeschlossen wird.

Berechnung von $\sphericalangle DFE$:
$\sphericalangle DFE = 180° - 26{,}4° - 90° = 63{,}6°$

Berechnung von A_{DEF}:

$$A_{DEF} = \frac{1}{2}\cdot|\overline{DF}|\cdot|\overline{EF}|\cdot\sin\sphericalangle DFE$$

$$A_{DEF} = \frac{1}{2}\cdot 2{,}27\text{ m}\cdot 1{,}01\text{ m}\cdot\sin 63{,}6°$$

$$A_{DEF} = \underline{\underline{1{,}03\text{ m}^2}}$$

2. Möglichkeit:

Da das Dreieck DEF rechtwinklig ist, kann man die Seite $\overline{DE}$ als Grundlinie und die Seite $\overline{EF}$ als zugehörige Höhe betrachten.
Man muss die fehlende Seitenlänge $|\overline{DE}|$ mit dem Satz des Pythagoras berechnen, um dann mit der bekannten Flächenformel $A_{Dreieck} = \frac{1}{2}\cdot\text{Grundlinie}\cdot\text{Höhe}$ die gesuchte Glasfläche zu berechnen.

Berechnung von $|\overline{DE}|$:

$$|\overline{DF}|^2 = |\overline{DE}|^2 + |\overline{EF}|^2$$

$$(2{,}27\text{ m})^2 = |\overline{DE}|^2 + (1{,}01\text{ m})^2 \qquad |-(1{,}01\text{ m})^2$$

$4{,}1328\ m^2 = |\overline{DE}|^2 \qquad |\sqrt{\ }$

$|\overline{DE}| = 2{,}03\ m$

Berechnung von A_{DEF}:

$A_{DEF} = \frac{1}{2} \cdot |\overline{DE}| \cdot |\overline{EF}| = \frac{1}{2} \cdot 2{,}03\ m \cdot 1{,}01\ m = \underline{\underline{1{,}03\ m^2}}$

3.3 Die gesuchte Balkenlänge liegt im Dreieck DFG. Von diesem Dreieck sind bisher nur $|\overline{DF}| = 2{,}27\ m$ und $|\overline{GF}| = 6{,}90\ m$ bekannt. Der Winkel $\gamma = 60{,}2°$ liegt außerhalb des Dreiecks. Wenn man den Winkel $\sphericalangle DFE = \alpha = 180° - 26{,}4° - 90° = 63{,}6°$ im Dreieck DEF bereits bei Teilaufgabe 3.2 berechnet hat, braucht man dies hier nicht mehr zu tun. Da die Dachschräge einen gestreckten Winkel (180°) darstellt, kann der fehlende Winkel $\gamma' = \sphericalangle GFD$ berechnet werden. Anschließend wird mit dem Kosinussatz die gesuchte Balkenlänge $|\overline{GD}|$ berechnet. Wichtig beim Aufstellen des Ansatzes ist, dass der Winkel γ' von den bekannten Seiten $\overline{DF}$ und $\overline{FG}$ eingeschlossen wird.

Berechnung von α:

$\alpha = 180° - 90° - \beta$

$\alpha = 180° - 90° - 26{,}4°$

$\alpha = 63{,}6°$

Berechnung von γ':

$\gamma' = 180° - \gamma - \alpha$

$\gamma' = 180° - 60{,}2° - 63{,}6°$

$\gamma' = 56{,}2°$

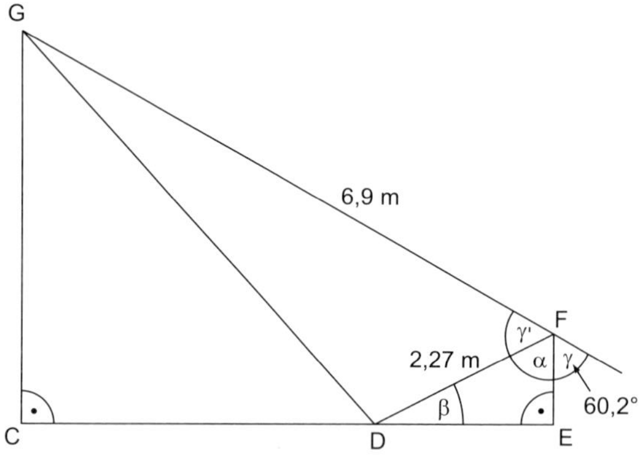

Berechnung von $|\overline{GD}|$:

$|\overline{GD}|^2 = |\overline{DF}|^2 + |\overline{GF}|^2 - 2 \cdot |\overline{DF}| \cdot |\overline{GF}| \cdot \cos\gamma'$

$|\overline{GD}|^2 = (2{,}27\ m)^2 + (6{,}9\ m)^2 - 2 \cdot 2{,}27\ m \cdot 6{,}9\ m \cdot \cos 56{,}2°$

$|\overline{GD}|^2 = 52{,}76\ m^2 - 17{,}43\ m^2$

$|\overline{GD}|^2 = 35{,}33\ m^2 \qquad |\sqrt{\ }$

$\underline{\underline{|\overline{GD}| = 5{,}94\ m}}$

3.4 Es ist wichtig, hier die Informationen aus der Angabe zu verwenden. Es gilt:
$|\overline{BG}| = |\overline{GD}| = 5{,}94$ m und $|\overline{AB}| = |\overline{BC}| = |\overline{CD}|$

Wenn wir also $|\overline{AB}|$ berechnen, muss man diese Streckenlänge nur mit 3 multiplizieren, um $|\overline{AD}|$ zu bekommen.
Im Dreieck ABG sind eine Seite und zwei Winkel bekannt. Somit kann mit dem Sinussatz die gesuchte Seitenlänge $|\overline{AB}|$ berechnet werden.

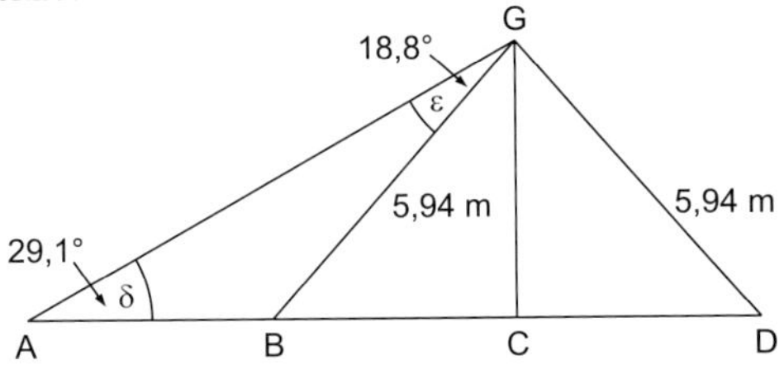

Gegeben: $|\overline{BG}| = |\overline{GD}| = 5{,}94$ m
$|\overline{AB}| = |\overline{BC}| = |\overline{CD}|$
$\delta = 29{,}1°;\ \varepsilon = 18{,}8°$

Berechnung von $|\overline{AB}|$:

$$\frac{|\overline{AB}|}{\sin\varepsilon} = \frac{|\overline{BG}|}{\sin\delta}$$

$$\frac{|\overline{AB}|}{\sin 18{,}8°} = \frac{5{,}94 \text{ m}}{\sin 29{,}1°} \qquad |\cdot \sin 18{,}8°$$

$$|\overline{AB}| = \frac{5{,}94 \text{ m}}{\sin 29{,}1°} \cdot \sin 18{,}8°$$

$$|\overline{AB}| = 3{,}94 \text{ m}$$

Berechnung von $|\overline{AD}|$:

$$|\overline{AD}| = 3 \cdot |\overline{AB}| = 3 \cdot 3{,}94 \text{ m} = \underline{\underline{11{,}82 \text{ m}}}$$

3.5 Die Dachneigung beträgt $\delta = 29{,}1°$. Mit der Formel für die „Steigung in Prozent" kann die prozentuale Steigung berechnet und dann mit der Vorgabe des Bebauungsplans verglichen werden.

$$\begin{aligned}\text{Steigung in } \% &= \tan\delta \cdot 100\ \% \\ &= \tan 29{,}1° \cdot 100\ \% \\ &= 55{,}66\ \% \quad > 55\ \%\end{aligned}$$

<u>Der Einspruch wird abgelehnt.</u>

Aufgabe 4 – Daten und Zufall

4.1 Die absolute Häufigkeit H wird berechnet, indem man von der Anzahl aller befragten Personen diejenigen abzieht, die ein Fitness-Armband, Smartphone mit Fitness-App oder eine Smartwatch benutzen. Dabei unterstellen wir, dass die befragten Personen höchstens eines der Geräte nutzen.

$H = 1.236 - 220 - 160 - 75 = \underline{\underline{781 \text{ Personen}}}$

Die relative Häufigkeit ist das Verhältnis der Anzahl der Personen, die keinen Fitness-Tracker nutzen, zur Gesamtzahl der befragten Personen.

$h = \frac{781}{1.236} = \underline{\underline{0{,}6319}} \quad (\text{oder } \underline{\underline{63{,}19\ \%}})$

4.2 Karin hat an 2 Tagen (2. und 5. Tag) mehr als 10.000 Schritte gemacht und bekommt daher 2 Bonuspunkte. Emma bekommt 3 Bonuspunkte, weil sie am 1., 2. und 4. Tag mehr als 10.000 Schritte gemacht hat.

Den Durchschnitt der pro Tag gemachten Schritte bekommt man, wenn man für beide jeweils alle Schritte zusammenzählt und durch die Anzahl der Tage teilt.

$$\overline{x}_{\text{Karin}} = \frac{9.755 + 11.379 + 9.349 + 9.256 + 12.458}{5} \text{ Schritte} = \frac{52.197}{5} \text{ Schritte} = 10.439{,}4 \text{ Schritte}$$

$$\overline{x}_{\text{Emma}} = \frac{11.378 + 10.687 + 3.464 + 10.247}{4} \text{ Schritte} = \frac{35.776}{4} \text{ Schritte} = 8.944 \text{ Schritte}$$

Karin hat recht. Emma bekommt mehr Bonuspunkte (3 Punkte), aber im Durchschnitt hat Karin pro Tag mehr Schritte zurückgelegt (10.439,40 Schritte).

4.3 Die Spannweite wird berechnet, indem man den kleinsten vom größten Wert einer Datenreihe subtrahiert.

$R_{\text{Karin}} = (12.458 - 9.256) \text{ Schritte} = 3.202 \text{ Schritte}$

$R_{\text{Emma}} = (11.378 - 3.464) \text{ Schritte} = 7.914 \text{ Schritte}$

Die Ergebnisse von Karin liegen weniger weit auseinander als bei Emma. Dies zeigt die kleinere Kennzahl bei der Spannweite. Karin trainiert daher gleichmäßiger.

4.4

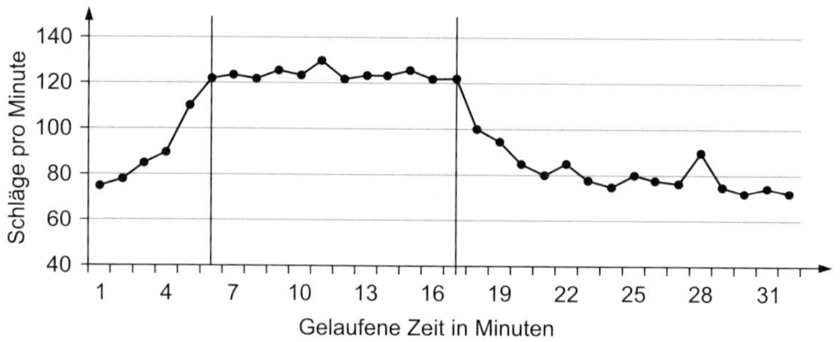

Die Pulsfrequenz von Karin liegt in der 6., der 17. und alle Minuten dazwischen über den geforderten 120 Schlägen pro Minute. Das sind nur 12 Minuten der ca. 30-minütigen Trainingseinheit. Im übrigen Zeitraum liegt sie aber deutlich darunter.

Karin bekommt keine Bonuspunkte.

4.5 Da laut Angabe 60 % der Teilnehmer Männer waren, haben 40 % (oder $\frac{40}{100}$) Frauen teilgenommen. Die gesuchten Wahrscheinlichkeiten für GPS-Tracker bzw. Herzfrequenz ergeben sich aus der Tabelle in der Zeile Frauen.

	Lieblingsfunktion		
	GPS-Tracker	Herzfrequenzmessung	Schrittzähler
Frauen	$5\,\% = \frac{5}{100}$	$65\,\% = \frac{65}{100}$	?

Da sich 5 % der Frauen für den GPS-Tracker und 65 % für die Herzfrequenzmessung als Lieblingsfunktion entschieden haben, bleiben $100\,\% - 5\,\% - 65\,\% = 30\,\%$ (oder $\frac{30}{100}$) für den Schrittzähler. Dabei unterstellen wir, dass es keine Mehrfachnennungen gab.

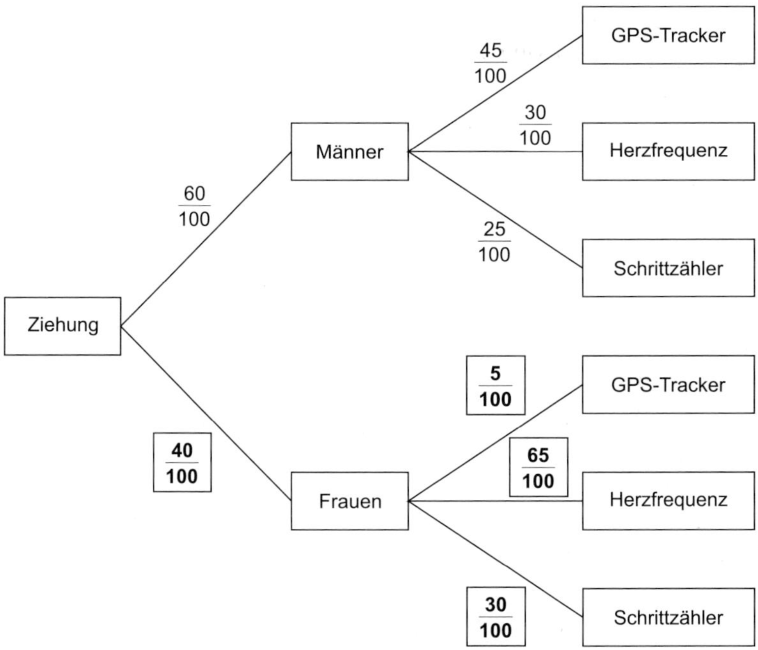

4.6 Das Ereignis E_1 „Der Gewinner ist ein Mann, der als Lieblingsfunktion GPS-Tracker angibt" wird im Baumdiagramm durch den gekennzeichneten Pfad dargestellt. Die Wahrscheinlichkeiten entlang des Pfades werden multipliziert (1. Pfadregel).

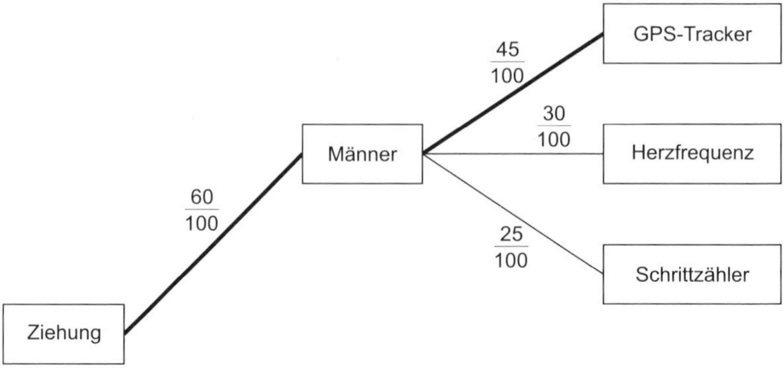

$$P(E_1) = P(\text{Mann; GPS-Tracker}) = \frac{60}{100} \cdot \frac{45}{100} = \frac{2.700}{10.000} = \underline{\underline{\frac{27}{100}}} = \underline{\underline{0,27}} = \underline{\underline{27\ \%}}$$

4.7 Die Wahrscheinlichkeit des Ereignisses E_2 „Der Gewinner ist ein Mann, der entweder Schrittzähler oder Herzfrequenzmessung gut findet" beinhaltet zwei Pfade (siehe Kennzeichnung in der Skizze).

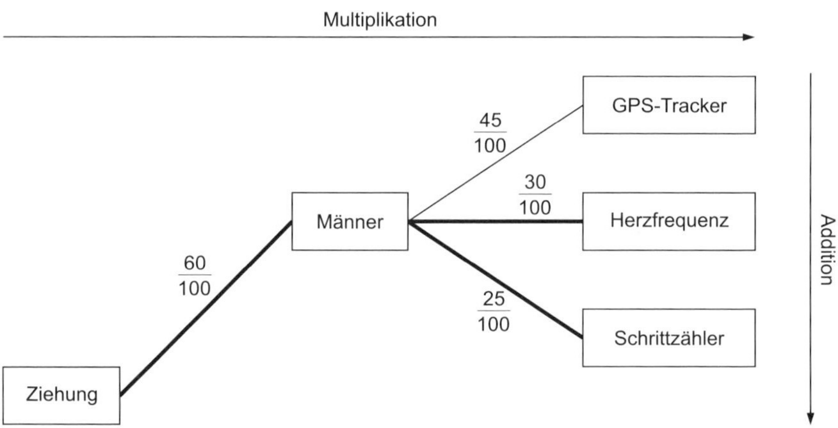

$$P(E_2) = P(\text{Mann; Herzfrequenz}) + P(\text{Mann; Schrittzähler})$$

$$= \frac{60}{100} \cdot \frac{30}{100} + \frac{60}{100} \cdot \frac{25}{100}$$

$$= \frac{1.800}{10.000} + \frac{1.500}{10.000}$$

$$= \frac{3.300}{10.000} = \underline{\underline{\frac{33}{100}}} = \underline{\underline{0,33}} = \underline{\underline{33\%}}$$

Aufgabe 5 – Raum und Form

5.1 Gesucht ist die Höhe h_Z des Zylinders. Da der Innendurchmesser (d = 60 mm) und das Volumen ($V_Z = 212\ cm^3$) gegeben sind, kann mit der Volumenformel die Höhe berechnet werden.

Berechnung des Radius r des Zylinders:

$$d = 60\ mm = 6\ cm \quad \Rightarrow \quad r = \frac{d}{2} = 3\ cm$$

Berechnung der Höhe h des Zylinders:

$$V_{Zyl} = r^2 \cdot \pi \cdot h$$

$$212\ cm^3 = (3\ cm)^2 \cdot \pi \cdot h \qquad |:(3\ cm)^2 \quad |:\pi$$

$$\frac{212\ cm^3}{(3\ cm)^2 \cdot \pi} = h$$

$$\underline{\underline{h = 7{,}50\ cm}}$$

5.2 Der Streifen zur Beschriftung ist ein Rechteck. Die Höhe ist gegeben. Seine Breite muss mindestens so breit wie der Umfang u des zylinderförmigen Glases sein. Anschließend rechnen wir 15 % Überlappung dazu.

Berechnung der Fläche des Streifens:

$$A_{Rechteck} = u \cdot h_S$$

$$A_{Rechteck} = 18{,}85 \cdot 5\ cm$$

$$\underline{\underline{A_{Rechteck} = 94{,}25\ cm^2}}$$

NR: $u = 2 \cdot r \cdot \pi$
$u = 2 \cdot 3\ cm \cdot \pi$
$u = 18{,}85\ cm$

Fläche inklusive Überlappung $= 94{,}25\ cm^2 \cdot 1{,}15 = \underline{\underline{108{,}39\ cm^2}}$

5.3 Vom quaderförmigen Glas ist bekannt, dass es 7,5 cm hoch ist, 270 cm^3 fasst und eine quadratische Grundfläche besitzt. Wir müssen zunächst die Länge einer Seite a der Grundfläche berechnen. Dies gelingt mithilfe der Volumenformel des Quaders:
V = Grundfläche · Höhe
Obwohl nicht explizit angegeben, ist auch hier die Wandstärke zu vernachlässigen.

Berechnung der Seitenlänge a der Grundfläche:

$$V_{Quader} = a^2 \cdot h$$

$$270\ cm^3 = a^2 \cdot 7{,}5\ cm \qquad |:(7{,}5\ cm)$$

$$36\ cm^2 = a^2 \qquad |\sqrt{\ }$$

$$a = 6\ cm$$

Um zu testen, ob die 10 cm lange Zimtstange in das Glas passt, müssen wir die Raumdiagonale des Quaders berechnen. Dies gelingt durch zweimalige Anwendung des Satzes von Pythagoras (zuerst die Flächendiagonale in der Grundfläche, dann die Raumdiagonale) oder mit der vorgegebenen Formel aus der Merkhilfe (S. 3, Nr. 13, Quader):

$d = \sqrt{a^2 + b^2 + h^2}$ (wobei hier b = a)

Berechnung der Raumdiagonale d:

$d = \sqrt{a^2 + a^2 + h^2}$

$d = \sqrt{(6\text{ cm})^2 + (6\text{ cm})^2 + (7{,}5\text{ cm})^2}$

$d = \sqrt{128{,}25}\text{ cm}$

$\underline{d = 11{,}32\text{ cm}}$

Die Raumdiagonale $d = 11{,}32$ cm ist länger als die Zimtstange (10 cm), also passt die Zimtstange ins Glas.

5.4 Diese Aufgabe unterteilt sich in zwei Problemstellungen.

Zunächst muss man mit dem Strahlensatz den Radius r_2 berechnen.

Anschließend kann mit dem Satz von Pythagoras im rechtwinkligen Dreieck (siehe Kennzeichnung in der Skizze) h_2 berechnet werden.

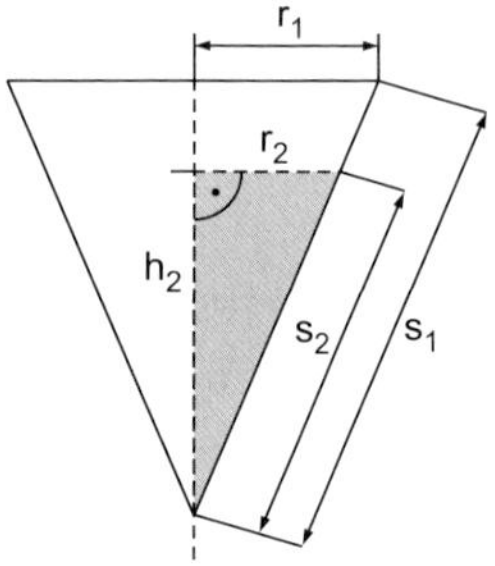

Berechnung des Radius r_2:

$$\frac{r_2}{r_1} = \frac{s_2}{s_1}$$

$$\frac{r_2}{5{,}5\text{ cm}} = \frac{13\text{ cm}}{17\text{ cm}} \qquad \Big|\cdot 5{,}5\text{ cm}$$

$$r_2 = \frac{13}{17} \cdot 5{,}5\text{ cm}$$

$$r_2 = 4{,}21\text{ cm}$$

Berechnung der Füllhöhe h_2:

$$s_2{}^2 = r_2{}^2 + h_2{}^2$$

$$(13\text{ cm})^2 = (4{,}21\text{ cm})^2 + h_2{}^2 \qquad \Big| -(4{,}21\text{ cm})^2$$

$$h_2{}^2 = 151{,}28\text{ cm}^2 \qquad \Big| \sqrt{}$$

$$\underline{\underline{h_2 = 12{,}30\text{ cm}}}$$

5.5 Um zu bestimmen, wie viel Fruchtsaft Frau Süß eingefüllt hat, muss das Volumen eines Kegels mit dem Radius r_2 und der Höhe h_2 berechnet werden. Beachte: $1\text{ cm}^3 = 1\ m\ell$

$$V_{Kegel} = \frac{1}{3} \cdot r_2{}^2 \cdot \pi \cdot h_2$$

$$V_{Kegel} = \frac{1}{3} \cdot (4{,}21\text{ cm})^2 \cdot \pi \cdot 12{,}30\text{ cm}$$

$$V_{Kegel} = 228{,}30\text{ cm}^3 = \underline{\underline{228{,}30\ m\ell}}$$

Abschlussprüfung 2020 an drei- und vierstufigen Wirtschaftsschulen
Mathematik – Aufgabenteil A

Aufgaben ohne Benutzung des Taschenrechners

1. Familie Gruber (Vater, Mutter, der 13-jährige Sohn Jonas und die 4-jährige Tochter Lena) besucht zu Beginn der Sommerferien die Stadt München und möchte auf dem Fernsehturm die Aussicht genießen. Aus der Zeitung weiß Herr Gruber, dass es in der ersten Ferienwoche 20 % Rabatt auf den Eintrittspreis gibt.

Eintrittspreise	
Erwachsene:	7,00 €
Kinder und Jugendliche (6 – 18 Jahre):	5,00 €
Kinder unter 6 Jahren:	frei

Entscheiden Sie, welcher Term zur Berechnung des ermäßigten Eintrittspreises richtig ist. 1

A	B	C	Lösung
$(2\cdot 7+5)\cdot 0{,}2$	$(2\cdot 7+5)\cdot \frac{4}{5}$	$(2\cdot 7+2\cdot 5)\cdot 1{,}2$	B

2. Beim Oktoberfest-Special der Quizshow „Wer wird Millionär?“ wurde folgende 125.000-€-Frage gestellt.

Betragen die Seitenlängen bei einem Dreieck 3 cm, 4 cm und 5 cm, dann handelt es sich definitiv um ein …

A: spitzwinkliges Dreieck	B: rechtwinkliges Dreieck
C: stumpfwinkliges Dreieck	D: gleichseitiges Dreieck

Welche dieser Antworten ist die richtige? Begründen Sie rechnerisch. 2

$3^2 + 4^2 = 5^2$

$5^2 = 25$

3. Luca möchte sein Fahrradschloss öffnen. Auf jedem Ring können die Ziffern 0 bis 9 eingestellt werden. Die ersten vier Ziffern der Kombination hat er richtig eingestellt. Leider hat er die letzte Ziffer vergessen. Wie groß ist die Wahrscheinlichkeit, dass Luca bereits beim ersten Versuch sein Fahrradschloss öffnen kann?
Geben Sie das Ergebnis als Bruch und in Prozent an. 1

10%

4. Hannes hat zum Geburtstag einen Tandemfallschirmsprung geschenkt bekommen. Er springt mit einem erfahrenen Fallschirmspringer aus dem Flugzeug und befindet sich in den ersten 40 Sekunden im freien Fall. Danach öffnet sich der Fallschirm und der Gleitflug beginnt.
Der Graph stellt Hannes' Flughöhe y in Abhängigkeit von der Zeit x dar.

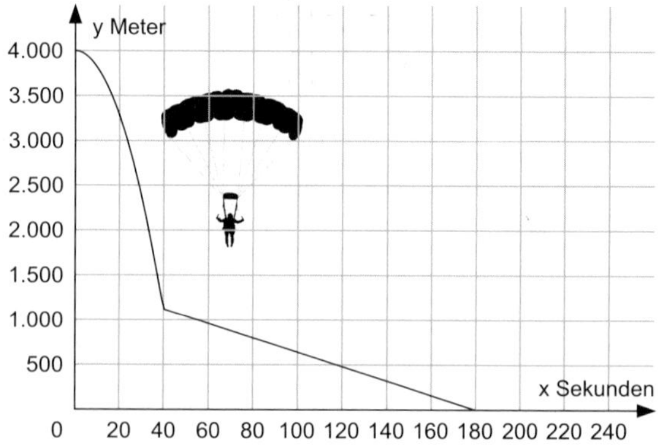

4.1 Setzen Sie aus folgenden Bausteinen die Funktionsgleichung zusammen, welche die Flugphase „Freier Fall" beschreibt. 1

$18x^2$	$1{,}8x^2$	$-1{,}8x^2$	4.000	−4.000

y = $-1{,}8x^2 + 4000$

4.2 Entnehmen Sie der Zeichnung, wie lange nur der Gleitflug dauert. 1

140 Sekunden

5. Das Ehepaar Albrecht möchte sich den Traum eines eigenen Hauses erfüllen und kauft sich deshalb ein Grundstück. Sie müssen beim Kauf 3 % vom Grundstückspreis als Grunderwerbsteuer zahlen. Diese beläuft sich auf 4.503,00 €.

5.1 Berechnen Sie den Kaufpreis des Grundstücks. 2

:3 (3 % ≙ 4503,00 €) :3
1 % ≙ 1501,00 €
·100 ( ) ·100
100 % ≙ 150100,00

5.2 Einen Teil des Kaufpreises finanzieren die Eheleute Albrecht über einen Kredit. Von der Bank bekommen sie eine Grafik ausgehändigt, die den Darlehensverlauf darstellt.
Bestimmen Sie, um welche Tilgungsart es sich handelt. 1

Tilgungsart: Annuitätentilgung

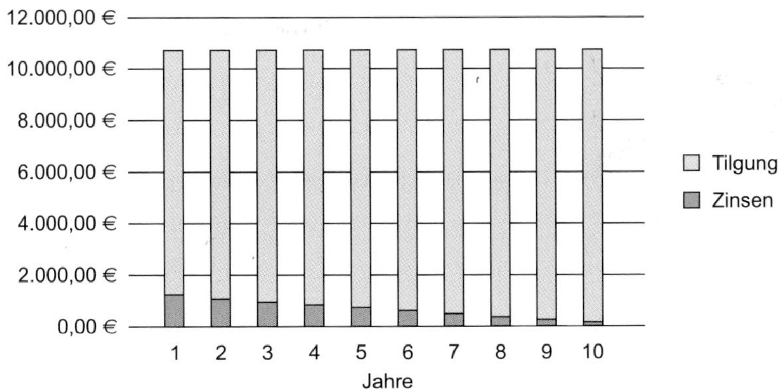

6. Laura behauptet, dass die beiden Funktionsgleichungen p_1: $y = (x + 3)^2 - 2$ und p_2: $y = x^2 + 6x + 7$ die gleiche Parabel beschreiben.
Überprüfen Sie die Behauptung von Laura rechnerisch, indem Sie die Scheitelform in die allgemeine Form umwandeln. 2

P_1: $y = (x+3) \cdot (x+3) - 2$
$= x^2 + 3x + 3x + 9 - 2$

P_1: $y = x^2 + 6x + 7 = P_2$: $y = x^2 + 6x + 7$
Sie hat recht

7. Von einem 58 m hohen Leuchtturm sieht man ein Schiff unter dem Tiefenwinkel $\alpha = 30°$. Berechnen Sie mithilfe untenstehender Tabelle, wie weit das Schiff vom Leuchtturm entfernt ist.

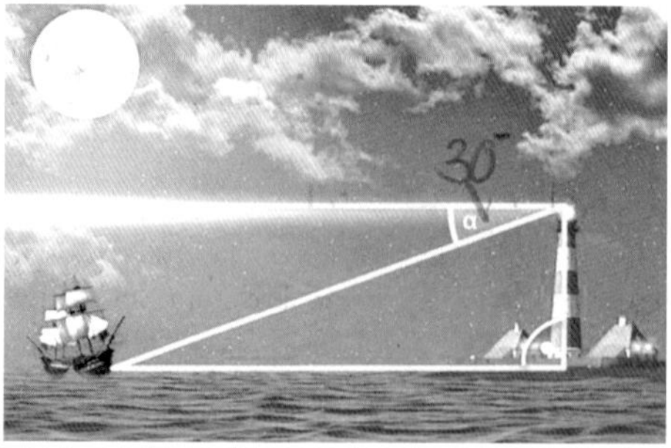

2

Winkel	**5°**	**10°**	**15°**	**20°**	**25°**	**30°**	**35°**	**40°**	**45°**
sin ≈	0,09	0,17	0,26	0,34	0,42	0,50	0,57	0,64	0,71
cos ≈	1	0,98	0,97	0,94	0,91	0,87	0,82	0,77	0,71
tan ≈	0,09	0,18	0,27	0,36	0,47	0,58	0,70	0,84	1

$\tan 30 = \frac{58\,m}{x}$

→ 100 Meter

8. Auf dem Bild ist ein zylinderförmiger Wassertank zu sehen.
Schätzen Sie Durchmesser und Höhe des Tanks und berechnen Sie dessen Volumen ($\pi = 3$). 2

$V = r^2 \cdot \pi \cdot h$

$V = 1^2 \cdot \pi \cdot 3$

$V = 1^2 \cdot 3 \cdot 3$

$V = 9\,m^3$

15

Abschlussprüfung 2020 an drei- und vierstufigen Wirtschaftsschulen
Mathematik – Aufgabenteil B

Aufgabe 1 – Finanzmathematik

© lzf. Shutterstock

Die ehemalige Wirtschaftsschülerin Luisa träumt davon, ihr Hobby zum Beruf zu machen. Sie plant einen kleinen Laden zu eröffnen, in dem sie Longboards, Skateboards und Snowboards anbieten will.
Luisas Opa hat am Anfang des Jahres 2010 einen Sparvertrag für seine Enkelin abgeschlossen, in den er einmalig zu Beginn 7.500,00 € und seither immer zu Jahresbeginn 2.500,00 € einbezahlt hat. Der Vertrag wurde mit 2,10 % verzinst.

1.1 Berechnen Sie, auf welches Kapital Luisa am Ende des Jahres 2019 zurückgreifen kann. 3

Neben dem Sparvertrag von ihrem Opa besitzt Luisa noch ein Sparbuch, auf das sie vor 7 Jahren ihre Geldgeschenke zur Konfirmation in Höhe von 2.490,00 € einbezahlt hat. Aktuell weist das Sparbuch nach Eintragung aller Zinsen und Zinseszinsen einen Kontostand von 2.763,51 € auf.

1.2 Berechnen Sie den Zinssatz, den Luisa auf ihr Sparbuch bekommen hat. 3

Luisa erbt von ihrer Großtante 40.000,00 €. Diesen Betrag legt sie auf einem Sparkonto zu einem Zinssatz von 1,80 % an. Sie möchte davon zukünftig zu Beginn eines jeden Jahres Geld entnehmen, um davon ihre Werbepartner bezahlen zu können.

1.3 Berechnen Sie, wie viele volle Jahre Luisa den Betrag von 5.200,00 € entnehmen kann, bevor das Kapital aufgebraucht ist. 4

Zur Einrichtung ihres Ladens benötigt Luisa einen Bankkredit (siehe Beleg).

Darlehensvertrag

zwischen

Sparbank Unterfranken	und	Schott, Luisa
Kreditinstitut		Name, Vorname
Weißenburger Str. 35		Hörsteiner Str. 4
Straße		Straße
63739 Aschaffenburg		63801 Kleinostheim
PLZ und Wohnort		PLZ und Wohnort

– nachfolgend *„Darlehensgeber"* genannt – – nachfolgend *„Darlehensnehmer"* genannt –

§1 Darlehensgewährung

Der Darlehensgeber gewährt dem Darlehensnehmer ein verzinsliches Darlehen in Höhe von **57.800,00** EUR.

Das Darlehen hat eine Laufzeit von **17** Jahren ab dem Auszahlungsdatum.

Der Darlehensbetrag wird auf folgende Bankverbindung ausgezahlt:

Luisa Schott	DE34 7953 5547 0000 0145 88	Sparbank Unterfranken
Kontoinhaber	Kontoverbindung (IBAN)	Geldinstitut

§2 Verzinsung

Das Darlehen ist mit 3,20 % p. a. zu verzinsen. Die Zinsen werden jeweils jährlich berechnet.

§3 Tilgung

Das Darlehen ist in jährlichen, gleichbleibenden Tilgungsraten in Höhe von **3.400,00** EUR zu tilgen. Tilgung und Zinsen werden automatisch am Jahresende von Ihrem Konto eingezogen. Bitte achten Sie auf ausreichende Deckung.

Aschaffenburg, 25. 06. 2020

(Ort) (Datum)

Harald Geißendörfer — Luisa Schott

(Darlehensgeber) (Darlehensnehmer)

1.4 Erstellen Sie einen Tilgungsplan für die ersten beiden Jahre. 3

1.5 Berechnen Sie, nach wie vielen Jahren Luisa erstmals weniger als 1.000,00 € Zinsen für ihr Darlehen zahlen muss. 2

15

Aufgabe 2 – Funktionaler Zusammenhang

Über eine Autobahn $\overline{GH}$ soll eine Fußgängerbrücke gebaut werden, die von einem parabelförmigen Brückenbogen getragen wird.

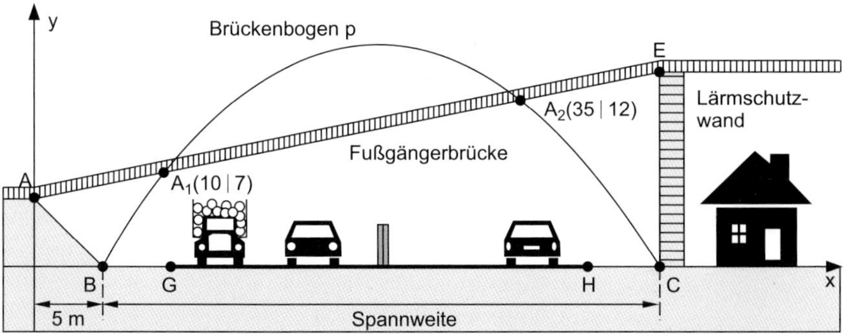

Alle Angaben in Meter. Die Skizze ist nicht maßstabsgetreu.

Der Brückenbogen p soll durch die Punkte $A_1(10\,|\,7)$ und $A_2(35\,|\,12)$ verlaufen.

2.1 Bestimmen Sie die allgemeine Form der Parabel p, wenn $a = -0{,}04$ gilt. 4
(Ergebnis: p: $y = -0{,}04x^2 + 2x - 9$)

Für die Einreichung des Bauantrages sind noch einige Größen zu berechnen.

2.2 Berechnen Sie die Spannweite $\overline{BC}$ des Brückenbogens. 4

Aufgrund des naheliegenden Hubschrauberlandeplatzes darf der Brückenbogen nicht höher als 20 Meter sein.

2.3 Überprüfen Sie rechnerisch, ob der Brückenbogen wie geplant gebaut werden darf. 2

Die Fußgängerbrücke kann zwischen den Punkten A und E durch eine Gerade g beschrieben werden. An den Punkten A_1 und A_2 liegt der Gehweg am Brückenbogen auf.

2.4 Bestimmen Sie die Funktionsgleichung von g. 3
(Ergebnis: g: $y = 0{,}2x + 5$)

Die Lärmschutzwand soll mit Kletterpflanzen begrünt werden. Die zuständige Autobahnmeisterei soll eine Kletterhilfe für Pflanzen anbringen.

2.5 Berechnen Sie die Höhe $\overline{CE}$ der senkrechten Lärmschutzwand, wenn die Spannweite $\overline{BC}$ 40 m beträgt. 2

15

Aufgabe 3 – Trigonometrie

Simon und Teresa möchten nach der Schule die neue Kletterhalle in ihrer Heimatstadt testen. Vor Ort finden die beiden eine große Kletterwand vor, die sowohl für Anfänger als auch für Fortgeschrittene geeignet ist.

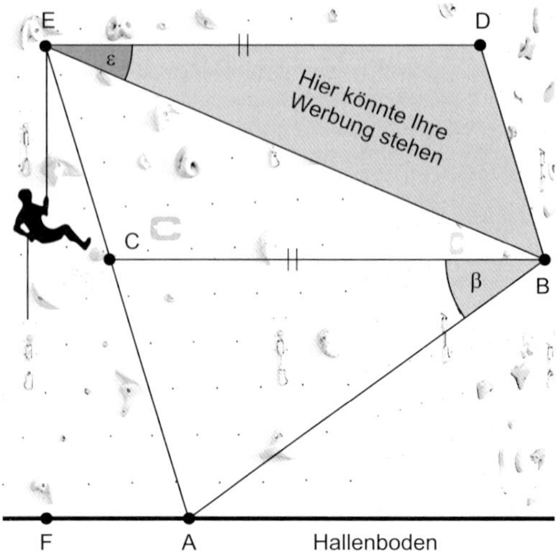

Details zur Kletterwand:

$|\overline{AB}| = 7{,}98\ \text{m}$

$|\overline{BC}| = 7{,}91\ \text{m}$

$|\overline{BD}| = 3{,}96\ \text{m}$

$|\overline{AE}| = 8{,}86\ \text{m}$

$|\overline{DE}| = 7{,}30\ \text{m}$

$\beta = 37{,}68°$

$\varepsilon = 21{,}34°$

$\overline{ED} \parallel \overline{CB}$

Die Skizze ist nicht maßstabsgetreu.

Teresa klettert die Anfängerstrecke, die vom Punkt A zum Punkt E führt. Sie seilt sich von dort senkrecht zum Punkt F ab. Der Punkt E befindet sich 8,50 m über dem Hallenboden.

3.1 Berechnen Sie, wie weit Teresa vom Punkt A entfernt den Boden berührt. 2

Zum Aufwärmen klettert Simon die Übungsstrecke $\overline{AC}$.

3.2 Berechnen Sie die Länge dieser Strecke. 3

Im Anschluss möchte Simon die Tour für Fortgeschrittene klettern, bei der man vom Punkt A aus über die Punkte B und D zum Endpunkt E gelangt.

3.3 Berechnen Sie die Größe des Winkels $\sphericalangle DBA$. 4
(Zwischenergebnis: $\sphericalangle DBE = 42{,}13°$)

Bereits im Punkt B merkt Simon, dass seine Kräfte nachlassen und er das schwierigste Stück der Tour nicht mehr schafft. Deshalb entscheidet er sich, sofort zum Punkt E zu klettern.

3.4 Berechnen Sie die Länge der Abkürzung $\overline{BE}$. 4
(Ergebnis: $|\overline{BE}| = 9{,}74\ \text{m}$)

Das Freizeitbad „elypso" möchte an der großen Kletterwand 15 m² Werbung anbringen.

3.5 Überprüfen Sie rechnerisch, ob das Dreieck BDE dafür geeignet ist. 2

15

Aufgabe 4 – Daten und Zufall

In der Abschlussklasse müssen sich die Wirtschaftsschülerinnen und -schüler entscheiden, ob sie im Fach Mathematik oder im Fach Übungsunternehmen die Abschlussprüfung ablegen wollen.
An einer Wirtschaftsschule mit insgesamt 80 Abschlussschülern entschieden sich die Schüler/-innen 2019 wie in nebenstehender Tabelle dargestellt.

Abschluss 2019		
Klasse	Mathematik	Übungsunternehmen
10a	18	12
10b	19	6
10c	18	7
davon waren weiblich:		
10a	12	6
10b	13	3
10c	6	3

4.1 Berechnen Sie die absolute Häufigkeit der männlichen Abschlussschüler an dieser Wirtschaftsschule. 2

4.2 Erstellen Sie ein Säulendiagramm, das den prozentualen Anteil der Abschlussschüler pro Klasse im Fach Übungsunternehmen zeigt. 3

Im Fach Mathematik muss eine schriftliche Abschlussprüfung abgelegt werden, bei der maximal 75 Punkte erreicht werden können. Die 12 Abschlussschülerinnen der Klasse 10a erzielten dabei insgesamt folgende Punkte:

Schülerin	A	B	C	D	E	F	G	H	I	J	K	L
Punkte	46	72	41	62	35	70	68	49	75	22	64	56

4.3 Ermitteln Sie das arithmetische Mittel und den Median der erzielten Punkte. 4

Nach der Abschlussprüfung in Deutsch wurde die Turnhalle aufgrund eines Wasserschadens gesperrt. Alle 80 Abschlussschüler mussten die Prüfungen in den Fächern BSK und Englisch in drei unterschiedlich großen Klassenzimmern schreiben.

Raum A: 24 Plätze	Raum B: 36 Plätze	Raum C: 20 Plätze

Es wurde per Los entschieden, welchen Raum der Prüfling zugewiesen bekam.

4.4 Fertigen Sie zu dem Zufallsexperiment „Zuweisung eines Klassenzimmers an den beiden Prüfungstagen" ein passendes Baumdiagramm an und tragen Sie die einzelnen Übergangswahrscheinlichkeiten ein. 4

4.5 Berechnen Sie die prozentuale Wahrscheinlichkeit für das Ereignis E: „Ein Schüler oder eine Schülerin legte beide Prüfungen im selben Raum ab." 2

15

Aufgabe 5 – Raum und Form

Die See-Meer-Fluss GmbH (kurz SMF GmbH) stellt verschiedene Arten von Bojen her.
Ein guter Kunde der SMF GmbH bestellt die Boje „Egypt“, welche die Form einer Doppelpyramide mit quadratischer Grundfläche ABCD und der Seitenlänge $a = 1$ m hat. Die Höhe der unteren Pyramide beträgt $h_u = 2{,}10$ m.

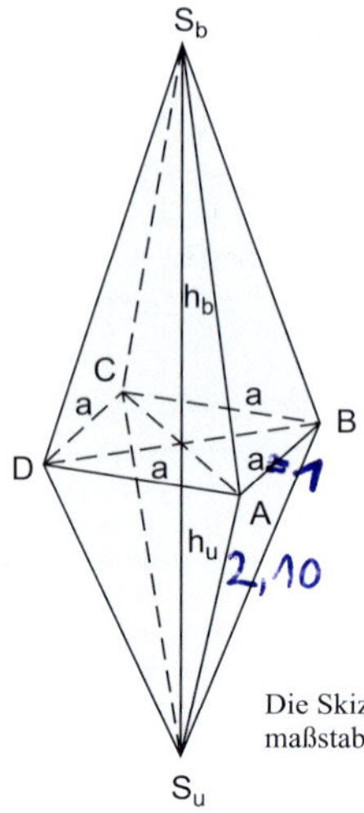

Die Skizze ist nicht maßstabsgetreu.

5.1 Berechnen Sie die Gesamthöhe $\overline{S_u S_b}$ der Boje, wenn das Volumen der oberen Pyramide um 20 % größer als das der unteren Pyramide ist. 4

In der Forschungsabteilung der SMF GmbH wird die neue Hochsee-Boje „Atlantik“ entwickelt. Sie besteht aus einer Halbkugel mit Radius $r = 1{,}50$ m, der eine kegelförmige Haube mit der Höhe $h_K = 4{,}13$ m aufgesetzt wurde.
Der halbkugelförmige Teil der Boje soll aus Kork hergestellt werden. Im Lager der SMF GmbH sind noch 100 m³ Kork vorhanden.

Die Skizze ist nicht maßstabsgetreu.

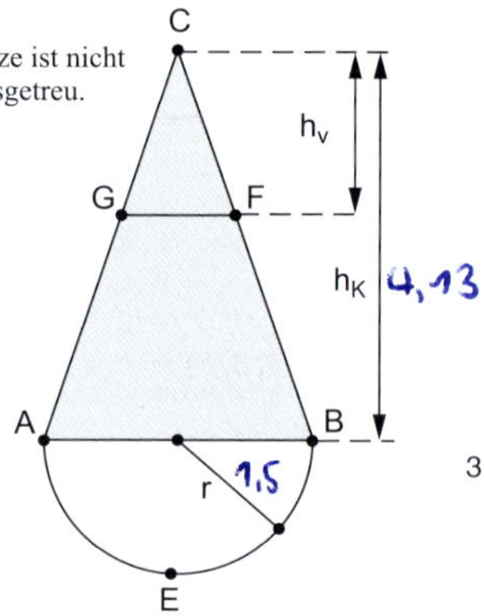

5.2 Berechnen Sie, wie viele halbkugelförmige Bauteile aus dem Lagerbestand hergestellt werden können, wenn 3 % Verschnitt berücksichtigt werden muss. 3

Die Hochsee-Boje muss vollständig mit einem Speziallack versehen werden.

5.3 Berechnen Sie die insgesamt zu lackierende Fläche der neuen Boje „Atlantik“. 5
(Zwischenergebnis: $|\overline{BC}| = 4{,}39$ m)

Stabilitätstests an der neuen Boje haben ergeben, dass im oberen, kegelförmigen Teil eine horizontale Verstrebung $\overline{GF}$ in Form einer Metallscheibe mit einem Durchmesser von 80 cm eingesetzt werden muss.

5.4 Berechnen Sie, welchen Abstand h_v diese zusätzliche Verstrebung $\overline{GF}$ von der Spitze C hat. 3

15

Lösung – Aufgabenteil A

Aufgaben ohne Benutzung des Taschenrechners

1. Familie Gruber besteht aus zwei Erwachsenen (Vater und Mutter), einem Jugendlichen (Jonas) und der Tochter Lena, die keinen Eintritt bezahlen muss. Die beiden Erwachsenen müssen jeweils 7 € bezahlen, während für Jonas 5 € Eintrittsgeld fällig sind. Mit dem Term $2 \cdot 7 + 5$ kann man daher den regulären Eintrittspreis berechnen.

   Da es in der ersten Ferienwoche 20 % Rabatt gibt, braucht Familie Gruber nur 80 % $(= \frac{80}{100} = 0{,}8 = \frac{4}{5})$ des Eintrittspreises bezahlen. Dieser Faktor muss mit dem regulären Preis multipliziert werden.

   Bei Lösung A würde man nur den Rabatt ($20\,\% = 0{,}2$) berechnen, während man bei Lösung C um 20 % mehr zahlen müsste ($1{,}2 = 120\,\%$).

   Lösung **B**

2. Der Satz des Pythagoras ist nur im rechtwinkligen Dreieck anwendbar. Dies bedeutet im Umkehrschluss: Wenn auf beiden Seiten der Gleichung beim Satz des Pythagoras der gleiche Zahlenwert steht, ist das Dreieck rechtwinklig.

   Im vorliegenden Beispiel muss die Hypotenuse 5 cm lang sein (längste Seite). Die anderen beiden Seiten (3 cm bzw. 4 cm lang) sind die Katheten.

   Wenn das Dreieck also rechtwinklig ist, müsste gelten:

   $$3^2 + 4^2 \stackrel{?}{=} 5^2$$
   $$9 + 16 \stackrel{?}{=} 25$$
   $$25 = 25$$

   Das ist eine wahre Aussage und somit ist gezeigt, dass das Dreieck rechtwinklig ist.

   Lösung **B** ist daher richtig.

3. Die ersten 4 Ziffern des Zahlenschlosses sind bereits richtig eingestellt. Es fehlt nur noch der letzte Ring. Darauf sind die Ziffern 0 bis 9 abgebildet. Es gibt also 10 Möglichkeiten (0, 1, 2, 3, 4, 5, 6, 7, 8, 9). Nur eine der 10 Ziffern ist ein günstiges Ergebnis (Schloss geht auf). Daher ist die Wahrscheinlichkeit, das Schloss beim ersten Versuch zu öffnen, $\frac{1}{10}$. Dies entspricht einer Wahrscheinlichkeit von 10 %.

   $$P(\text{Öffnen beim 1. Versuch}) = \underline{\underline{\frac{1}{10} = 10\,\%}}$$

4.1 Der dargestellte Teil des Graphen für die Flugphase „freier Fall“ ist eine nach unten geöffnete Parabel. Deshalb muss der Formfaktor a negativ sein und es entfallen die Bausteine „$18x^2$“ und „$1{,}8x^2$“. Übrig bleibt der Baustein „$-1{,}8x^2$“.
Der Parameter c zeigt den y-Achsenabschnitt. Die dargestellte Parabel schneidet die y-Achse bei +4.000 Meter. Daher gilt $c = 4.000$.

   Die zusammengesetzte Funktionsgleichung lautet $\underline{\underline{y = -1{,}8x^2 + 4.000}}$.

4.2 Nach 40 Sekunden öffnet Hannes den Fallschirm. Er landet nach insgesamt 180 Sekunden (siehe Nullstelle). Um die Dauer des Gleitfluges zu berechnen, muss von der Gesamtflugzeit die Zeit des freien Falls abgezogen werden.

180 Sekunden – 40 Sekunden = 140 Sekunden Gleitflug

5.1 Diese Aufgabe aus dem Bereich Prozentrechnung kann mit einem Dreisatz gelöst werden: Nach dem Ansatz, dass 3 % Grunderwerbsteuer einem Betrag von 4.503 € entspricht, ist auf beiden Seiten durch 3 zu teilen. Anschließend muss auf beiden Seiten mit 100 multipliziert werden, um den Kaufpreis des Grundstücks (100 %) zu ermitteln.

$$\begin{aligned} &:3\ \big(\quad 3\,\% &\hat{=}\ & 4.503{,}00\ €\quad \big):3\\ &\cdot 100\ \big(\quad 1\,\% &\hat{=}\ & 1.501{,}00\ €\quad \big)\cdot 100\\ &\quad 100\,\% &\hat{=}\ & 150.100{,}00\ € \end{aligned}$$

Der Kaufpreis des Grundstücks beläuft sich auf 150.100 €.

5.2 Die Säulenhöhe in der dargestellten Grafik entspricht der Annuität. Sie setzt sich aus Tilgung (oberer, hellerer Teil) und Zinsen (unterer, dunklerer Teil) zusammen.

Da die Säulen über die gesamte Laufzeit von 10 Jahren immer gleich hoch bleiben, muss es sich um eine Annuitätentilgung handeln.

6. Um die Scheitelform in die Normalform umzuwandeln, muss zunächst die Klammer aufgelöst werden. Dies kann man über die binomische Formel machen oder man kann die Klammer mit sich selbst multiplizieren. Dabei muss jeder Faktor der ersten mit jedem Faktor der zweiten Klammer multipliziert werden. Anschließend wird alles so weit wie möglich zusammengefasst und so die Normalform hergestellt.

$$\begin{aligned} y = (x+3)^2 - 2 = (x+3)\cdot(x+3) - 2 &= \underbrace{x\cdot x} + \underbrace{x\cdot 3} + \underbrace{3\cdot x} + \underbrace{3\cdot 3} - 2\\ &= x^2 + 3x + 3x + 9 - 2\\ &= x^2 + 6x + 7 \end{aligned}$$

Die Behauptung von Laura ist richtig.

7. Im dargestellten Bild findet sich der Winkel $\alpha = 30°$ auch links unten im Dreieck wieder (Z-Winkel). Ebenso ist die Höhe des Turmes $h = 58$ m (Gegenkathete) bekannt. Die Entfernung x des Schiffes vom Turm entspricht der Länge der Ankathete. Mit dem Tangens im rechtwinkligen Dreieck kann die Entfernung x berechnet werden.

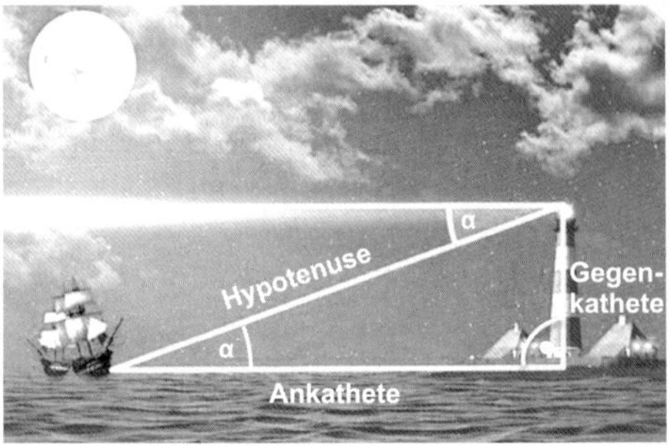

$$\tan\alpha = \frac{\text{Gegenkathete}}{\text{Ankathete}} = \frac{h}{x}$$

$$\tan 30° = \frac{58\text{ m}}{x}$$

Der Wert $\tan 30° = 0{,}58$ wird der Tabelle entnommen.

Winkel	**5°**	**10°**	**15°**	**20°**	**25°**	**30°**	**3[illegible]**	**40°**	**45°**
sin ≈	0,09	0,17	0,26	0,34	0,42	0,50	[illegible]	0,64	0,71
cos ≈	1	0,98	0,97	0,94	0,91	0,87	[illegible],82	0,77	0,71
tan ≈	0,09	0,18	0,27	0,36	0,47	0,58	0,70	0,84	1

$$0{,}58 = \frac{58\text{ m}}{x} \quad |\cdot x$$

$$0{,}58 \cdot x = 58\text{ m} \quad |:0{,}58$$

$$x = 100\text{ m}$$

Das Schiff ist 100 m vom Leuchtturm entfernt.

8. Die Bezugsgröße für die Schätzung des Durchmessers ist beispielsweise die Länge des Fahrrads. Ein Fahrrad ist ca. 2 m lang. Daher kann der Durchmesser des Wassertanks ebenfalls auf 2 m geschätzt werden. Somit ergibt sich der Radius $r = d : 2 = 2\text{ m} : 2 = 1\text{ m}$. Der Wassertank ist in etwa 1,5-mal so hoch wie der Durchmesser lang ist. Daraus ergibt sich eine geschätzte Höhe von 3 m. Für π darf der Wert $\pi = 3$ eingesetzt werden.

Geschätzte Größen:
$d = 2\text{ m} \Rightarrow r = 1\text{ m}$
$h = 1{,}5 \cdot d = 1{,}5 \cdot 2\text{ m} = 3\text{ m}$

Berechnung des Volumens:
$V_{Zylinder} = r^2 \cdot \pi \cdot h$
$V_{Zylinder} = (1\text{ m})^2 \cdot 3 \cdot 3\text{ m} = 9\text{ m}^3$

Das Volumen des Wassertanks beträgt in etwa 9 m^3.

Lösung – Aufgabenteil B

Aufgabe 1 – Finanzmathematik

1.1 Zunächst muss man berechnen, wie lange das Kapital von Luisa angelegt war: Von 2010 bis einschließlich 2019 sind es 10 Jahre (n = 10). Im Jahr 2010 wurde ein Startkapital von 7.500 € (K_0) angelegt und es wurden immer zu Jahresbeginn (vorschüssig) 2.500 € (Rente r) eingezahlt.
Es handelt sich daher um eine vorschüssige Kapitalmehrung mit Startkapital.

Gegeben: $K_0 = 7.500$ €; $n = 10$; $p\,\% = 2{,}1\,\%$ $\Rightarrow$ $q = 1{,}021$; $r = 2.500$ € (vorschüssig)

Gesucht: K_n'

Berechnung der Kapitalsumme nach 10 Jahren:

$$K_n' = K_0 \cdot q^n + r \cdot q \cdot \frac{q^n - 1}{q - 1}$$

$$K_{10}' = 7.500\text{ €} \cdot 1{,}021^{10} + 2.500\text{ €} \cdot 1{,}021 \cdot \frac{1{,}021^{10} - 1}{1{,}021 - 1}$$

$$\underline{\underline{K_{10}' = 37.309{,}77\text{ €}}}$$

Luisa kann am Ende des Jahres 2019 über 37.309,77 € verfügen.

1.2 Auf Luisas Sparbuch wurden in den letzten 7 Jahren keine weiteren Ein- oder Auszahlungen vorgenommen. Daher kann man den Zinssatz mit der Zinseszinsformel berechnen, indem man das gegebene Startkapital K_0, das Endkapital K_n und die Laufzeit n einsetzt und nach q auflöst. Anschließend kann man den Zinsfaktor q in den Zinssatz p umwandeln.

Gegeben: $K_0 = 2.490{,}00$ €; $K_n = 2.763{,}51$ €; $n = 7$

Gesucht: $p\,\%$; q

Berechnung des Zinsfaktors q:

$$K_n = K_0 \cdot q^n$$

$$2.763{,}51\text{ €} = 2.490\text{ €} \cdot q^7 \qquad \big|:2.490\text{ €}$$

$$1{,}1098\ldots = q^7 \qquad \big|\sqrt[7]{}$$

$$q = 1{,}015$$

Berechnung des Zinssatzes p %:

Zur Umrechnung von q nach p verwendet man die Formel $q = 1 + \frac{p}{100}$.

$$q = 1 + \frac{p}{100}$$

$$1{,}015 = 1 + \frac{p}{100} \qquad \big|-1 \quad \big|\cdot 100$$

$$(1{,}015 - 1) \cdot 100 = p$$

$$\underline{\underline{p\,\% = 1{,}5\,\%}}$$

Luisa hat einen Zinssatz von 1,5 % auf ihr Sparbuch bekommen.

1.3 Von ihrem Erbe ($K_0 = 40.000$ €) möchte Luisa regelmäßig zu Beginn eines Jahres einen festen Betrag $r = 5.200$ € abheben (vorschüssige Kapitalminderung).
Um die Anzahl der Jahre, in denen sie den vollen Betrag abheben kann, zu berechnen, muss nach n aufgelöst werden. Der Wert für n muss am Ende auf ganze Jahre abgerundet werden.

Gegeben: $K_0 = 40.000$ €; $K'_n = 0$ €; $r = 5.200$ €; vorschüssige Kapitalminderung
$p\,\% = 1{,}8\,\% \;\Rightarrow\; q = 1{,}018$

Gesucht: n

Berechnung der Anzahl n der Jahre:

$$K'_n = K_0 \cdot q^n - r \cdot q \cdot \frac{q^n - 1}{q - 1}$$

$$0\,€ = 40.000\,€ \cdot 1{,}018^n - 5.200\,€ \cdot 1{,}018 \cdot \frac{1{,}018^n - 1}{1{,}018 - 1}$$

Substitution: $x = 1{,}018^n$

$$0\,€ = 40.000\,€ \cdot x - 5.293{,}60\,€ \cdot \frac{x - 1}{0{,}018} \qquad |\cdot 0{,}018$$

$$0\,€ = 720\,€ \cdot x - 5.293{,}60\,€ \cdot (x - 1)$$

$$0\,€ = 720\,€ \cdot x - 5.293{,}60\,€ \cdot x + 5.293{,}60\,€ \qquad |-5.293{,}60\,€$$

$$-5.293{,}60\,€ = -4.573{,}60\,€ \cdot x \qquad |:(-4.573{,}60\,€)$$

$$1{,}1574\ldots = x$$

Rück-Substitution: $x = 1{,}018^n$

$$1{,}1574\ldots = 1{,}018^n \qquad |\lg$$

$$\lg 1{,}1574\ldots = n \cdot \lg 1{,}018 \qquad |:\lg 1{,}018$$

$$n = \frac{\lg 1{,}1574\ldots}{\lg 1{,}018}$$

$$n = 8{,}19$$

Luisa kann 8 Jahre lang den vollen Betrag entnehmen, um davon ihre Werbepartner zu bezahlen.

Alternative Berechnung von n ohne die Substitution:

$$K'_n = K_0 \cdot q^n - r \cdot q \cdot \frac{q^n - 1}{q - 1}$$

$$0\,€ = 40.000\,€ \cdot 1{,}018^n - 5.200\,€ \cdot 1{,}018 \cdot \frac{1{,}018^n - 1}{1{,}018 - 1} \qquad |\cdot 0{,}018$$

$$0\,€ = 720\,€ \cdot 1{,}018^n - 5.293{,}60\,€ \cdot 1{,}018^n + 5.293{,}60\,€ \qquad |-5.293{,}60\,€$$

$$-5.293{,}60\,€ = -4.573{,}60\,€ \cdot 1{,}018^n \qquad |:(-4.573{,}60\,€)$$

$$\frac{-5.293{,}60\,€}{-4.573{,}60\,€} = 1{,}018^n \qquad |\lg$$

$$\lg\left(\frac{-5.293,60\text{ €}}{-4.573,60\text{ €}}\right) = n \cdot \lg 1,018 \qquad |: \lg 1,018$$

$$n = \frac{\lg\left(\frac{-5.293,60\text{ €}}{-4.573,60\text{ €}}\right)}{\lg 1,018}$$

$$n = 8,19$$

Luisa kann 8 Jahre lang den vollen Betrag entnehmen, um davon ihre Werbepartner zu bezahlen.

1.4 Dem beigefügten Darlehensvertrag ist zu entnehmen, dass es sich hier um eine Ratentilgung handelt (siehe § 3). Das erkennt man daran, dass die Tilgungsrate (T = 3.400 €) über die gesamte Laufzeit immer gleich bleibt.

Gegeben: $K_0 = 57.800$ €; $T = 3.400$ €; $p\,\% = 3,2\,\%$

Gesucht: Z_1; A_1; S_1; Z_2; A_2; S_2

Berechnung der Zinsen Z_1 im 1. Jahr:

$$Z_1 = K_0 \cdot \frac{p}{100} = 57.800\text{ €} \cdot \frac{3,2}{100} = 1.849,60\text{ €}$$

Berechnung der Annuität A_1 im 1. Jahr:

$$A_1 = Z_1 + T = 1.849,60\text{ €} + 3.400\text{ €} = 5.249,60\text{ €}$$

Berechnung der Restschuld S_1 am Ende des 1. Jahres:

$$S_1 = K_0 - T = 57.800\text{ €} - 3.400\text{ €} = 54.400\text{ €}$$

Berechnung der Zinsen Z_2 im 2. Jahr:

$$Z_2 = S_1 \cdot \frac{p}{100} = 54.400\text{ €} \cdot \frac{3,2}{100} = 1.740,80\text{ €}$$

Berechnung der Annuität A_2 im 2. Jahr:

$$A_2 = Z_2 + T = 1.740,80\text{ €} + 3.400\text{ €} = 5.140,80\text{ €}$$

Berechnung der Restschuld S_2 am Ende des 2. Jahres:

$$S_2 = S_1 - T = 54.400\text{ €} - 3.400\text{ €} = 51.000\text{ €}$$

Erstellung des Tilgungsplans:

Jahre	Schuld am Jahresanfang	Zinsen	Tilgung	Annuität	Schuld am Jahresende
1	57.800,00 €	1.849,60 €	3.400,00 €	5.249,60 €	54.400,00 €
2	54.400,00 €	1.740,80 €	3.400,00 €	5.140,80 €	51.000,00 €

1.5 Es ist zu berechnen, wann die Zinsen (Z_v) erstmals unter 1.000 € fallen. Gegeben sind der Zinsfaktor $q = 1,032$, die Gesamtlaufzeit $n = 17$ Jahre und die Tilgungsraten $T = 3.400$ €. In die Formel $Z_v = T \cdot (q - 1) \cdot (n - v + 1)$, die zur Berechnung der Zinsen in einem beliebigen Jahr v dient, können diese Größen eingesetzt werden. Zu berechnen ist dann das Jahr v, in dem die Zinsen erstmals weniger als 1.000 € betragen.

Gegeben: $Z_v = 1.000$ €; $T = 3.400$ €; $n = 17$; $q = 1,032$

Gesucht: v

$$Z_v = T \cdot (q-1) \cdot (n-v+1)$$
$$1.000\text{ €} = 3.400\text{ €} \cdot (1,032-1) \cdot (17-v+1)$$
$$1.000\text{ €} = 3.400\text{ €} \cdot 0,032 \cdot (18-v)$$
$$1.000\text{ €} = 108,8\text{ €} \cdot (18-v)$$
$$1.000\text{ €} = 1.958,4\text{ €} - 108,8\text{ €} \cdot v \qquad |-1.958,4\text{ €}$$
$$-958,4\text{ €} = -108,8\text{ €} \cdot v \qquad |:(-108,8\text{ €})$$
$$v = 8,81$$

Nach 9 Jahren betragen die Zinsen erstmalig weniger als 1.000,00 €.

Man kann das Ergebnis auch am vollständigen Tilgungsplan gut nachvollziehen:

Jahre	Schuld am Jahresanfang	Zinsen	Tilgung	Annuität	Schuld am Jahresende
1	57.800,00 €	1.849,60 €	3.400,00 €	5.249,60 €	54.400,00 €
2	54.400,00 €	1.740,80 €	3.400,00 €	5.140,80 €	51.000,00 €
3	51.000,00 €	1.632,00 €	3.400,00 €	5.032,00 €	47.600,00 €
4	47.600,00 €	1.523,20 €	3.400,00 €	4.923,20 €	44.200,00 €
5	44.200,00 €	1.414,40 €	3.400,00 €	4.814,40 €	40.800,00 €
6	40.800,00 €	1.305,60 €	3.400,00 €	4.705,60 €	37.400,00 €
7	37.400,00 €	1.196,80 €	3.400,00 €	4.596,80 €	34.000,00 €
8	34.000,00 €	1.088,00 €	3.400,00 €	4.488,00 €	30.600,00 €
9	30.600,00 €	979,20 €	3.400,00 €	4.379,20 €	27.200,00 €
10	27.200,00 €	870,40 €	3.400,00 €	4.270,40 €	23.800,00 €
11	23.800,00 €	761,60 €	3.400,00 €	4.161,60 €	20.400,00 €
12	20.400,00 €	652,80 €	3.400,00 €	4.052,80 €	17.000,00 €
13	17.000,00 €	544,00 €	3.400,00 €	3.944,00 €	13.600,00 €
14	13.600,00 €	435,20 €	3.400,00 €	3.835,20 €	10.200,00 €
15	10.200,00 €	326,40 €	3.400,00 €	3.726,40 €	6.800,00 €
16	6.800,00 €	217,60 €	3.400,00 €	3.617,60 €	3.400,00 €
17	3.400,00 €	108,80 €	3.400,00 €	3.508,80 €	0,00 €

Aufgabe 2 – Funktionaler Zusammenhang

2.1 Die Parabel p verläuft durch die Punkte $A_1(10\,|\,7)$ und $A_2(35\,|\,12)$. Darüber hinaus ist der Formfaktor $a = -0,04$ bekannt. Die beiden Punkte A_1 und A_2 sowie der Formfaktor a müssen in die Normalform $y = ax^2 + bx + c$ eingesetzt werden. Es entsteht ein lineares Gleichungssystem.

Gegeben: $A_1(10|7)$; $A_2(35|12)$; $a=-0{,}04$; $y=ax^2+bx+c$

Rechenschritte	**Erläuterungen**
$y = ax^2 + bx + c$	Einsetzen von $A_1(10\|7)$, $A_2(35\|12)$ und $a=-0{,}04$ liefert zwei Gleichungen mit zwei Unbekannten.
I $\quad 7 = -0{,}04 \cdot 10^2 + b \cdot 10 + c$	$A_1(10\|7)$ und $a=-0{,}04$ eingesetzt
II $\quad 12 = -0{,}04 \cdot 35^2 + b \cdot 35 + c$	$A_2(35\|12)$ und $a=-0{,}04$ eingesetzt
I $\quad 7 = -4 + 10b + c$ II $\quad 12 = -49 + 35b + c$	Gleichungen vereinfacht
Berechnung von b:	
I – II $\quad -5 = 45 - 25b \quad \vert -45$	Additionsverfahren: Gleichung I – Gleichung II
$-50 = -25b \quad \vert :(-25)$ $\underline{b = 2}$	Auflösen nach b
Berechnung von c:	
b in I $\quad 7 = -4 + 10 \cdot 2 + c \quad \vert +4$	Einsetzen von b in Gleichung I (oder II)
$11 = 20 + c \quad \vert -20$ $\underline{c = -9}$	Auflösen nach c
Funktionsgleichung von p:	
p: $\underline{\underline{y = -0{,}04x^2 + 2x - 9}}$	Einsetzen von a, b und c in die Normalform

2.2 Um die Spannweite der Brücke zu berechnen, müssen zunächst die Nullstellen der Parabel p gefunden werden. Diese berechnet man mit der Lösungsformel. Da die linke Nullstelle (x-Koordinate vom Punkt B) nicht im Koordinatenursprung liegt, muss man zur Berechnung der Spannweite von der zweiten Nullstelle ($x_C = 45$) 5 [m] abziehen.

$y = 0 = -0{,}04x^2 + 2x - 9$

$a = -0{,}04$; $b = 2$; $c = -9$

$$x_{1/2} = \frac{-b \pm \sqrt{b^2 - 4ac}}{2a}$$

$$x_{1/2} = \frac{-2 \pm \sqrt{2^2 - 4 \cdot (-0{,}04) \cdot (-9)}}{2 \cdot (-0{,}04)}$$

$$x_{1/2} = \frac{-2 \pm \sqrt{2{,}56}}{-0{,}08}$$

$$x_{1/2} = \frac{-2 \pm 1{,}6}{-0{,}08}$$

$x_1 = 5; \quad x_2 = 45$

$|\overline{BC}| = 45 - 5 = 40 \mathrel{\hat{=}} 40\ \text{m}$

Die Spannweite des Brückenbogens beträgt $\underline{\underline{40\ \text{m}}}$.

2.3 Für die Baugenehmigung ist der höchste Punkt der Parabel (also der Scheitelpunkt) entscheidend. Hiervon reicht es, den y-Wert y_S auszurechnen. Für diesen gilt die Formel:

$$y_S = c - \frac{b^2}{4a}$$

Es gilt weiterhin: $a = -0{,}04$; $b = 2$; $c = -9$

$$y_S = c - \frac{b^2}{4a} = -9 - \frac{2^2}{4 \cdot (-0{,}04)} = -9 + 25 = 16$$

Wegen $16\ \text{m} < 20\ \text{m}$ darf der Brückenbogen wie geplant gebaut werden.

2.4 Wenn man die Punkte A_1 und A_2 in die Normalform $y = mx + t$ einsetzt, entsteht ein Gleichungssystem. Durch das Subtraktionsverfahren kann man m berechnen. Dieser Wert in I oder II eingesetzt liefert als Ergebnis den y-Achsenabschnitt t und somit die vollständige Funktionsgleichung.

Gegeben: $A_1(10\,|\,7)$; $A_2(35\,|\,12)$; $y = mx + t$

I $\quad 7 = m \cdot 10 + t$

II $\quad 12 = m \cdot 35 + t$

I – II $\quad -5 = -25 \cdot m \qquad |:(-25)$

$\underline{0{,}2 = m}$

m in I: $7 = 0{,}2 \cdot 10 + t$

$7 = 2 + t \qquad |-2$

$\underline{5 = t}$

Die Funktionsgleichung von g lautet: $\underline{\underline{g\colon\ y = 0{,}2x + 5}}$

Alternative Lösungsmöglichkeit:

Mit der Punktsteigungsformel kann man zunächst die Steigung m berechnen. Anschließend setzt man einen Punkt und das berechnete m in $y = mx + t$ ein, um t zu bekommen.

$$m = \frac{y_2 - y_1}{x_2 - x_1} = \frac{12 - 7}{35 - 10} = \frac{5}{25} = 0{,}2$$

$A_1(10\,|\,7)$ und m einsetzen in $y = m \cdot x + t$:

$7 = 0{,}2 \cdot 10 + t \;\Rightarrow\; t = 5$

$\Rightarrow\; \underline{\underline{g\colon\ y = 0{,}2x + 5}}$

2.5 Die Lärmschutzwand beginnt im Punkt C. Von diesem Punkt sind zunächst die Koordinaten zu ermitteln: $C(5 + \text{Spannweite}\,|\,0) \;\Rightarrow\; C(45\,|\,0)$
Die Höhe h der Lärmschutzwand bekommt man, wenn man den x-Wert des Punktes C ($x_C = 45$) in die Funktionsgleichung der Geraden g einsetzt und y berechnet.

$x = 45$ in g:

$y = 0{,}2 \cdot 45 + 5 = 14$

$\Rightarrow\; h = 14\ \text{m}$

Die Höhe der Lärmschutzwand beträgt $\underline{\underline{14\ \text{m}}}$.

Aufgabe 3 – Trigonometrie

3.1 Es ist vorteilhaft, wenn man den Weg, den Teresa noch zurücklegen muss, bis zum Punkt F zu Ende zeichnet. So entsteht das rechtwinklige Dreieck AEF, in dem der Satz des Pythagoras angewendet werden kann: $\overline{AE}$ ist die Hypotenuse, $\overline{EF}$ und $\overline{FA}$ sind die Katheten.

Berechnung von $|\overline{FA}|$:

$$|\overline{AE}|^2 = |\overline{EF}|^2 + |\overline{FA}|^2$$

$$(8{,}86\text{ m})^2 = (8{,}5\text{ m})^2 + |\overline{FA}|^2 \qquad |-(8{,}5\text{ m})^2$$

$$6{,}2496\text{ m}^2 = |\overline{FA}|^2 \qquad |\sqrt{\ }$$

$$\underline{\underline{|\overline{FA}| = 2{,}5\text{ m}}}$$

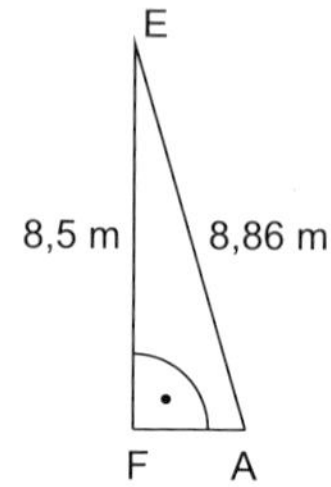

3.2 Vom Dreieck ABC sind zwei Seiten und der eingeschlossene Winkel bekannt. Daher kann mit dem Kosinussatz die gesuchte Länge der Strecke $\overline{CA}$ berechnet werden.

Gegeben: $|\overline{AB}| = 7{,}98\text{ m};\quad |\overline{BC}| = 7{,}91\text{ m};\quad \beta = 37{,}68°$

Gesucht: $|\overline{CA}|$

Berechnung von $|\overline{CA}|$ mit dem Kosinussatz:

$$|\overline{CA}|^2 = |\overline{AB}|^2 + |\overline{BC}|^2 - 2 \cdot |\overline{AB}| \cdot |\overline{BC}| \cdot \cos\beta$$

$$|\overline{CA}|^2 = (7{,}98\text{ m})^2 + (7{,}91\text{ m})^2 - 2 \cdot 7{,}98\text{ m} \cdot 7{,}91\text{ m} \cdot \cos 37{,}68°$$

$$|\overline{CA}|^2 = 26{,}33\text{ m}^2 \qquad |\sqrt{\ }$$

$$\underline{\underline{|\overline{CA}| = 5{,}13\text{ m}}}$$

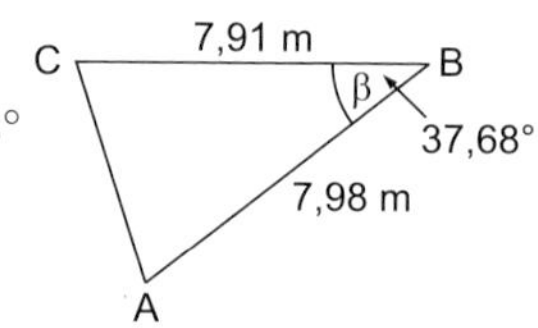

3.3 Der gesuchte Winkel $\sphericalangle$DBA setzt sich aus den Winkeln α, β und ε zusammen (siehe Skizze). Der Winkel $\sphericalangle$EBC ist Z-Winkel zu ε und daher auch 21,34° groß. Der Winkel β ist aus der Angabe bekannt ($\beta = 37{,}68°$).
Somit ist zunächst der Winkel $\alpha = \sphericalangle DBE$ zu berechnen. Dies kann mit dem Sinussatz im Dreieck BDE erfolgen. Wichtig dabei ist, dass beim Sinussatz immer jeweils eine Seitenlänge und der Sinus des gegenüberliegenden Winkels ins Verhältnis gesetzt werden.

Berechnung von $\alpha = \sphericalangle DBE$ mit dem Sinussatz:

$$\frac{\sin\alpha}{|\overline{DE}|} = \frac{\sin\varepsilon}{|\overline{BD}|}$$

$$\frac{\sin\alpha}{7{,}3\text{ m}} = \frac{\sin 21{,}34°}{3{,}96\text{ m}} \qquad |\cdot 7{,}3\text{ m}$$

$$\sin\alpha = 0{,}6708\ldots$$

$$\underline{\alpha = 42{,}13°}$$

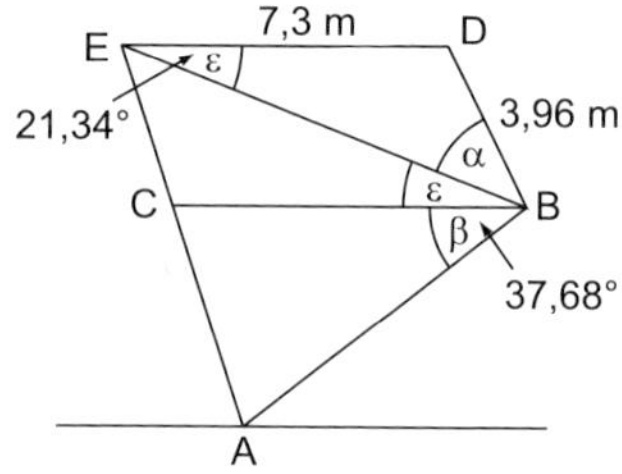

Berechnung von $\sphericalangle$DBA:
Den gesuchten Winkel $\sphericalangle$DBA erhält man, indem man die Winkel $\alpha = 42{,}13°$, $\beta = 37{,}68°$ und $\varepsilon = 21{,}34°$ ($\sphericalangle$EBC ist Z-Winkel zu ε) addiert.

$$\sphericalangle DBA = \alpha + \varepsilon + \beta = 42{,}13° + 21{,}34° + 37{,}68° = \underline{\underline{101{,}15°}}$$

3.4 Vom Dreieck BDE, in dem sich auch die gesuchte Abkürzung $\overline{EB}$ befindet, sind bisher zwei Winkel (α und ε) sowie zwei Seitenlängen ($|\overline{DE}|$ und $|\overline{BD}|$) bekannt. Um $|\overline{EB}|$ zu berechnen, muss man zunächst den gegenüberliegenden Winkel $\gamma = \sphericalangle EDB$ über die Innenwinkelsumme im Dreieck (180°) bestimmen. Danach kann mit dem Sinussatz die fehlende Seitenlänge berechnet werden.

Berechnung von $\gamma = \sphericalangle EDB$:

$\gamma = 180° - \alpha - \varepsilon = 180° - 42{,}13° - 21{,}34° = \underline{116{,}53°}$

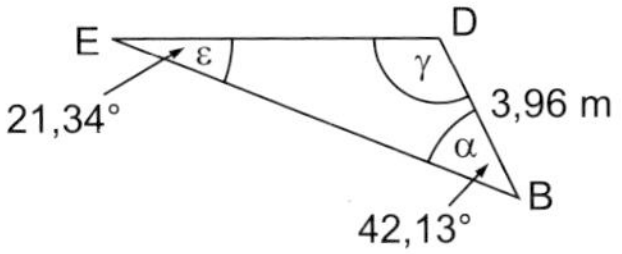

Berechnung von $|\overline{EB}|$ mit dem Sinussatz:

$$\frac{|\overline{EB}|}{\sin\gamma} = \frac{|\overline{BD}|}{\sin\varepsilon}$$

$$\frac{|\overline{EB}|}{\sin 116{,}53°} = \frac{3{,}96\text{ m}}{\sin 21{,}34°} \qquad |\cdot \sin 116{,}53°$$

$$\underline{\underline{|\overline{EB}| = 9{,}74\text{ m}}}$$

Alternative Lösungsmöglichkeit:

Ebenso könnte man (nachdem γ bestimmt wurde) die gesuchte Seite $\overline{EB}$ mit dem Kosinussatz berechnen. Wichtig beim Aufstellen des Ansatzes ist es, dass der Winkel γ von den bekannten Seiten ($\overline{BD}$ und $\overline{DE}$) eingeschlossen wird.

Gegeben: $|\overline{BD}| = 3{,}96$ m; $|\overline{DE}| = 7{,}3$ m; $\gamma = 116{,}53°$

Gesucht: $|\overline{EB}|$

Berechnung von $|\overline{EB}|$ mit dem Kosinussatz:

$$|\overline{EB}|^2 = |\overline{BD}|^2 + |\overline{DE}|^2 - 2\cdot|\overline{BD}|\cdot|\overline{DE}|\cdot\cos\gamma$$

$$|\overline{EB}|^2 = (3{,}96\text{ m})^2 + (7{,}3\text{ m})^2 - 2\cdot 3{,}96\text{ m}\cdot 7{,}3\text{ m}\cdot\cos 116{,}53°$$

$$|\overline{EB}|^2 = 94{,}8\text{ m}^2 \qquad |\sqrt{\ }$$

$$\underline{\underline{|\overline{EB}| = 9{,}74\text{ m}}}$$

3.5 Gesucht ist der Flächeninhalt des Dreiecks BDE. Dieser kann mit der Formel

$A_{BDE} = \dfrac{|\overline{DE}|\cdot|\overline{EB}|\cdot\sin\varepsilon}{2}$ berechnet werden.

Beim Aufstellen des Ansatzes ist zu beachten, dass der Winkel ε von den beiden verwendeten Seiten ($\overline{DE}$ und $\overline{EB}$) eingeschlossen wird. Am Ende muss überprüft werden, ob die Dreiecksfläche mindestens so groß wie die gewünschte Werbefläche von 15 m^2 ist.

$$A_{BDE} = \frac{1}{2}\cdot|\overline{DE}|\cdot|\overline{EB}|\cdot\sin\varepsilon$$

$$A_{BDE} = \frac{1}{2}\cdot 7{,}3\text{ m}\cdot 9{,}74\text{ m}\cdot\sin 21{,}34°$$

$$A_{BDE} = 12{,}93\text{ m}^2 < 15\text{ m}^2$$

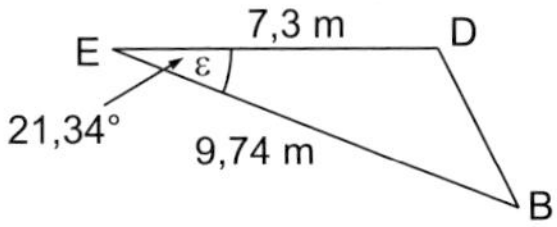

Das Dreieck BDE ist für die gewünschte Werbung $\underline{\underline{\text{nicht geeignet}}}$.

Aufgabe 4 – Daten und Zufall

4.1 Die absolute Häufigkeit H der männlichen Abschlussschüler (AS) kann man berechnen, indem man von der Gesamtschülerzahl (80 Schüler/-innen) die Anzahl der Schülerinnen abzieht. Um die Anzahl an weiblichen Abschlussschülern zu bekommen, muss man zunächst addieren.

Abschluss 2019		
Klasse	Mathematik	Übungs-unternehmen
10 a	18	12
10 b	19	6
10 c	18	7
…n waren weiblich:		
10 a	12	6
10 b	13	3
10 c	6	3

$$H(\text{weibliche AS}) = 12+6+13+3+6+3 = \underline{43\,[\text{Schülerinnen}]}$$

$$H(\text{männliche AS}) = H(\text{alle AS}) - H(\text{weibliche AS}) = 80-43 = \underline{\underline{37\,[\text{Schüler}]}}$$

4.2 Zunächst muss pro Klasse der prozentuale Anteil an Abschlussschülern, die Übungsunternehmen (ÜU) gewählt haben, ermittelt werden. Dazu teilt man die Anzahl der ÜU-Schüler durch die Gesamtanzahl der Schüler in der jeweiligen Klasse. Diese Anteile sind dann in einem geeigneten Säulendiagramm darzustellen.

10 a	**10 b**	**10 c**	
12	6	7	ÜU-Schüler der Klasse
$18+12=30$	$19+6=25$	$18+7=25$	alle Schüler der Klasse
$\frac{12}{30}=0,4000$	$\frac{6}{25}=0,2400$	$\frac{7}{25}=0,2800$	relative Häufigkeit
40,00 %	24,00 %	28,00 %	in Prozent

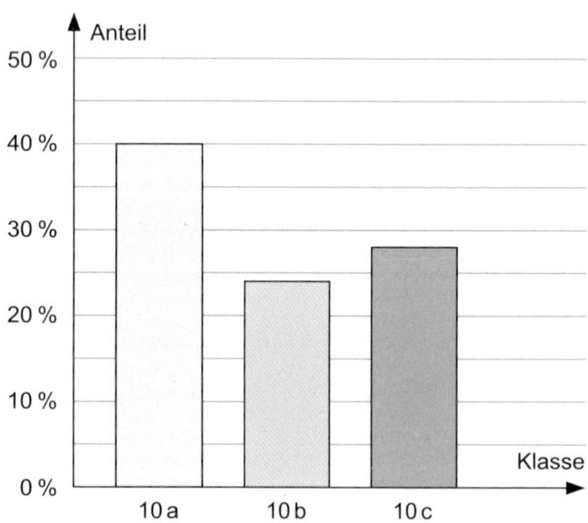

4.3 **Berechnung des arithmetischen Mittels $\overline{x}$:**

Um das arithmetische Mittel zu errechnen, müssen alle Punktzahlen zusammengezählt und das Ergebnis durch die Anzahl der Schülerinnen (n = 12 Schülerinnen) geteilt werden.

$$\overline{x} = \frac{46+72+41+62+35+70+68+49+75+22+64+56}{12} = \frac{660}{12} = \underline{\underline{55}}$$

Berechnung des Medians x_{med}:

Zunächst werden die Punktzahlen der Größe nach geordnet. Da eine gerade Anzahl an Daten vorliegt, ist der Median das arithmetische Mittel der beiden in der Mitte liegenden Werte.

$$22 < 35 < 41 < 46 < 49 < \boxed{56 < 62} < 64 < 68 < 70 < 72 < 75$$

$$x_{med} = \frac{56+62}{2} = \underline{\underline{59}}$$

4.4 Der erste Prüfling findet an jedem der beiden Prüfungstage (BSK und Englisch) den gleichen „Lostopf" vor. Es stehen jeweils 24 Lose mit der Beschriftung „Raum A", 36 Lose mit „Raum B" und 20 Lose mit „Raum C" zur Verfügung. Somit handelt es sich hier um „Ziehen mit Zurücklegen".
Am ersten Prüfungstag (BSK) hat der erste Prüfling drei Auswahlmöglichkeiten (Raum A, B oder C). Am zweiten Prüfungstag (Englisch) ist die Situation unverändert. Daher ergibt sich folgendes Baumdiagramm.

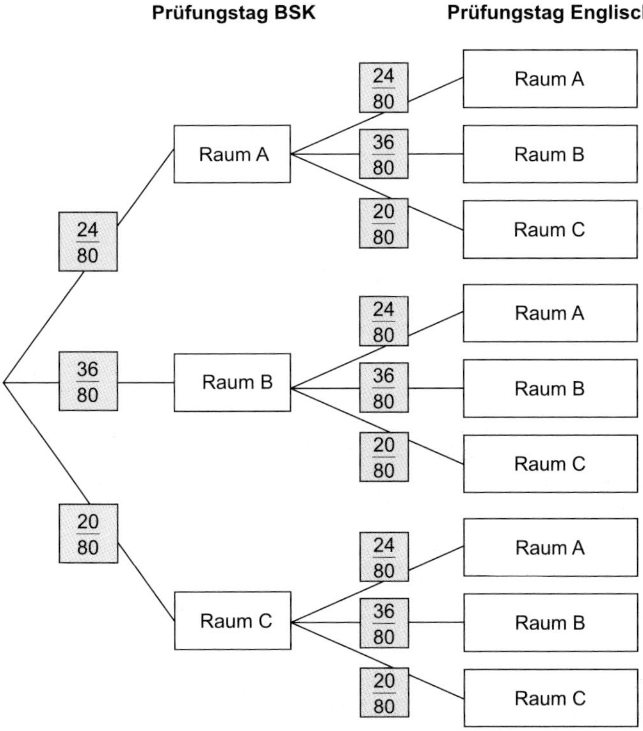

Die Wahrscheinlichkeiten können auch als Dezimalzahlen und in Prozent ($\frac{24}{80} = 0,3 = 30\ \%$ und $\frac{36}{80} = 0,45 = 45\ \%$ sowie $\frac{20}{80} = 0,25 = 25\ \%$) angegeben werden.

	Raum A	**Raum B**	**Raum C**
	30 %	45 %	25 %
Schüler: 80	24	36	20

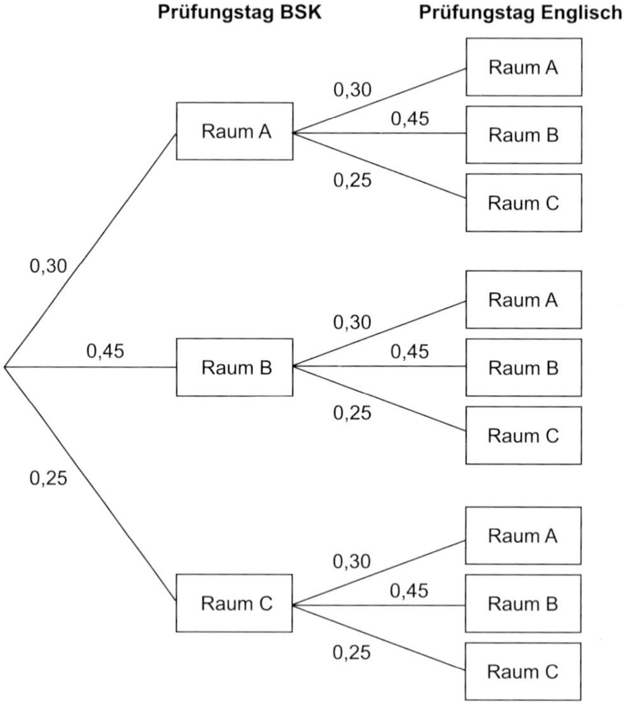

4.5 Das Ereignis, dass ein Schüler oder eine Schülerin beide Prüfungen im gleichen Raum ablegt, tritt dann ein, wenn er oder sie entweder beide Tage in Raum A (oberer Weg), in Raum B (mittlerer Weg) oder in Raum C (unterer Weg) war. Die Wahrscheinlichkeiten entlang des Pfades müssen zunächst multipliziert werden. Die Einzelwahrscheinlichkeiten werden dann addiert.

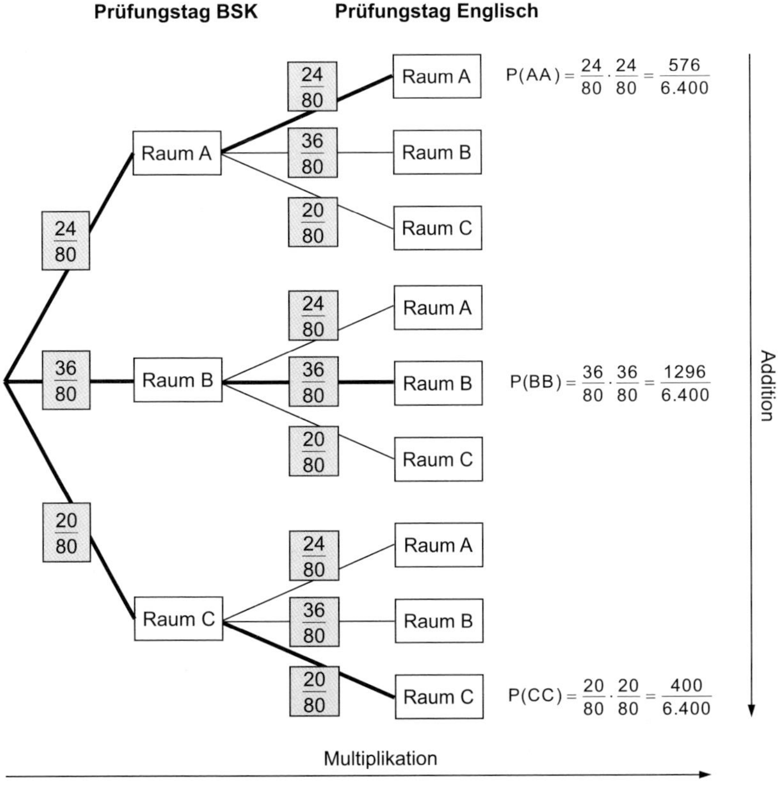

$$P(E) = P(AA) + P(BB) + P(CC)$$
$$= \frac{24}{80} \cdot \frac{24}{80} + \frac{36}{80} \cdot \frac{36}{80} + \frac{20}{80} \cdot \frac{20}{80}$$
$$= \frac{576}{6.400} + \frac{1296}{6.400} + \frac{400}{6.400}$$
$$= \frac{2272}{6.400} = \underline{\underline{\frac{71}{200}}} = \underline{\underline{0,355}} = \underline{\underline{35,50\,\%}}$$

Aufgabe 5 – Raum und Form

5.1 Zunächst muss man das Volumen V_u der unteren Pyramide berechnen. Anschließend berechnet man das Volumen V_o der oberen Pyramide, indem man dem Volumen der unteren Pyramide 20 % zuschlägt. Aus dem Volumen der oberen Pyramide kann man dann die Höhe h_b der oberen Pyramide berechnen. Die Gesamthöhe ergibt sich aus der Höhe der unteren und der Höhe der oberen Pyramide.

Gegeben: $a = 1\text{ m};\ h_u = 2{,}10\text{ m}$

Gesucht: $|\overline{S_u S_b}|$

Berechnung der beiden Volumina V_u und V_o:

$$V_u = \frac{1}{3} \cdot a^2 \cdot h_u = \frac{1}{3} \cdot (1\text{ m})^2 \cdot 2{,}10\text{ m} = \underline{0{,}7\text{ m}^3}$$

$$V_o = V_u \cdot \left(1 + \frac{p}{100}\right) = 0{,}7\text{ m}^3 \cdot \left(1 + \frac{20}{100}\right) = 0{,}7\text{ m}^3 \cdot 1{,}2 = \underline{0{,}84\text{ m}^3}$$

Berechnung der Höhe h_b:

$$V_o = \frac{1}{3} \cdot a^2 \cdot h_b$$

$$0{,}84\text{ m}^3 = \frac{1}{3} \cdot (1\text{ m})^2 \cdot h_b \qquad |\cdot 3 \quad |:1\text{ m}^2$$

$$\underline{h_b = 2{,}52\text{ m}}$$

Berechnung der Gesamthöhe:

$$|\overline{S_u S_b}| = h_u + h_b = 2{,}1\text{ m} + 2{,}52\text{ m} = \underline{\underline{4{,}62\text{ m}}}$$

Alternative Lösungsmöglichkeit:

Das Volumen einer Pyramide berechnet sich mit der Formel $V = \frac{1}{3} \cdot \text{Grundfläche} \cdot \text{Höhe}$. Da beide Pyramiden dieselbe Grundfläche haben und das Volumen der oberen Pyramide um 20 % größer ist als das der unteren Pyramide, muss die Höhe h_b der oberen Pyramide um 20 % größer sein als die Höhe h_u der unteren.

$$h_b = 1{,}2 \cdot h_u = 1{,}2 \cdot 2{,}1\text{ m} = \underline{2{,}52\text{ m}}$$

$$\Rightarrow \quad |\overline{S_u S_b}| = h_u + h_b = 2{,}1\text{ m} + 2{,}52\text{ m} = \underline{\underline{4{,}62\text{ m}}}$$

5.2 Zunächst muss man berechnen, welches Volumen V_{HK} die Halbkugel besitzt. Anschließend schlägt man diesem Ergebnis 3 % zu (Faktor 1,03), um den Verschnitt zu berücksichtigen.
Die Anzahl der Bauteile, die aus dem Lagerbestand von 100 m³ Kork hergestellt werden können, erhält man durch Division der Lagermenge durch die benötigte Menge pro Bauteil (inkl. Verschnitt), wobei am Ende abgerundet werden muss.

$$V_{HK} = \frac{1}{2} \cdot \frac{4}{3} \cdot r^3 \cdot \pi = \frac{1}{2} \cdot \frac{4}{3} \cdot (1{,}5\text{ m})^3 \cdot \pi = 7{,}07\text{ m}^3$$

V_{HK} mit Verschnitt $= V_{HK} \cdot 1{,}03 = 7{,}28\text{ m}^3$

Anzahl = Lagerbestand : (V_{HK} mit Verschnitt) $= 100\text{ m}^3 : 7{,}28\text{ m}^3 = 13{,}74$, also 13 Stück

Aus dem Lagerbestand können $\underline{\underline{\text{13 Bauteile}}}$ hergestellt werden.

5.3 Die zu lackierende Oberfläche setzt sich aus der Oberfläche O_{HK} der Halbkugel und der Mantelfläche M_{Kegel} des Kegels zusammen.
Die Oberfläche der Halbkugel kann durch Einsetzen in die Formel $O_{HK} = \frac{1}{2} \cdot 4 \cdot r^2 \cdot \pi$ berechnet werden. Um jedoch die Mantelfläche des Kegels berechnen zu können, muss man zuerst im Querschnittsdreieck mit dem Satz des Pythagoras die Länge der Seitenlinie s berechnen. Danach kann mit der Formel $M_{Kegel} = r \cdot s \cdot \pi$ für die Mantelfläche des Kegels diese ermittelt werden. Zum Schluss müssen beide Flächeninhalte addiert werden.

Gegeben: $r = 1{,}5$ m; $h_K = 4{,}13$ m

Gesucht: O_{ges}

Berechnung der Oberfläche O_{HK} der Halbkugel:

$$O_{HK} = \frac{1}{2} \cdot 4 \cdot r^2 \cdot \pi = \frac{1}{2} \cdot 4 \cdot (1{,}5\text{ m})^2 \cdot \pi = \underline{14{,}14\text{ m}^2}$$

Berechnung der Länge der Seitenlinie s mit dem Satz des Pythagoras:

$$s^2 = r^2 + h_K{}^2$$
$$s^2 = (1{,}5\text{ m})^2 + (4{,}13\text{ m})^2$$
$$s^2 = 19{,}31\text{ m}^2 \qquad |\sqrt{}$$
$$\underline{s = 4{,}39\text{ m}}$$

Querschnitt Kegel:

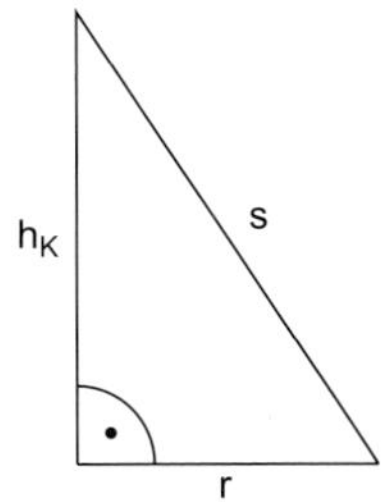

Berechnung der Mantelfläche M_{Kegel} des Kegels:

$$M_{Kegel} = r \cdot s \cdot \pi = 1{,}5\text{ m} \cdot 4{,}39\text{ m} \cdot \pi = \underline{20{,}69\text{ m}^2}$$

Berechnung der gesamten Oberfläche:

$$O_{ges} = O_{HK} + M_{Kegel} = 14{,}14\text{ m}^2 + 20{,}69\text{ m}^2 = \underline{\underline{34{,}83\text{ m}^2}}$$

5.4 Es wird das Querschnittsdreieck ABC (siehe Skizze) mit der parallel eingezogenen Verstrebung $\overline{GF}$ betrachtet. Die Höhe h_v kann mithilfe des Strahlensatzes berechnet werden. Dazu wird der kurze Strahl h_v ins Verhältnis zum langen Strahl h_K gesetzt. Auf dem zweiten Bruch steht das Verhältnis der kurzen Parallelen (Verstrebung $\overline{GF}$) zur langen Parallelen (Durchmesser $\overline{AB}$).

Gegeben: $|\overline{AB}| = 2 \cdot r = 2 \cdot 1{,}5\text{ m} = 3\text{ m} = 300\text{ cm}$; $|\overline{GF}| = 80\text{ cm}$; $h_K = 4{,}13\text{ m} = 413\text{ cm}$

Gesucht: h_v

Berechnung der Höhe h_v mit dem Strahlensatz:

$$\frac{h_v}{h_K} = \frac{|\overline{GF}|}{|\overline{AB}|}$$
$$\frac{h_v}{413\text{ cm}} = \frac{80\text{ cm}}{300\text{ cm}} \qquad |\cdot 413\text{ cm}$$
$$h_v = \frac{80}{300} \cdot 413\text{ cm}$$
$$h_v = 110{,}13\text{ cm}$$
$$\underline{\underline{h_v \approx 1{,}10\text{ m}}}$$

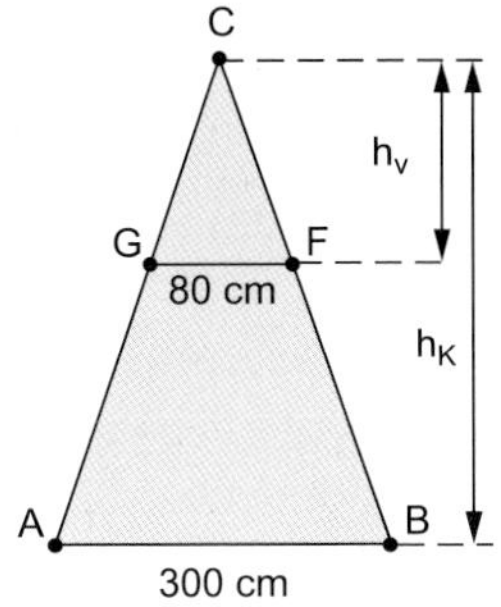

Abschlussprüfung 2021 an drei- und vierstufigen Wirtschaftsschulen
Mathematik – Aufgabenteil A

Hinweis: Wegen der Corona-Pandemie wurden in diesem Jahr auch Aufgaben aus dem Aufgabenteil A durch die Lehrkraft gestrichen. Aus Aufgabenteil A musste der „Block ohne Wahlmöglichkeit" sowie zwei der drei Wahlblöcke bearbeitet werden.

Aufgaben ohne Benutzung des Taschenrechners – Block ohne Wahlmöglichkeit

1. Familie Böck will verreisen. Das Ferienhaus kostet pro Übernachtung 125,00 €.
Die Familie bucht sofort und erhält 15 % Rabatt.
Berechnen Sie den Preisnachlass für acht Übernachtungen. 1

2. Sohn Tom will in den acht Urlaubstagen nur einen Teil seiner gesparten 300,00 € ausgeben. Er stellt für die Berechnung seiner täglichen Ausgaben den Term $y = -8x + 300$ auf, wobei x die Tagesausgaben sind.
Ermitteln Sie rechnerisch unter Anwendung des Terms, wie hoch Toms tägliche Ausgaben sein dürfen, damit er nach dem Urlaub noch 100,00 € zur Verfügung hat. 2

3. Damit die Autofahrt schneller vergeht, stellen sich die Geschwister gegenseitig Rätselaufgaben. Tom zeichnet die Skizze eines Dreiecks.
Begründen Sie, warum das nebenan dargestellte Dreieck mit den Winkel- und Seitenangaben nicht existieren kann. 1

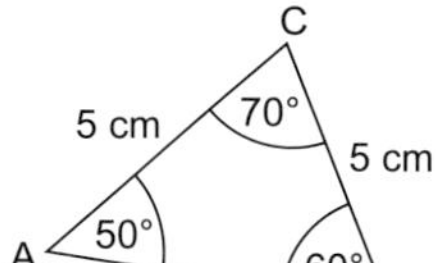

4. Auf dem Dach der Raststation wird eine neue Photovoltaikanlage installiert. Die Grundkonstruktion des Gebäudes ist als Skizze abgebildet.
Für die Planung dieser Anlage benötigt der Betreiber die Dachlänge $\overline{AB}$.
Berechnen Sie diese Länge, wenn das Dach auf jeder Seite 75 cm übersteht. 2

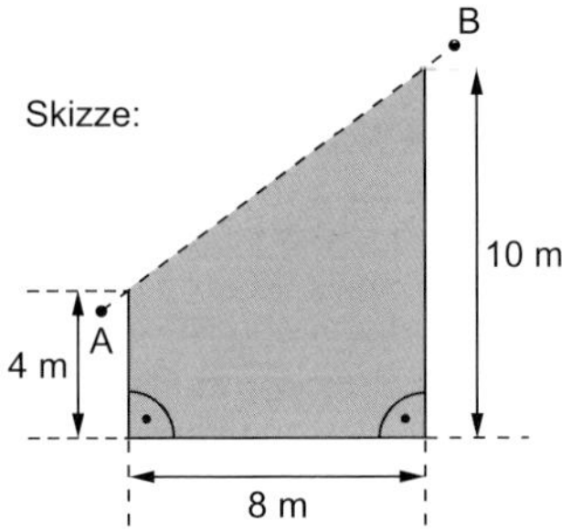

5. Herr Böck ist Gitarrenbauer und hat sich in den Urlaub etwas Arbeit mitgenommen. Mit einem Geometrie-Programm entwirft er eine neue E-Gitarre. Die obere Linie des Gitarrenkörpers wird an der Funktion f entlang gezeichnet.
Geben Sie an, welche der unten angegebenen Funktionen f entspricht. 1

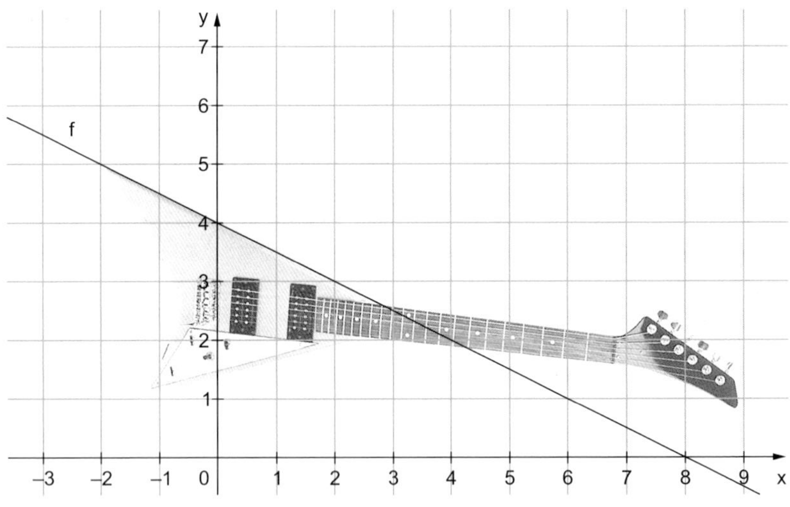

A	B	C	D	Lösung
$y = \frac{1}{2}x + 4$	$y = -0{,}5x - 4$	$y = -0{,}5x + 4$	$y = 0{,}5x - 4$	

7

Aufgaben ohne Benutzung des Taschenrechners – Wahlblock 1

1.1 Herr Böck sorgt sich um die Einbruchssicherheit seines Hauses während der Urlaubszeit. Er installiert eine Alarmanlage mit einem dreistelligen Code. Für jede Ziffer kann Herr Böck eine Zahl von 0 bis 9 auswählen. Folgendes Baumdiagramm zeigt die Codeeingabemöglichkeiten.

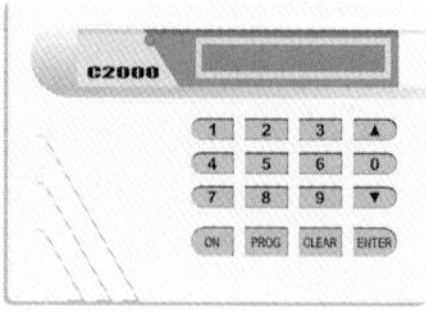

Openclipart

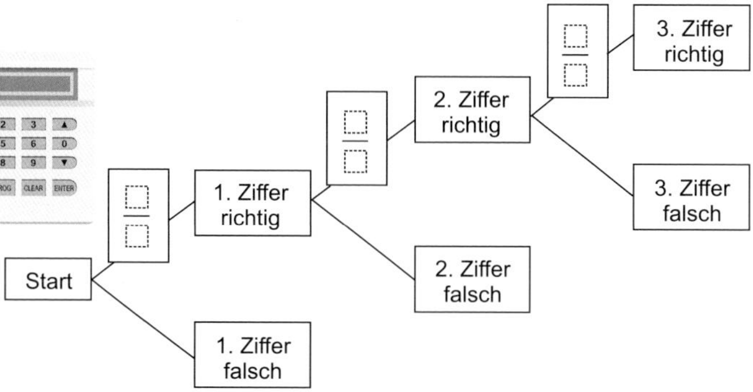

Ergänzen Sie das Baumdiagramm und bestimmen Sie die Wahrscheinlichkeit, dass ein Einbrecher den Code beim 1. Versuch knackt. 2

A	B	C	D	Lösung
$\frac{1}{10.000}$	$\frac{3}{1.000}$	$\frac{1}{10^3}$	1 %	

1.2 Auf dem Weg in den Urlaub macht die Familie an einer Autobahnraststätte Pause. Dort kauft sich die Tochter Manuela einen Döner. Der Imbiss hat von Dienstag bis Samstag geöffnet. Die Dönerverkaufszahlen sind im nebenstehenden Diagramm pro Tag dargestellt. Ermitteln Sie nachvollziehbar, wie viele Döner durchschnittlich pro Tag verkauft werden. 2

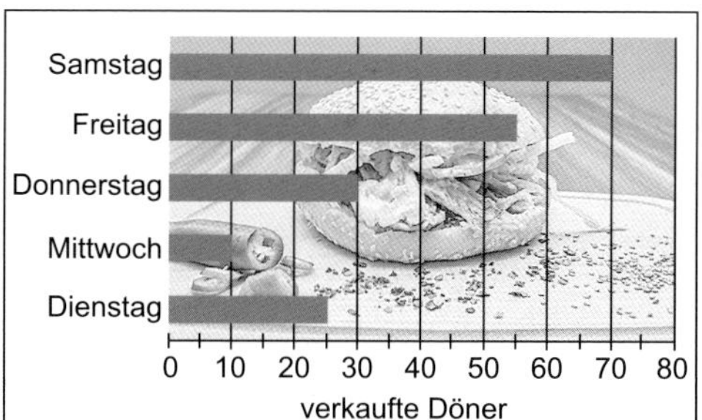

4

Aufgaben ohne Benutzung des Taschenrechners – Wahlblock 2

2.1 Frau Böck lässt sich an der Raststätte in ihren mitgebrachten Becher bis auf 2 cm unter den Rand Kaffee einfüllen. Sie bezahlt dafür 4,10 €.

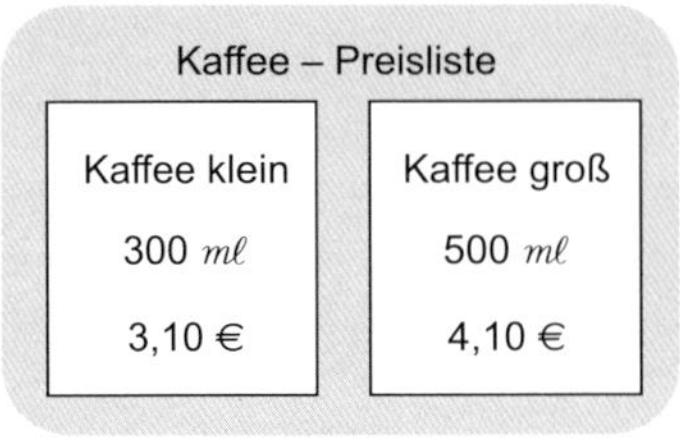

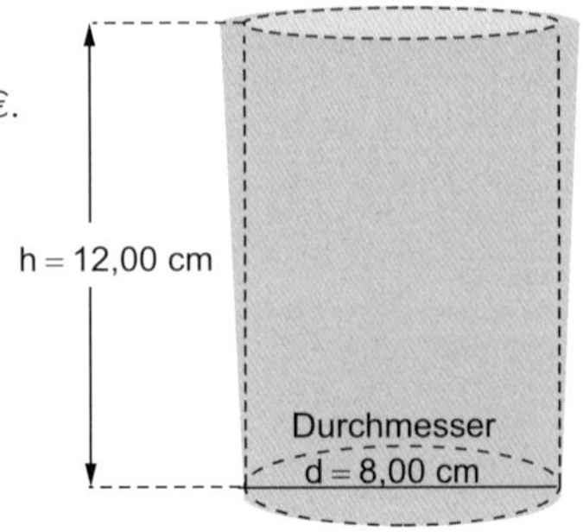

Prüfen Sie durch Rechnung, ob Frau Böck wegen ihres innen zylindrischen Bechers zu viel für den Kaffee bezahlt hat. Rechnen Sie mit $\pi = 3$. 2

2.2 Im Urlaub macht die Familie einen Ausflug zu einem Aussichtsturm. Manuela möchte die Höhe des Turms bestimmen. Sie nutzt ihr Wissen über die Strahlensätze und berechnet die Höhe.
Manuela ist 160 cm groß.

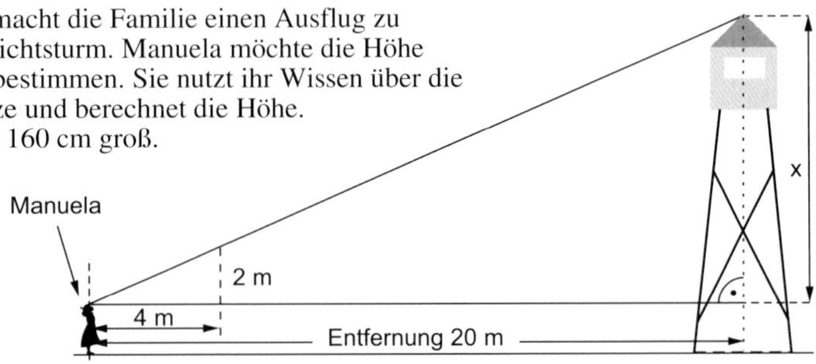

Berechnen Sie die Höhe des Aussichtsturms. 2

4

3.1 Herr Böck lässt sich am Urlaubsort einen Kontoauszug ausdrucken und muss feststellen, dass er sein Girokonto für 60 Tage überzogen hat. Sein Beleg zeigt, dass ihm die Bank 10,00 € Zinsen berechnet.
Der Überziehungszinssatz beträgt 10 %.
Berechnen Sie, mit wie viel Euro sein Konto überzogen ist. 2

3.2 Frau Böck stöbert im Urlaub auf ihrer Lieblingsmodeseite im Internet. Dort erhält sie einen Preisnachlass in Höhe von 30 %. Sie kauft sich drei Oberteile und spart somit 36,60 €.

Berechnen Sie, wie viel die drei Bekleidungsteile insgesamt ohne Nachlass gekostet haben. 2

—
4

Abschlussprüfung 2021 an drei- und vierstufigen Wirtschaftsschulen
Mathematik – Aufgabenteil B

Aufgabe 1 – Finanzmathematik

Die MM5 GmbH benötigt für die Lagerung ihrer Produkte ein neues Gebäude.
Die Kaufsumme dafür beträgt 2.700.000,00 €. Aktuell verfügt die MM5 GmbH über ein Eigenkapital von lediglich 2.400.000,00 €.

1.1 Berechnen Sie, wie viele volle Jahre die MM5 GmbH ihr derzeitiges Eigenkapital bei einem Zinssatz von 1,80 % p. a. anlegen muss, um das neue Gebäude finanzieren zu können. 3

Herr Marx arbeitet im Außendienst der MM5 GmbH. Von seinem Gehalt überweist er monatlich einen gleichbleibenden Betrag auf sein Sparkonto bei der DIGIBANK (siehe Anlage Seite 7).

1.2 Berechnen Sie den Zinssatz, den die Bank Herrn Marx gewährt. 2

Die Firma stellt Herrn Marx einen elektrisch angetriebenen Firmenwagen zur Verfügung. Die Kosten des PKWs betragen abzüglich der E-Auto-Prämie 35.000,00 €, die zu einem Zinssatz von 2,00 % finanziert werden. Dazu unterbreitet die DIGIBANK der MM5 GmbH zwei Darlehensvarianten (siehe Anlage Seite 7).

1.3 Vervollständigen Sie die beiden dazugehörigen Tilgungspläne für die ersten zwei Jahre und benennen Sie das jeweilige Tilgungsverfahren der Bank. 4

Die Geschäftsführung der MM5 GmbH bevorzugt Angebot 2 mit einer jährlichen Annuität in Höhe von 5.407,92 €. Vertraglich wird ein Sondertilgungsrecht zur vollständigen Rückzahlung des Kredites vereinbart.

1.4 Berechnen Sie die Höhe der Sondertilgung, mit der die MM5 GmbH den Kredit nach fünf Jahren zurückzahlen kann. 2

In naher Zukunft plant die MM5 GmbH den Umstieg zu rein elektrisch betriebenen Dienstfahrzeugen mit entsprechender Ladeinfrastruktur vor Ort. Dazu baut sie ab dem kommenden Jahr Kapital zur Finanzierung auf.
Zu einem bestehenden Kontoguthaben von 50.000,00 € wird zum 01.01. eines jeden Jahres eine Rate von 16.000,00 € einbezahlt. Die Bank gewährt einen festen Zinssatz von 2,50 %.

1.5 Berechnen Sie, nach wie vielen Jahren die Firma frühestens mit dem Umstieg zur E-Mobilität beginnen kann, wenn sie dafür 120.000,00 € benötigt. 4

15

Anlage zu 1. Finanzmathematik

Zu Teilaufgabe 1.2

Kontoauszug vom 01.05.2021 Auszug – Nr. 12 IBAN: DE24 6210 0145 762 5415 81 BIC: DIBADEFF Herrn Matthias Marx Schmausenbuckstr. 30 90480 Nürnberg		**DIGIBANK** USt-IdNr.: DE 115 104 514 Filiale Nürnberg Treibberg 7 90403 Nürnberg
	Kontowährung in €	
Angaben zu den Umsätzen	zu Ihren Lasten	zu Ihren Gunsten
Buchungsdatum 01.04.2021 Matthias Marx Spareinlage Kundenreferenz: 2341J4JI		**750,00**
Buchungsdatum 30.04.2021 Abrechnungszeitraum vom 01.04.2021 bis 30.04.2021 Zinsentgelt		**1,25**

Zu Teilaufgabe 1.3

Angebot 1	Tilgungsverfahren: ______________________

Jahr	Restschuld	Zinsen	Tilgung	Annuität
1	35.000,00 €		5.000,00 €	
2		600,00 €		5.600,00 €

Angebot 2	Tilgungsverfahren: ______________________

Jahr	Restschuld	Zinsen	Tilgung	Annuität
1	35.000,00 €	700,00 €		
2	30.292,08 €		4.802,08 €	

Aufgabe 2 – Funktionaler Zusammenhang

Michael ist ein talentierter Skateboarder. Er möchte mithilfe einer Rampe über die Stufen des Jugendzentrums bis auf die Straße springen.

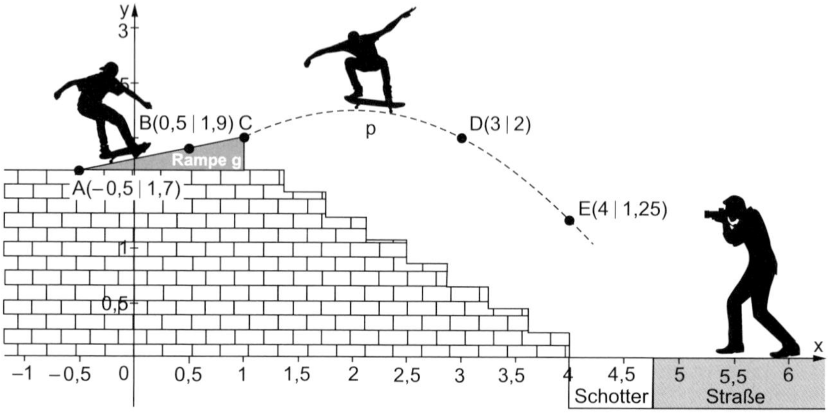

2.1 Bestimmen Sie die Steigung m der geradlinig verlaufenden Rampe g durch die Punkte A(−0,5 | 1,7) und B(0,5 | 1,9). 2

Seine Flugbahn kann als parabelförmige Flugkurve p durch die Punkte D(3 | 2) und E(4 | 1,25) mit dem Formfaktor $a = -0{,}25$ dargestellt werden.

2.2 Bestimmen Sie die Funktionsgleichung der Flugparabel p. 4
(Ergebnis: p: $y = -0{,}25x^2 + x + 1{,}25$)

Freund Moritz soll Michael bei seinem Sprung fotografieren. Für das optimale Foto müssen vorab noch einige Werte berechnet werden.

2.3 Berechnen Sie die Koordinaten des Absprungpunktes C, wenn die Rampe durch die lineare Funktion g: $y = 0{,}2x + 1{,}8$ dargestellt wird. 4

2.4 Berechnen Sie die maximale Höhe, die Michael auf seiner Flugbahn gegenüber der Straße erreichen wird. 2

Damit Michael den Sprung stehen kann, darf er nicht auf dem Schotter am Ende der Stufen aufkommen.

2.5 Zeigen Sie rechnerisch, dass Michael auf der Straße landet, die bei $x = 4{,}75$ m beginnt. 3

15

Aufgabe 3 – Trigonometrie

Im Münchner Olympiapark soll eine neue Touristenattraktion installiert werden.
Der Olympiaberg B, das Olympiastadion S und die Schwimmhalle H werden mit Hängebrücken verbunden.
Außerdem sollen zwei Flying-Fox-Anlagen gebaut werden. Die Anfängerstrecke verläuft vom Olympiaberg B zum Ufer des Sees Z. Für Fortgeschrittene ist eine Anlage vom Dach des Olympiastadions S ebenfalls zum Ufer Z geplant.

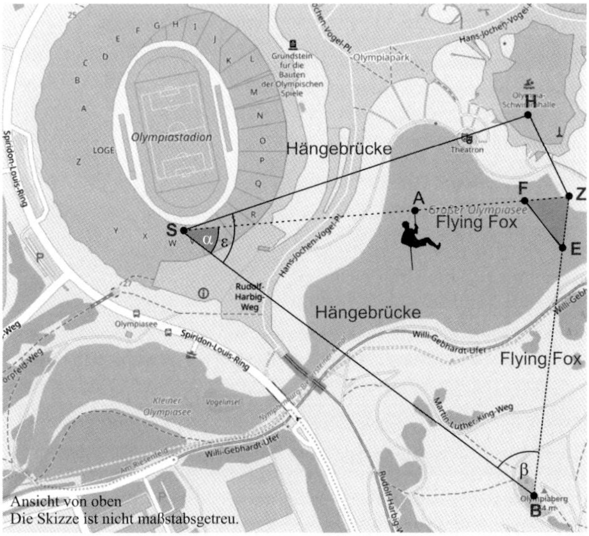

OpenStreetMap/Open Database License (ODbL)

Details zur Anlage:

$|\overline{HZ}| = 140\text{ m}$

$|\overline{SZ}| = 600\text{ m}$

$|\overline{HS}| = 565\text{ m}$

$\alpha = 42{,}03°$

$\beta = 59{,}75°$

3.1 Berechnen Sie die nötige Gesamtlänge der Seile für beide Flying-Fox-Anlagen. 3

Aus statischen Gründen darf der Öffnungswinkel $\varepsilon = \sphericalangle BSH$ zwischen den beiden Hängebrücken nicht größer als 60° sein.

3.2 Prüfen Sie rechnerisch, ob diese Bedingung eingehalten wird. 4

Um Unfällen im Landebereich vorzubeugen, muss das dreieckige Gebiet FEZ abgesperrt werden. Die Anlagenbetreiber messen die Strecken mit $|\overline{FZ}| = 80\text{ m}$ und $|\overline{EZ}| = 70\text{ m}$ ab.

3.3 Berechnen Sie den Flächeninhalt dieses Gebietes. 3

Zur Eröffnung der Anlage möchte der Weltmeister im Klippenspringen seinen eigenen Rekord im freien Fall von 58,80 m überbieten.
Er stoppt im Punkt A, klinkt sich aus und landet sicher im Punkt W.

Sprungdetails:

$|\overline{AS}| = 195{,}50\ \text{m}$

$|\overline{SZ}| = 600\ \text{m}$

$|\overline{WZ}| = 400\ \text{m}$

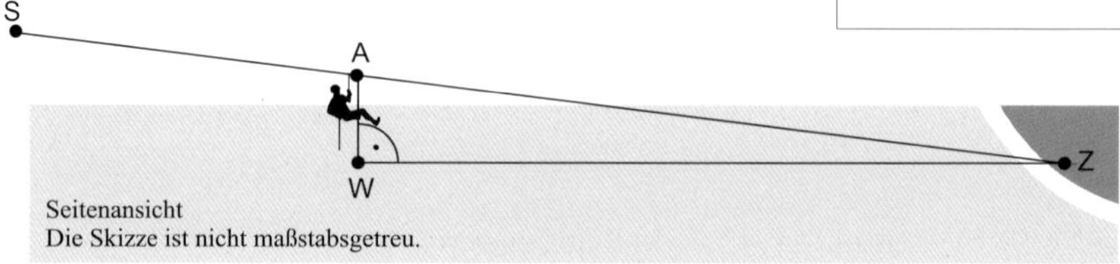

Seitenansicht
Die Skizze ist nicht maßstabsgetreu.

3.4 Überprüfen Sie rechnerisch, ob der Weltrekord gebrochen wurde. 3
(Ergebnis: $|\overline{AW}| = 60{,}17$ m)

Damit die Geschwindigkeit für die Benutzer der Anlage nicht zu groß wird, darf das Gefälle des Flying-Fox nicht größer als 16 % sein.

3.5 Zeigen Sie rechnerisch, dass die Vorgabe eingehalten wird. 2

15

Aufgabe 4 – Daten und Zufall

Das vor allem bei Teenagern beliebte Smartphone-Spiel „Taschenmonster GO" lässt die Nutzer mit den kleinen Monstern anspruchsvolle Duelle austragen. Die SMV einer Wirtschaftsschule veranstaltet ein klassenübergreifendes „Taschenmonster-GO"-Turnier und hat hierfür alle Schülerinnen und Schüler der 10. und 11. Klassen ihrer Schule befragt, ob sie an diesem Turnier teilnehmen wollen.

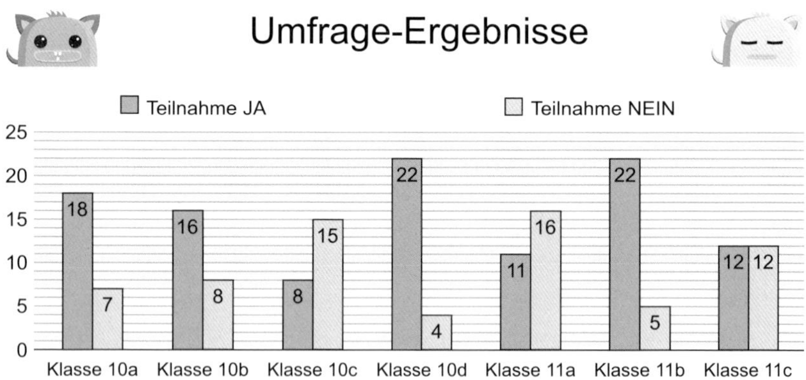

4.1 Bestimmen Sie die absolute Häufigkeit für das Ereignis E_1: „Eine Schülerin oder ein Schüler der 10. Klasse nimmt nicht am Turnier teil." 1

4.2 Bestimmen Sie die relative Häufigkeit für das Ereignis E_2: „Eine Schülerin oder ein Schüler der 11. Klasse nimmt am Turnier teil." 2

Um bei dem Handyspiel erfolgreich zu sein, ist es notwendig, sich im Freien zu bewegen. Je größer die zurückgelegte Strecke, desto wahrscheinlicher ist es, außergewöhnlichen Monstern zu begegnen. Alle 8 Teilnehmer der Klasse 10c haben ihre Tageskilometer in einer Tabelle zusammengefasst.

Max	Anna	Kathrin	Laura	Sevgi	Sami	Luca	Lea
0,80	1,20	2,30	1,40	0,30	21,80	2,70	1,90

4.3 Bestimmen Sie den Median, die Spannweite und das arithmetische Mittel der zurückgelegten Strecken. 4
(Teilergebnis: $\overline{x} = 4{,}05$ km)

4.4 Begründen Sie, weshalb das arithmetische Mittel in diesem Fall keine geeignete Kennzahl für einen Vergleich mit einer anderen Klasse darstellt. 1

Das Spiel ist so programmiert, dass das Erscheinen der verschiedenen Taschenmonster während des Aufenthalts im Freien absolut zufällig geschieht. Die Monster werden in drei Arten eingeteilt: Die Basismonster (B), die weiterentwickelten Monster (E) und die legendären Monster (L). Es taucht nur immer jeweils ein Monster auf, wobei sich die Wahrscheinlichkeiten des Erscheinens zwischen den verschiedenen Monsterarten unterscheiden.
Die Klasse 10a hat ein Zufallsexperiment durchgeführt, bei dem sich die Schülerinnen und Schüler die ersten beiden Monster notiert haben.
Folgendes Baumdiagramm zum obigen Sachverhalt wurde erstellt.

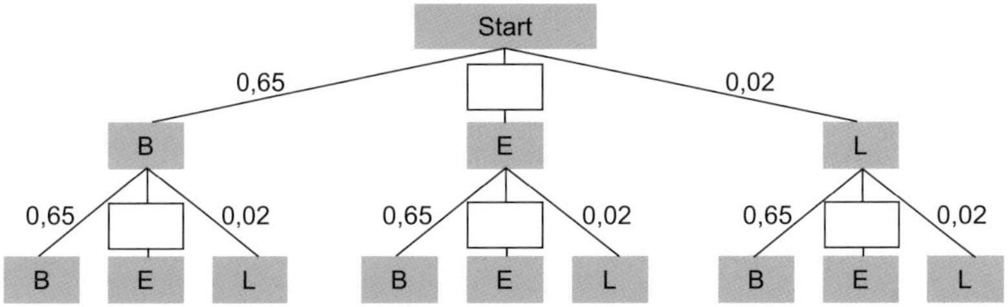

4.5 Vervollständigen Sie die fehlenden Werte des Baumdiagramms. 1

4.6 Berechnen Sie die prozentuale Wahrscheinlichkeit für das Ereignis E_3: „Die ersten beiden Monster sind Basismonster (B).“ 2

4.7 Berechnen Sie die prozentuale Wahrscheinlichkeit für das Ereignis E_4: „Bei den ersten beiden Monstern ist mindestens ein legendäres Taschenmonster (L) dabei.“ 3

Der Klassensprecher Georg meint: „Es ist unmöglich, viermal hintereinander ein legendäres Taschenmonster zu treffen.“

4.8 Nehmen Sie Stellung zu Georgs Aussage. 1

15

Aufgabe 5 – Raum und Form

Die Firma Windenergy renoviert alte Windmühlen. Das nächste Projekt ist eine zylinderförmige Windmühle mit kegelförmigem Dach (siehe Bild).

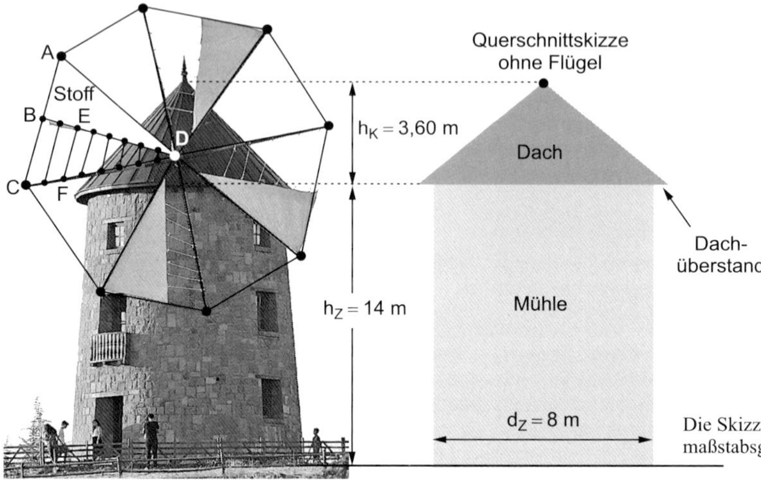

Die Skizze ist nicht maßstabsgetreu.

Die Mühle hat einen Durchmesser $d_Z = 8$ m und eine Höhe $h_Z = 14$ m.

5.1 Berechnen Sie, welche Fläche an der Außenfassade der Mühle neu verputzt werden muss, wenn 15 % davon Fenster und Türen sind. 3

Laut altem Bauplan beträgt das Volumen des kegelförmigen Dachraums 66,50 m^3.

5.2 Berechnen Sie, wie weit das Dach an jeder Seite der Mühle übersteht (Dachüberstand). 3
(Zwischenergebnis: $r_K = 4{,}20$ m)

5.3 Berechnen Sie die gesamte Fläche des zu sanierenden Daches. 3

Zur Trockenlegung der Mauern muss rund um den Hauptbau ein 0,5 m breiter und 1 m tiefer kreisrunder Graben ausgehoben und mit Kies befüllt werden (siehe Skizze).

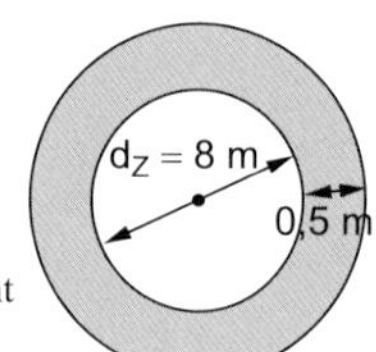

Die Skizze ist nicht maßstabsgetreu.

5.4 Berechnen Sie, wie viele m^3 Kies zur vollständigen Befüllung des Grabens notwendig sind. 3

Die Flügel der Windmühle bestehen aus gleichschenkligen Dreiecken ACD. Einige davon sind zur Hälfte mit Stoff bespannt. Durch die andere Hälfte sind parallel zur Grundlinie Schnüre gezogen. Diese sind in acht gleichmäßigen Abständen an der Strecke $\overline{CD}$ bzw. $\overline{BD}$ befestigt (siehe Bild). Die Schnur zwischen den Punkten E und F ist abgerissen und muss ersetzt werden.

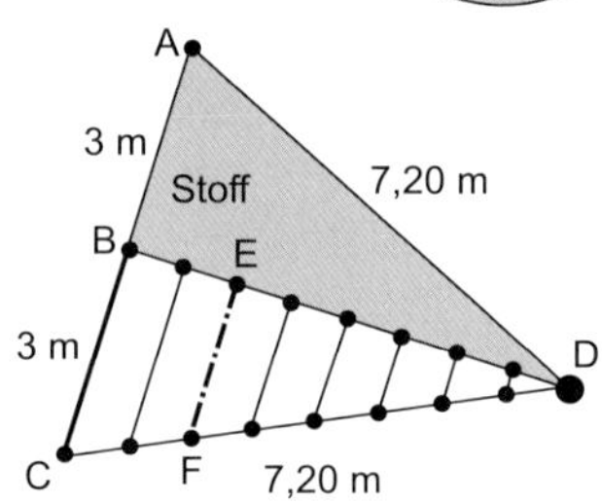

Die Skizze ist nicht maßstabsgetreu.

5.5 Berechnen Sie die Länge der Schnur $\overline{EF}$. 3

15

Lösung – Aufgabenteil A

Aufgaben ohne Benutzung des Taschenrechners – Block ohne Wahlmöglichkeit

1. Zunächst müssen die Kosten ermittelt werden, die Familie Böck für acht Übernachtungen **ohne Rabatt** tragen müsste. Auf diese Kosten (Grundwert) erhalten sie einen Rabatt von 15 % (Prozentsatz). Der Prozentwert (Rabatt in €) wird mit dem Dreisatz oder der Lösungsformel berechnet.

   Berechnung des Gesamtpreises ohne Rabatt:
   $8 \cdot 125{,}00\ € = 1.000{,}00\ €$

   Berechnung der Höhe des Rabatts in €:

   1. Möglichkeit: Dreisatz

   $$\begin{array}{rrcll} :100 & 100\ \% & \triangleq & 1.000{,}00\ € & :100 \\ & 1\ \% & \triangleq & 10{,}00\ € & \\ \cdot 15 & 15\ \% & \triangleq & \underline{\underline{150{,}00\ €}} & \cdot 15 \end{array}$$

   2. Möglichkeit: Lösungsformel

   Gegeben: G = 1.000,00 €; p % = 15 %
   Gesucht: P

   $$P = \frac{G \cdot p}{100} = \frac{1.000{,}00\ € \cdot 15}{100} = \underline{\underline{150{,}00\ €}}$$

   Der Preisnachlass für acht Übernachtungen beträgt 150,00 €.

   Alternative Lösungsmöglichkeit:

   Es ist auch möglich, den Rabatt pro Tag zu berechnen und diesen Wert mit 8 (acht Übernachtungen) zu multiplizieren. Allerdings erfordert dies einen höheren Rechenaufwand.

   Berechnung des Rabatts pro Tag:

   1. Möglichkeit: Dreisatz

   $$\begin{array}{rrcll} :100 & 100\ \% & \triangleq & 125{,}00\ € & :100 \\ & 1\ \% & \triangleq & 1{,}25\ € & \\ \cdot 15 & 15\ \% & \triangleq & 18{,}75\ € & \cdot 15 \end{array}$$

   2. Möglichkeit: Lösungsformel

   Gegeben: G = 125,00 €; p % = 15 %
   Gesucht: P

   $$P = \frac{G \cdot p}{100} = \frac{125{,}00\ € \cdot 15}{100} = 18{,}75\ €$$

   Berechnung der Gesamthöhe des Rabatts in €:
   $8 \cdot 18{,}75\ € = \underline{\underline{150{,}00\ €}}$

   Der Preisnachlass für acht Übernachtungen beträgt 150,00 €.

2. Diese Aufgabe könnte auch durch Probieren gelöst werden. Die Aufgabenstellung gibt aber vor, dass der gegebene Term $y = -8x + 300$ verwendet werden soll.
   x ist dabei die gesuchte Größe und steht für die Tagesausgaben.
   y ist das zur Verfügung stehende Kapital nach 8 Tagen.
   Da Tom nach 8 Tagen noch 100 € zur Verfügung haben will, wird der Wert $y = 100$ in den Term eingesetzt und die Gleichung nach x aufgelöst.

   Einsetzen von $y = 100$ in $y = -8x + 300$ liefert:

   $$\begin{aligned} 100 &= -8x + 300 \quad &&|-300 \\ -200 &= -8x &&|:(-8) \\ x &= 25 \end{aligned}$$

   Toms tägliche Ausgaben dürfen $\underline{\underline{25\ €}}$ betragen.

3. Da die beiden gegebenen Seiten gleich lang sind, ist das Dreieck gleichschenklig. Überlege, was bei einem gleichschenkligen Dreieck für die Basiswinkel gilt.

Das dargestellte Dreieck ABC ist gleichschenklig ($a = b = 5$ cm). Bei einem gleichschenkligen Dreieck müssen die Basiswinkel gleich groß sein. Hier gilt aber $\alpha = 50° \neq \beta = 60°$. Daher kann das dargestellte Dreieck mit den Winkel- und Seitenangaben nicht existieren.

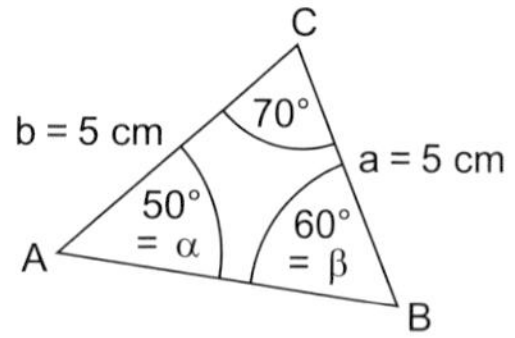

4. Zunächst ist die Dachlänge **ohne** den Überstand zu berechnen. Verschiebt man die Breite der Raststation $b = 8$ m um 4 m nach oben, entsteht ein rechtwinkliges Dreieck (siehe Skizze) mit den Seitenlängen $a = 10\text{ m} - 4\text{ m} = 6$ m und $b = 8$ m. Die Hypotenuse c dieses Dreiecks entspricht der Dachlänge **ohne** Überstand und kann mit dem Satz von Pythagoras berechnet werden. Anschließend muss der Überstand zweimal zu c addiert werden.

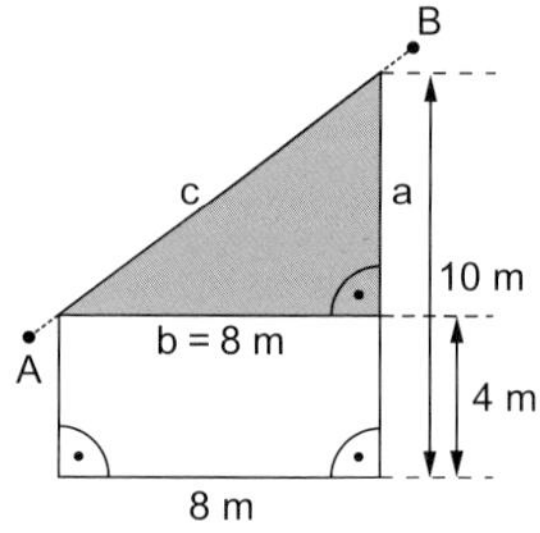

Seitenlängen im rechtwinkligen Dreieck:
$a = 10\text{ m} - 4\text{ m} = 6\text{ m}$
$b = 8\text{ m}$

Berechnung der Dachlänge c ohne Überstand mit dem Satz von Pythagoras:

$$a^2 + b^2 = c^2$$
$$(6\text{ m})^2 + (8\text{ m})^2 = c^2$$
$$36\text{ m}^2 + 64\text{ m}^2 = c^2$$
$$100\text{ m}^2 = c^2 \quad |\sqrt{}$$
$$c = 10\text{ m}$$

Berechnung der Dachlänge $|\overline{AB}|$:

$$|\overline{AB}| = c + 2 \cdot 75\text{ cm} = 10\text{ m} + 2 \cdot 0{,}75\text{ m} = 10\text{ m} + 1{,}5\text{ m} = \underline{\underline{11{,}50\text{ m}}}$$

Die Dachlänge beträgt 11,50 m.

5. Die allgemeine Geradengleichung ist $y = mx + t$ mit Steigung m und y-Achsenabschnitt t. Die Gerade f schneidet die y-Achse in einer Höhe von $t = +4$. Daher kommen die Lösungen B und D nicht infrage (hier ist jeweils $t = -4$).
Da es sich bei f um eine fallende Gerade handelt, muss die Steigung m negativ sein. Da zur Lösung A eine steigende Gerade gehört ($m = \frac{1}{2}$ ist positiv), entfällt auch diese Lösung.

Lösung: **C**

1.1 Der Einbrecher hat für jede Stelle des dreistelligen Codes 10 Möglichkeiten (die Zahlen von 0 bis 9). Das Zufallsexperiment entsprich also „Ziehen mit Zurücklegen“ und die Wahrscheinlichkeit, die richtige Ziffer einzutippen, liegt bei jeder Stelle bei $\frac{1}{10}$.

Um die Wahrscheinlichkeit zu berechnen, dass der Einbrecher den Code beim 1. Versuch knackt, werden die Wahrscheinlichkeiten entlang des Pfades multipliziert (Pfadregel).

Ausgefülltes Baumdiagramm:

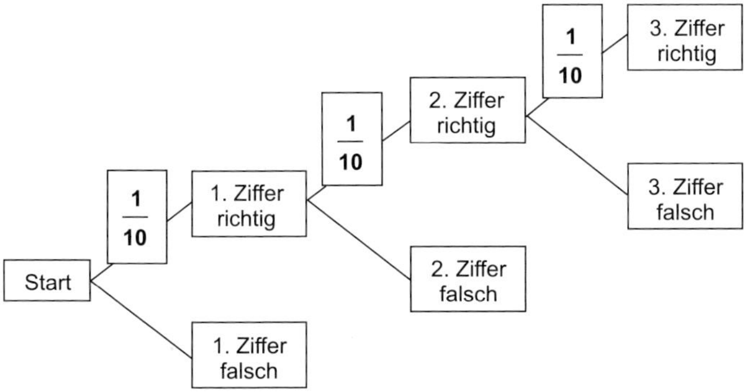

Wahrscheinlichkeit, den Code beim 1. Versuch zu knacken:

$$P(\text{beim 1. Versuch geknackt}) = \frac{1}{10} \cdot \frac{1}{10} \cdot \frac{1}{10} = \frac{1}{1.000} = \frac{1}{10^3}$$

Lösung: **C**

1.2 Gesucht ist, wie viele Döner an den dargestellten Tagen durchschnittlich verkauft werden, also das arithmetische Mittel der Verkaufszahlen. Für die Berechnung müssen zunächst die Verkaufszahlen der einzelnen Tage aus dem Diagramm abgelesen und addiert werden. Anschließend wird diese Summe durch die Anzahl der Werte (5) geteilt.

Berechnung des arithmetischen Mittels:

$$\overline{x} = \frac{70 + 55 + 30 + 10 + 25}{5} = \frac{190}{5} = 38$$

Es werden durchschnittlich $\underline{\underline{\text{38 Döner}}}$ pro Tag verkauft.

2.1 Um beurteilen zu können, ob Frau Böck zu viel bezahlt hat, muss zunächst berechnet werden, wie viel Kaffee sie eingefüllt bekommt. Das Volumen des Zylinders berechnet man mit der Formel $V = r^2 \cdot \pi \cdot h$. Da der Becher bis 2 cm unter den Rand gefüllt wird, ergibt sich eine Einfüllhöhe von $h = 12\text{ cm} - 2\text{ cm} = 10\text{ cm}$. Der Radius beträgt $r = 4$ cm. Beachte: $1\text{ cm}^3 = 1\ m\ell$

Maße des zylinderförmigen Becherinhalts:

$$d = 8{,}00\text{ cm} \quad \Rightarrow \quad r = \frac{d}{2} = \frac{8{,}00\text{ cm}}{2} = 4\text{ cm}$$

$$h = 12\text{ cm} - 2\text{ cm} = 10\text{ cm}$$

Berechnung des Volumens des zylinderförmigen Becherinhalts:

$$V_{\text{Zylinder}} = r^2 \cdot \pi \cdot h$$

$$V_{\text{Zylinder}} = (4\text{ cm})^2 \cdot 3 \cdot 10\text{ cm}$$

$$V_{\text{Zylinder}} = 16 \cdot 3 \cdot 10\text{ cm}^3$$

$$V_{\text{Zylinder}} = 48 \cdot 10\text{ cm}^3$$

$$V_{\text{Zylinder}} = 480\text{ cm}^3$$

$$V_{\text{Zylinder}} = 480\ m\ell$$

Frau Böck hat zu viel bezahlt, weil sie für 500 $m\ell$ Kaffee bezahlt und nur 480 $m\ell$ erhält.

2.2 Mithilfe des 2. Strahlensatzes kann zunächst die Länge der Strecke x berechnet werden. Um die Gesamthöhe zu erhalten, muss man Manuelas Körpergröße zur Höhe x addieren.

Berechnung von x mit dem Strahlensatz:

$$\frac{x}{2\text{ m}} = \frac{20\text{ m}}{4\text{ m}} \qquad |\cdot 2\text{ m}$$

$$x = \frac{20\text{ m} \cdot 2\text{ m}}{4\text{ m}}$$

$$x = \frac{20\text{ m}}{2}$$

$$x = 10\text{ m}$$

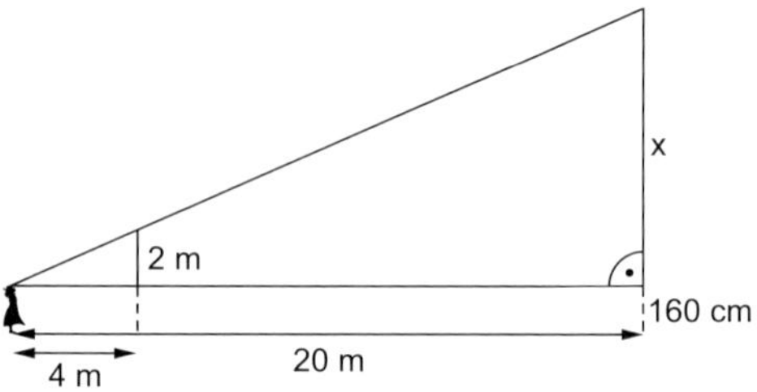

Berechnung der Höhe des Aussichtsturms:

$$h = x + 160\text{ cm} = 10\text{ m} + 1{,}60\text{ m} = \underline{\underline{11{,}60\text{ m}}}$$

Der Aussichtsturm ist 11,60 m hoch.

3.1 Da Herr Böck sein Konto nur wenige Tage (60) überzogen hat, muss er keine Zinseszinsen zahlen und daher kommt zur Lösung der Aufgabe die Zinseszinsformel nicht infrage. Stattdessen wird mit der einfachen Zinsformel gerechnet. Gesucht ist das Kapital. Wichtig ist, dass man bei dieser Aufgabe nach dem Einsetzen konsequent kürzt, damit man mit „kleinen" Zahlen ohne Taschenrechner leichter rechnen kann.

Gegeben: t = 60 (Tage); Z = 10,00 €; p % = 10 %

Gesucht: K

Berechnung des Kapitals:

$$Z = \frac{K \cdot p \cdot t}{100 \cdot 360}$$

$$10{,}00\ € = \frac{K \cdot \cancel{10}^{1} \cdot \cancel{60}^{1}}{{}_{10}\cancel{100} \cdot \cancel{360}_{6}} \quad \Big|\ \text{kürzen}$$

$$10\ € = \frac{K}{10 \cdot 6} \quad \Big|\ \cdot 10 \cdot 6$$

$$\underline{\underline{K = 600\ €}}$$

Das Konto von Herrn Böck ist mit 600 € überzogen.

3.2 Der Rabatt von p % = 30 % entspricht einer Höhe von P = 36,60 €. Der Preis ohne Nachlass (= Grundwert) wird mit dem Dreisatz oder der Lösungsformel berechnet.

Berechnung des Preises ohne Nachlass:

1. Möglichkeit: Dreisatz

$$\begin{array}{rrcl r} :3 & 30\ \% & \triangleq & 36{,}60\ € & :3 \\ \cdot 10 & 10\ \% & \triangleq & 12{,}20\ € & \cdot 10 \\ & 100\ \% & \triangleq & \underline{\underline{122{,}00\ €}} & \end{array}$$

2. Möglichkeit: Lösungsformel

Gegeben: P = 36,60 €; p % = 30 %

Gesucht: G

$$G = \frac{P \cdot 100}{p} = \frac{36{,}60\ € \cdot 100}{30} = \underline{\underline{122{,}00\ €}}$$

Ohne Nachlass haben die drei Bekleidungsteile 122,00 € gekostet.

Lösung – Aufgabenteil B

Aufgabe 1 – Finanzmathematik

1.1 Die MM5 GmbH möchte ihr Vermögen von 2,4 Mio. € so lange auf Zinseszinsen anlegen, bis es auf 2,7 Mio. € angewachsen ist. Mit der Zinseszinsformel und der Anwendung eines Logarithmusgesetzes kann die gesuchte Laufzeit n berechnet werden. Da die Zinszahlung am Jahresende stattfindet, muss der errechnete Wert auf volle Jahre gerundet werden.

Gegeben: $K_0 = 2.400.000{,}00$ €; $K_n = 2.700.000{,}00$ €; $p\,\% = 1{,}80\,\%$ $\Rightarrow$ $q = 1{,}018$

Gesucht: n

Berechnung der Anzahl n der Jahre:

$$K_n = K_0 \cdot q^n$$

$$2.700.000\text{ €} = 2.400.000\text{ €} \cdot 1{,}018^n \quad |: 2.400.000\text{ €}$$

$$1{,}125 = 1{,}018^n \quad |\log$$

$$\log 1{,}125 = n \cdot \log 1{,}018 \quad |: \log 1{,}018$$

$$n = \frac{\log 1{,}125}{\log 1{,}018}$$

$$n = 6{,}6$$

Die MM5 GmbH muss ihr derzeitiges Eigenkapital für 7 volle Jahre anlegen.

1.2 Dem Beleg kann man entnehmen, dass 750 € (Kapital K) für einen Monat (t = 30 Tage) angelegt und dafür Z = 1,25 € Zinsen gezahlt wurden. Die gegebenen Werte werden in die Zinsformel eingesetzt und diese dann nach dem gesuchten Prozentsatz aufgelöst.

Gegeben: K = 750 €; Z = 1,25 €; t = 30

Gesucht: p %

Berechnung des Zinssatzes p %:

$$Z = \frac{K \cdot p \cdot t}{100 \cdot 360}$$

$$1{,}25\text{ €} = \frac{750\text{ €} \cdot p \cdot 30}{100 \cdot 360} \quad |\cdot 100 \cdot 360$$

$$45.000\text{ €} = 22.500\text{ €} \cdot p \quad |: 22.500\text{ €}$$

$$p = 2$$

$$\Rightarrow \quad p\,\% = 2\,\%$$

Die Bank gewährt Herrn Marx einen Zinssatz in Höhe von 2 %.

1.3 Zum Füllen der Lücken in den Tilgungsplänen müssen die Werte einzeln berechnet werden. Dann ist zu entscheiden, ob es sich um eine Raten- oder um eine Annuitätentilgung handelt:
Sind die Annuitäten in beiden Jahren gleich, handelt es sich um eine Annuitätentilgung.
Sind die Annuitäten in beiden Jahren unterschiedlich, handelt es sich um eine Ratentilgung.
Sind die Tilgungsraten in beiden Jahren gleich, ist es eine Ratentilgung.
Sind die Tilgungsraten in beiden Jahren unterschiedlich, ist es eine Annuitätentilgung.

Angebot 1:

Zunächst sind die Zinsen im 1. Jahr zu berechnen. Dann ergibt sich die Annuität als Summe aus Zins und Tilgung. Die Schuld zu Beginn des 2. Jahres entspricht der Schuld am Ende des 1. Jahres. Diese erhält man, wenn man von der Schuld am Jahresanfang die 1. Tilgung abzieht. Da die Annuitäten der beiden Jahre unterschiedlich groß sind, kann es sich nur um eine Ratentilgung handeln. Damit sind die Tilgungsraten in beiden Jahren gleich groß. Hat man dies nicht erkannt, kann man die Tilgungsrate im 2. Jahr auch berechnen, indem man von der Annuität die Zinsen abzieht.

Gegeben: $K_0 = 35.000,00$ €; $T_1 = 5.000,00$ €; $Z_2 = 600,00$ €; $A_2 = 5.600,00$ €; $p\,\% = 2\,\%$

Gesucht: Z_1; A_1; S_1; T_2

Berechnung der Zinsen Z_1 im 1. Jahr:

$$Z_1 = \frac{K_0 \cdot p}{100} = \frac{35.000\text{ €} \cdot 2}{100} = 700\text{ €}$$

Berechnung der Annuität A_1 im 1. Jahr:

$A_1 = Z_1 + T_1 = 700\text{ €} + 5.000\text{ €} = 5.700\text{ €}$

Berechnung der Restschuld S_1 am Ende des 1. Jahres:

$S_1 = K_0 - T_1 = 35.000\text{ €} - 5.000\text{ €} = 30.000\text{ €}$

Berechnung der Tilgung T_2 im 2. Jahr:

$T_2 = T_1 = 5.000\text{ €}$ (Ratentilgung)

oder

$T_2 = A_2 - Z_2 = 5.600\text{ €} - 600\text{ €} = 5.000\text{ €}$

Tilgungsverfahren:

Es liegt eine Ratentilgung vor, da die Annuitäten für beide Jahre unterschiedlich sind.

Ausgefüllter Tilgungsplan:

Angebot 1	Tilgungsverfahren: **Ratentilgung**

Jahr	Restschuld	Zinsen	Tilgung	Annuität
1	35.000,00 €	**700,00 €**	5.000,00 €	**5.700,00 €**
2	**30.000,00 €**	600,00 €	**5.000,00 €**	5.600,00 €

Angebot 2:

Zunächst erhält man die Tilgung im 1. Jahr, wenn man von der Schuld am Jahresanfang die Schuld am Ende des 1. Jahres abzieht. Dann ergibt sich die Annuität als Summe aus Zins und Tilgung. Die Zinsen im 2. Jahr berechnet man aus der Schuld zu Beginn des 2. Jahres. Da die Tilgungsraten der beiden Jahre unterschiedlich groß sind, kann es sich nur um eine Annuitätentilgung handeln. Damit sind die Annuitäten in beiden Jahren gleich groß. Hat man dies nicht erkannt, kann man die Annuität im 2. Jahr auch berechnen, indem man die Zinsen und die Tilgung im 2. Jahr addiert.

Gegeben: $K_0 = 35.000,00$ €; $Z_1 = 700,00$ €; $S_1 = 30.292,08$ €; $T_2 = 4.802,08$ €; $p\,\% = 2\,\%$

Gesucht: T_1; A_1; Z_2; A_2

Berechnung der Tilgung T_1 im 1. Jahr:

$T_1 = K_0 - S_1 = 35.000\ € - 30.292{,}08\ € = 4.707{,}92\ €$

Berechnung der Annuität A_1 im 1. Jahr:

$A_1 = Z_1 + T_1 = 700\ € + 4.707{,}92\ € = 5.407{,}92\ €$

Berechnung der Zinsen Z_2 im 2. Jahr:

$$Z_2 = \frac{S_1 \cdot p}{100} = \frac{30.292{,}08\ € \cdot 2}{100} = 605{,}84\ €$$

Berechnung der Annuität A_2 im 2. Jahr:

$A_2 = A_1 = 5.407{,}92\ €$ (Annuitätentilgung)

oder

$A_2 = Z_2 + T_2 = 605{,}84\ € + 4.802{,}08\ € = 5.407{,}92\ €$

Tilgungsverfahren:

Es liegt eine Annuitätentilgung vor, da die Tilgungen für beide Jahre unterschiedlich sind.

Ausgefüllter Tilgungsplan:

Angebot 2	Tilgungsverfahren: **Annuitätentilgung**

Jahr	Restschuld	Zinsen	Tilgung	Annuität
1	35.000,00 €	700,00 €	**4.707,92 €**	**5.407,92 €**
2	30.292,08 €	**605,84 €**	4.802,08 €	**5.407,92 €**

1.4 Da die Annuität gleich bleibt, wurde eine Annuitätentilgung vereinbart. Um die Höhe der Sondertilgung zu ermitteln, muss die Restschuld nach 5 Jahren berechnet werden. Diese wird mit der Restschuldformel für eine nachschüssige Annuitätentilgung berechnet.

Gegeben: $K_0 = 35.000\ €$; $A = 5.407{,}92\ €$; $v = 5$; $p\ \% = 2\ \% \Rightarrow q = 1{,}02$

Gesucht: K_5

Berechnung der Höhe der Restschuld nach 5 Jahren:

$$K_v = K_0 \cdot q^v - \frac{A \cdot (q^v - 1)}{q - 1}$$

$$K_5 = 35.000\ € \cdot 1{,}02^5 - \frac{5.407{,}92\ € \cdot (1{,}02^5 - 1)}{1{,}02 - 1}$$

$K_5 = 10.499{,}80\ €$

Die Sondertilgung nach 5 Jahren beträgt 10.499,80 €.

1.5 Die MM5 GmbH hat 50.000 € auf einem Konto zu einem Zinssatz von 2,50 % angelegt und spart jedes Jahr vorschüssig (zu Beginn des Jahres) 16.000 € (Rate). Es handelt sich also um eine Kapitalmehrung. Gesucht ist die Laufzeit n bis zum Erreichen des Sparziels von 120.000 €. Diese wird mit der Formel für die kombinierte Zinseszins-/Rentenzahlung mit Kapitalmehrung berechnet und muss bis zur Zinszahlung am Jahresende aufgerundet werden.

Gegeben: $K_0 = 50.000$ €; $K_n^{'} = 120.000$ €; $r = 16.000$ € (vorschüssig)

$p\,\% = 2{,}50\,\% \quad \Rightarrow \quad q = 1{,}025$

Gesucht: n

Berechnung der Anzahl n der Jahre:

$$K_n^{'} = K_0 \cdot q^n + r \cdot q \cdot \frac{q^n - 1}{q - 1}$$

$$120.000\,€ = 50.000\,€ \cdot 1{,}025^n + 16.000\,€ \cdot 1{,}025 \cdot \frac{1{,}025^n - 1}{1{,}025 - 1}$$

$$120.000\,€ = 50.000\,€ \cdot 1{,}025^n + 16.400\,€ \cdot \frac{1{,}025^n - 1}{0{,}025} \qquad | \cdot 0{,}025$$

$$3.000\,€ = 1.250\,€ \cdot 1{,}025^n + 16.400\,€ \cdot (1{,}025^n - 1)$$

Substitution: $x = 1{,}025^n$

$$3.000\,€ = 1.250\,€ \cdot x + 16.400\,€ \cdot (x - 1)$$

$$3.000\,€ = 1.250\,€ \cdot x + 16.400\,€ \cdot x - 16.400\,€ \qquad | + 16.400\,€$$

$$19.400\,€ = 17.650\,€ \cdot x \qquad | : 17.650\,€$$

$$x = 1{,}09915$$

Rück-Substitution: $1{,}09915 = 1{,}025^n$

$$1{,}025^n = 1{,}09915 \qquad | \log$$

$$n \cdot \log 1{,}025 = \log 1{,}09915 \qquad | : \log 1{,}025$$

$$n = \frac{\log 1{,}09915}{\log 1{,}025}$$

$$n = 3{,}83$$

Die MM5 GmbH kann frühestens nach <u>4 Jahren</u> mit der Umsetzung beginnen.

Alternative Berechnung von n ohne die Substitution:

$$K_n^{'} = K_0 \cdot q^n + r \cdot q \cdot \frac{q^n - 1}{q - 1}$$

$$120.000\,€ = 50.000\,€ \cdot 1{,}025^n + 16.000\,€ \cdot 1{,}025 \cdot \frac{1{,}025^n - 1}{1{,}025 - 1} \qquad | \cdot 0{,}025$$

$$3.000\,€ = 1.250\,€ \cdot 1{,}025^n + 16.400\,€ \cdot (1{,}025^n - 1)$$

$$3.000\,€ = 1.250\,€ \cdot 1{,}025^n + 16.400\,€ \cdot 1{,}025^n - 16.400\,€ \qquad | + 16.400\,€$$

$$19.400\,€ = 17.650\,€ \cdot 1{,}025^n \qquad | : 17.650\,€$$

$$1{,}09915 = 1{,}025^n \qquad | \log$$

$$\log 1{,}09915 = n \cdot \log 1{,}025 \qquad | : \log 1{,}025$$

$$n = \frac{\log 1{,}09915}{\log 1{,}025}$$

$$n = 3{,}83$$

Die MM5 GmbH kann frühestens nach <u>4 Jahren</u> mit der Umsetzung beginnen.

Aufgabe 2 – Funktionaler Zusammenhang

2.1 Da die Rampe g geradlinig verläuft, lässt sie sich durch eine lineare Funktion beschreiben, deren Graph (Gerade) durch die Punkte A und B verläuft. Die Steigung der linearen Funktion g wird mithilfe der Steigungsformel (Merkhilfe Nr. 6) berechnet.

Gegeben: $A(-0{,}5\,|\,1{,}7) = A(x_1\,|\,y_1)$; $B(0{,}5\,|\,1{,}9) = B(x_2\,|\,y_2)$

Berechnung der Steigung m:

$$m = \frac{y_2 - y_1}{x_2 - x_1} = \frac{1{,}9 - 1{,}7}{0{,}5 - (-0{,}5)} = \frac{0{,}2}{1} = \underline{\underline{0{,}2}}$$

2.2 Von der Parabel p ist bekannt, dass sie durch die Punkte $D(3\,|\,2)$ und $E(4\,|\,1{,}25)$ verläuft und der Formfaktor $a = -0{,}25$ ist. Die beiden Punkte sowie der Formfaktor a werden in die Normalform einer quadratischen Funktion $y = ax^2 + bx + c$ eingesetzt. So erhält man ein Gleichungssystem aus zwei Gleichungen mit den zwei Unbekannten b und c.

Rechenschritte	**Erläuterungen**
$y = ax^2 + bx + c$	Einsetzen von $D(3\,|\,2)$, $E(4\,|\,1{,}25)$ und $a = -0{,}25$ liefert zwei Gleichungen mit zwei Unbekannten
I $\quad 2 = -0{,}25 \cdot 3^2 + b \cdot 3 + c$	$D(3\,|\,2)$ und $a = -0{,}25$ eingesetzt
II $\quad 1{,}25 = -0{,}25 \cdot 4^2 + b \cdot 4 + c$	$E(4\,|\,1{,}25)$ und $a = -0{,}25$ eingesetzt
I $\quad 2 = -2{,}25 + 3b + c$ II $\quad 1{,}25 = -4 + 4b + c$	Gleichungen zusammengefasst
Berechnung von b:	
I – II $\quad 0{,}75 = 1{,}75 - b \quad \vert -1{,}75$	Additionsverfahren: Gleichung I – Gleichung II
$-1 = -b \quad \vert \cdot (-1)$ $b = 1$	Auflösen nach b
Berechnung von c:	
b in II $\quad 1{,}25 = -4 + 4 \cdot 1 + c$ $c = 1{,}25$	Einsetzen von b in Gleichung II (oder I) und Auflösen nach c
Funktionsgleichung von p:	
$\underline{\underline{y = -0{,}25x^2 + x + 1{,}25}}$	Einsetzen von a, b und c in die Normalform

2.3 Der Absprungpunkt C ist der Schnittpunkt der linearen Funktion (Rampe g: $y = 0{,}2x + 1{,}8$) und der quadratischen Funktion (Flugbahn p: $y = -0{,}25x^2 + x + 1{,}25$). Um diesen zu berechnen, müssen zunächst die beiden Funktionsterme gleichgesetzt werden. Die entstehende quadratische Gleichung wird mit der Lösungsformel (Merkhilfe Nr. 7) gelöst.

Gleichsetzen der Funktionsterme:

$$-0{,}25x^2 + x + 1{,}25 = 0{,}2x + 1{,}8 \quad \vert -0{,}2x - 1{,}8$$
$$-0{,}25x^2 + 0{,}8x - 0{,}55 = 0$$

Berechnung der x-Koordinate des Schnittpunktes:
Es gilt: $a = -0{,}25$; $b = 0{,}8$; $c = -0{,}55$

Lösungsformel:

$$x_{1/2} = \frac{-b \pm \sqrt{b^2 - 4ac}}{2a}$$

$$x_{1/2} = \frac{-0,8 \pm \sqrt{0,8^2 - 4 \cdot (-0,25) \cdot (-0,55)}}{2 \cdot (-0,25)}$$

$$x_{1/2} = \frac{-0,8 \pm \sqrt{0,09}}{-0,5}$$

$$x_{1/2} = \frac{-0,8 \pm 0,3}{-0,5}$$

$x_1 = 1$; ($x_2 = 2,2$ ist nicht relevant, weil C der 1. Schnittpunkt von g und p ist.)

Berechnung der y-Koordinate des Schnittpunktes:
Einsetzen von $x = 1$ in g: $y = 0,2x + 1,8$ liefert:
$y = 0,2 \cdot 1 + 1,8 = 2$

Die Koordinaten des Absprungpunktes lauten $\underline{\underline{C(1|2)}}$.

2.4 Die maximale Höhe erreicht Michael im Scheitelpunkt seiner Flugparabel p. Seine maximale Höhe entspricht der y-Koordinate des Scheitelpunktes von p: $y = -0,25x^2 + x + 1,25$.

Gegeben: $a = -0,25$; $b = 1$; $c = 1,25$

Scheitelpunktformel:

$$y_S = c - \frac{b^2}{4a} = 1,25 - \frac{1^2}{4 \cdot (-0,25)} = 1,25 - \frac{1}{-1} = 1,25 + 1 = 2,25$$

Die maximale Höhe, die Michael erreicht, beträgt $\underline{\underline{2,25\ m}}$.

2.5 An der Stelle, an der Michael landet, ist seine Höhe $y = 0$. Gesucht ist also die (rechte) Nullstelle seiner Flugparabel. Diese wird mithilfe der Lösungsformel berechnet. Um zu zeigen, dass er auf der Straße landen, wird der berechnete Wert mit $x = 4,75$ verglichen.

Berechnung der Nullstelle:
$0 = -0,25x^2 + x + 1,25 \quad \Rightarrow \quad$ Es gilt: $a = -0,25$; $b = 1$; $c = 1,25$

Lösungsformel:

$$x_{1/2} = \frac{-b \pm \sqrt{b^2 - 4ac}}{2a}$$

$$x_{1/2} = \frac{-1 \pm \sqrt{1^2 - 4 \cdot (-0,25) \cdot 1,25}}{2 \cdot (-0,25)}$$

$$x_{1/2} = \frac{-1 \pm \sqrt{2,25}}{-0,5}$$

$$x_{1/2} = \frac{-1 \pm 1,5}{-0,5}$$

($x_1 = -1$;) $x_2 = 5$

Wegen $5\ m > 4,75\ m$ landet Michael mit seinem Sprung auf der Straße.

Alternative Lösungsmöglichkeit:

Es wird geprüft, in welcher Höhe sich Michael an der Stelle $x = 4{,}75$ befindet. Dazu setzt man $x = 4{,}75$ in die Funktionsgleichung p: $y = -0{,}25x^2 + x + 1{,}25$ ein und berechnet y.

Einsetzen von $x = 4{,}75$ in p: $y = -0{,}25x^2 + x + 1{,}25$ liefert:

$y = -0{,}25 \cdot 4{,}75^2 + 4{,}75 + 1{,}25 = 0{,}36$

An der Stelle $x = 4{,}75$ m, an der die Straße beginnt, befindet sich Michael in einer Höhe von 0,36 m. Da er noch weiterfliegt, ist anzunehmen, dass er auf der Straße landet.

Aufgabe 3 – Trigonometrie

3.1 Die Seillänge der Flying-Fox-Anlage für Fortgeschrittene ist mit $|\overline{SZ}| = 600$ m bekannt. Die Seillänge der Flying-Fox-Anlage für Anfänger $|\overline{BZ}|$ muss berechnet werden. Da im allgemeinen Dreieck SBZ zwei Winkel und eine Seite bekannt sind, wird $|\overline{BZ}|$ mit dem Sinussatz berechnet. Die Gesamtlänge der Seile ist dann die Summe aus $|\overline{SZ}|$ und $|\overline{BZ}|$.

Berechnung von $|\overline{BZ}|$ mit dem Sinussatz im allgemeinen Dreieck SBZ:

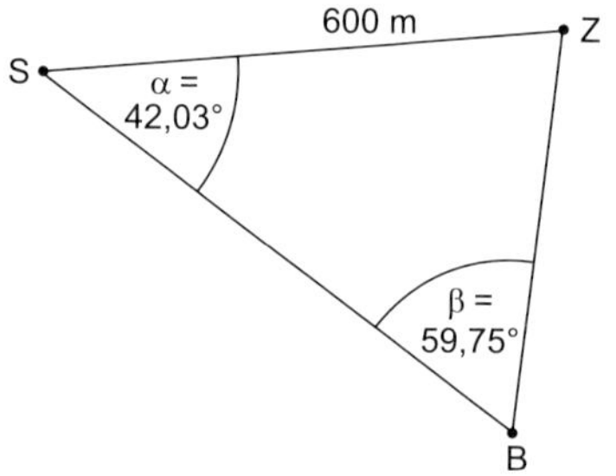

$$\frac{|\overline{BZ}|}{\sin\alpha} = \frac{|\overline{SZ}|}{\sin\beta}$$

$$\frac{|\overline{BZ}|}{\sin 42{,}03^\circ} = \frac{600\text{ m}}{\sin 59{,}75^\circ} \qquad |\cdot \sin 42{,}03^\circ$$

$$|\overline{BZ}| = \frac{600\text{ m} \cdot \sin 42{,}03^\circ}{\sin 59{,}75^\circ}$$

$$|\overline{BZ}| = 465{,}03\text{ m}$$

Berechnung der Gesamtlänge der Seile:

$$|\overline{SZ}| + |\overline{BZ}| = 600\text{ m} + 465{,}03\text{ m} = \underline{\underline{1.065{,}03\text{ m}}}$$

3.2 Der Öffnungswinkel $\varepsilon = \sphericalangle BSH$ setzt sich aus dem bekannten Winkel $\alpha = 42{,}03^\circ$ und dem Winkel $\varepsilon_1 = \sphericalangle ZSH$ zusammen. Dieser muss zunächst berechnet werden. Da im Dreieck SZH alle drei Seiten bekannt sind, kann ε_1 mit dem Kosinussatz berechnet werden. Um zu prüfen, ob $\varepsilon < 60^\circ$ eingehalten wird, müssen dann noch α und ε_1 addiert werden.

Berechnung von $\varepsilon_1 = \sphericalangle ZSH$ im allgemeinen Dreieck SZH mit dem Kosinussatz:

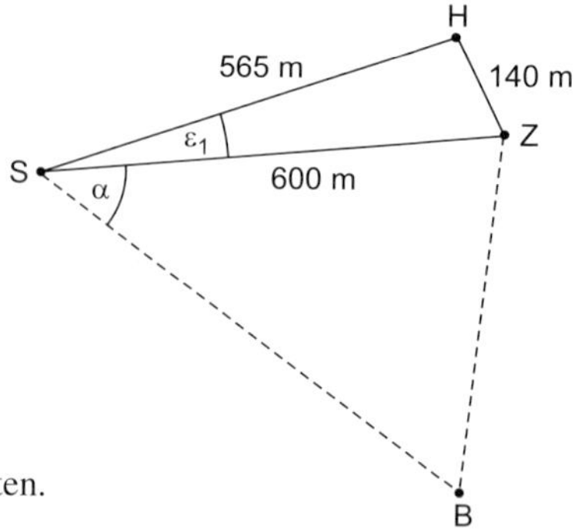

$$\cos\varepsilon_1 = \frac{|\overline{SZ}|^2 + |\overline{HS}|^2 - |\overline{HZ}|^2}{2 \cdot |\overline{SZ}| \cdot |\overline{HS}|}$$

$$\cos\varepsilon_1 = \frac{(600\text{ m})^2 + (565\text{ m})^2 - (140\text{ m})^2}{2 \cdot 600\text{ m} \cdot 565\text{ m}}$$

$$\cos\varepsilon_1 = 0{,}97289\ldots$$

$$\varepsilon_1 = 13{,}37^\circ$$

Berechnung von ε:

$\varepsilon = \alpha + \varepsilon_1 = 42{,}03^\circ + 13{,}37^\circ = 55{,}4^\circ$

Wegen $\varepsilon = 55{,}4^\circ < 60^\circ$ wird die Bedingung eingehalten.

3.3 Gesucht ist die Fläche des Dreiecks FEZ. Da es sich um ein allgemeines Dreieck handelt, wird die Fläche mit dem Flächensatz für Dreiecke (Merkhilfe Nr. 20) berechnet. Es sind bereits zwei Seiten bekannt ($|\overline{FZ}|$ und $|\overline{EZ}|$), daher muss nur noch der Winkel $\gamma = \sphericalangle FZE$, den diese Seiten einschließen, berechnet werden. Dies geschieht über die Innenwinkelsumme im Dreieck SBZ (180°).

Berechnung von $\gamma = \sphericalangle FZE$:
Die Innenwinkelsumme im Dreieck SBZ beträgt 180°.

$\gamma = 180° - \alpha - \beta = 180° - 42{,}03° - 59{,}75° = 78{,}22°$

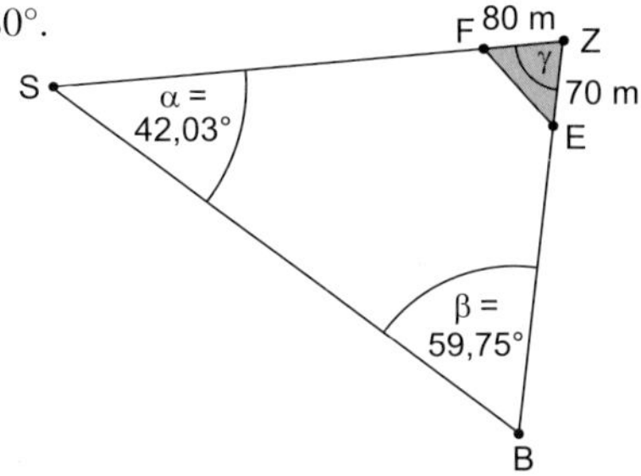

Berechnung von A_{FEZ}:

$$A_{FEZ} = \frac{1}{2} \cdot |\overline{FZ}| \cdot |\overline{EZ}| \cdot \sin\gamma$$

$$A_{FEZ} = \frac{1}{2} \cdot 80\text{ m} \cdot 70\text{ m} \cdot \sin 78{,}22°$$

$$\underline{\underline{A_{FEZ} = 2.741{,}03\text{ m}^2}}$$

3.4 Gesucht ist mit der Länge von $\overline{AW}$ eine Kathete des rechtwinkligen Dreiecks WZA. Die zweite Kathete ist mit $|\overline{WZ}| = 400$ m gegeben. Die Hypotenuse ergibt sich als Differenz von $\overline{SZ}$ und $\overline{AS}$. Die fehlende Kathete wird dann mit dem Satz von Pythagoras berechnet.

Berechnung von $|\overline{AZ}|$:

$|\overline{AZ}| = |\overline{SZ}| - |\overline{SA}| = 600\text{ m} - 195{,}50\text{ m} = 404{,}50\text{ m}$

Berechnung von $|\overline{AW}|$ im rechtwinkligen Dreieck WZA mit dem Satz von Pythagoras:

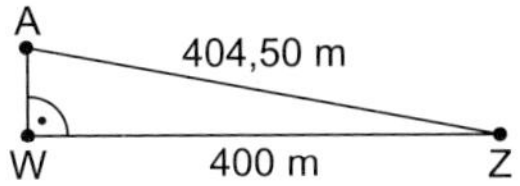

$$|\overline{AZ}|^2 = |\overline{AW}|^2 + |\overline{WZ}|^2$$

$$(404{,}50\text{ m})^2 = |\overline{AW}|^2 + (400\text{ m})^2 \quad | -(400\text{ m})^2$$

$$|\overline{AW}|^2 = (404{,}50\text{ m})^2 - (400\text{ m})^2 \quad | \sqrt{}$$

$$|\overline{AW}| = \sqrt{(404{,}50\text{ m})^2 - (400\text{ m})^2}$$

$$|\overline{AW}| = \sqrt{3.620{,}25\text{ m}^2}$$

$$|\overline{AW}| = 60{,}17\text{ m}$$

Wegen $60{,}17\text{ m} > 58{,}80\text{ m}$ wird der Weltrekord gebrochen.

3.5 Das Gefälle in % ergibt sich aus dem Tangens des Steigungswinkels δ mit der Formel:
Gefälle in % = $\tan\delta \cdot 100$ %

Berechnung des Gefälles in %:

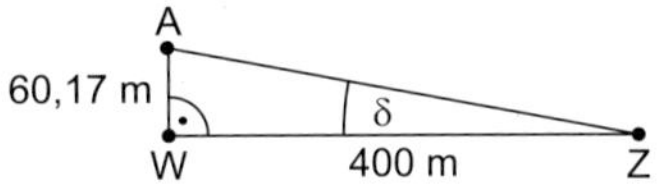

Gefälle in % = $\tan\delta \cdot 100$ %

$$\text{Gefälle in \%} = \frac{|\overline{AW}|}{|\overline{WZ}|} \cdot 100\ \%$$

$$\text{Gefälle in \%} = \frac{60{,}17\text{ m}}{400\text{ m}} \cdot 100\ \%$$

Gefälle in % = 15,04 %

Wegen $15{,}04\ \% < 16\ \%$ wird die Vorgabe eingehalten.

Aufgabe 4 – Daten und Zufall

4.1 Die absolute Häufigkeit der Schüler*innen einer 10. Klasse, die **nicht** am Turnier teilnehmen, bekommt man, indem man die Werte in den hellen Säulen der 10. Klassen addiert:

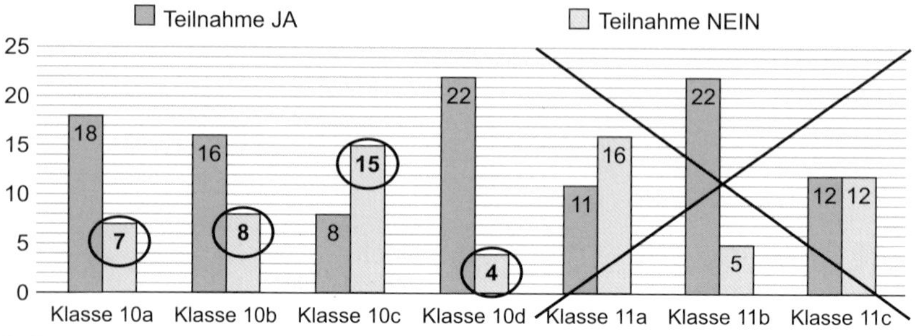

$H(E_1) = 7 + 8 + 15 + 4 = \underline{\underline{34 \text{ Schüler*innen}}}$

4.2 Bei der relativen Häufigkeit wird die absolute Häufigkeit ins Verhältnis zur Grundgesamtheit gesetzt. In diesem Fall wird die absolute Häufigkeit der Schüler*innen der 11. Klasse, die am Turnier teilnehmen (= Summe der Werte in den dunklen Säulen der 11. Klassen), ins Verhältnis zur Anzahl aller Schüler*innen der 11. Klassen gesetzt.

$$h(E_2) = \frac{11 + 22 + 12}{11 + 16 + 22 + 5 + 12 + 12} = \frac{45}{78} = \underline{\underline{0{,}5769}} \quad (\text{oder } \underline{\underline{57{,}69\ \%}})$$

4.3 **Berechnung des Medians x_{med}:**

Zunächst werden die Werte der Größe nach geordnet. Da eine gerade Anzahl an Daten vorliegt, ist der Median das arithmetische Mittel der beiden in der Mitte liegenden Werte.

Der Größe nach geordnete Datenmenge (in km):

0,30 0,80 1,20 **1,40** **1,90** 2,30 2,70 21,80

$$x_{med} = \frac{1{,}40 + 1{,}90}{2} \text{ km} = \underline{\underline{1{,}65 \text{ km}}}$$

Berechnung der Spannweite R:

Die Spannweite ist die Differenz aus größtem und kleinstem Wert der Datenmenge.

$$R = x_{max} - x_{min} = 21{,}80 \text{ km} - 0{,}30 \text{ km} = \underline{\underline{21{,}50 \text{ km}}}$$

Berechnung des arithmetischen Mittels $\overline{x}$:

Die einzelnen Werte werden addiert und das Ergebnis durch die Anzahl der Werte geteilt.

$$\overline{x} = \frac{0{,}30 + 0{,}80 + 1{,}20 + 1{,}40 + 1{,}90 + 2{,}30 + 2{,}70 + 21{,}80}{8} \text{ km} = \frac{32{,}4}{8} \text{ km} = \underline{\underline{4{,}05 \text{ km}}}$$

4.4 Das arithmetische Mittel ist in diesem Fall für einen Vergleich nicht geeignet, da die von Sami zurückgelegte Strecke mit 21,80 km ein Ausreißer ist und das Ergebnis verfälscht. Ohne Sami wäre das arithmetische Mittel nur 1,51 km:

$$\overline{x} = \frac{0{,}30 + 0{,}80 + 1{,}20 + 1{,}40 + 1{,}90 + 2{,}30 + 2{,}70}{7} \text{ km} = \frac{10{,}6}{7} \text{ km} = 1{,}51 \text{ km}$$

4.5 Nach jedem Verzweigungspunkt müssen die Übergangswahrscheinlichkeiten zusammen 1 ergeben. Daher gilt für alle Lücken: $P(E) = 1 - 0,65 - 0,02 = 0,33$

Ergänztes Baumdiagramm:

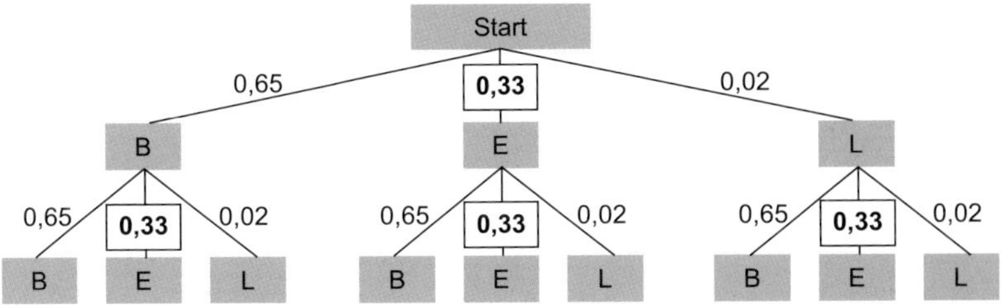

4.6 Um die Wahrscheinlichkeit für das Ereignis E_3: „Die ersten beiden Monster sind Basismonster (B)" zu berechnen, müssen die Übergangswahrscheinlichkeiten entlang des ganz linken Pfades multipliziert werden (1. Pfadregel).

$P(E_3) = P(BB) = 0,65 \cdot 0,65 = 0,4225 = \underline{\underline{42,25\ \%}}$

4.7 „Mindestens ein legendäres Taschenmonster (L)" bedeutet, dass ein legendäres Taschenmonster oder auch zwei legendäre Taschenmonster vorkommen können.
Die günstigen Ergebnisse sind: BL, EL, LB, LE und LL
Wichtig: Zwei legendäre Taschenmonster erfüllen auch die Bedingung „mindestens ein L"!
Die einzelnen Wahrscheinlichkeiten werden mithilfe der Produktregel berechnet und dann aufsummiert:

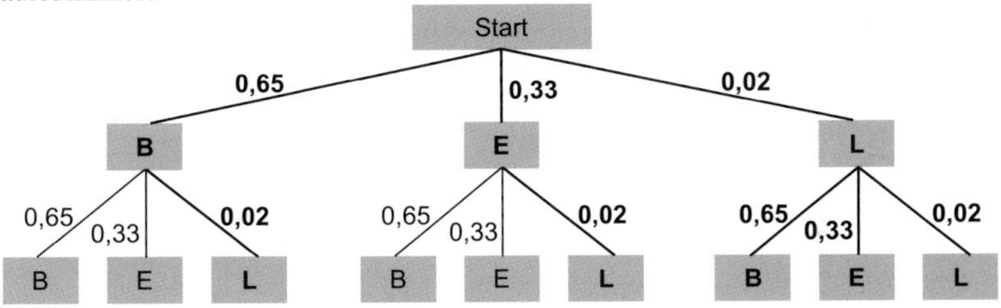

$$\begin{aligned} P(E_4) &= P(BL) + P(EL) + P(LB) + P(LE) + P(LL) \\ &= 0,65 \cdot 0,02 + 0,33 \cdot 0,02 + 0,02 \cdot 0,65 + 0,02 \cdot 0,33 + 0,02 \cdot 0,02 \\ &= 0,0396 \\ &= \underline{\underline{3,96\ \%}} \end{aligned}$$

4.8 Es ist egal, welche Monster man schon getroffen hat. Die Wahrscheinlichkeit, als nächstes ein legendäres Taschenmonster zu treffen, bleibt für jedes neue Treffen gleich.

Obwohl es sehr unwahrscheinlich ist, viermal hintereinander ein legendäres Taschenmonster zu treffen, besteht diese Möglichkeit. Die Wahrscheinlichkeit dafür beträgt:
$P(LLLL) = 0,02 \cdot 0,02 \cdot 0,02 \cdot 0,02 = 0,00000016 = \underline{\underline{0,000016\ \%}}$

Aufgabe 5 – Raum und Form

5.1 Um die Fläche der zu verputzenden Außenfassade berechnen zu können, muss zunächst die Mantelfläche des Zylinders mit der Formel $M = 2 \cdot r_Z \cdot \pi \cdot h_Z$ berechnet werden. Von diesem Wert (= Grundwert) werden 15 % für Fenster und Türen abgezogen. Die verbleibenden 100 % – 15 % = 85 % der Mantelfläche des Zylinders werden mithilfe von Dreisatz oder Lösungsformel berechnet.

Radius des Zylinders:

$$d_Z = 8\text{ m} \quad \Rightarrow \quad r_Z = \frac{d_Z}{2} = \frac{8\text{ m}}{2} = 4\text{ m}$$

Berechnung der Mantelfläche des Zylinders:

$$M_{\text{Zylinder}} = 2 \cdot r_Z \cdot \pi \cdot h_Z$$

$$M_{\text{Zylinder}} = 2 \cdot 4\text{ m} \cdot \pi \cdot 14\text{ m}$$

$$M_{\text{Zylinder}} = 351{,}86\text{ m}^2$$

Berechnung der zu verputzenden Fläche:

1. Möglichkeit: Dreisatz

: 100	100 %	≙	$351{,}86\text{ m}^2$	: 100
· 85	1 %	≙	$3{,}5186\text{ m}^2$	· 85
	85 %	≙	$\underline{\underline{299{,}08\text{ m}^2}}$	

2. Möglichkeit: Lösungsformel

Gegeben: $G = 351{,}86\text{ m}^2$; $p\,\% = 85\,\%$

Gesucht: P

$$P = \frac{G \cdot p}{100} = \frac{351{,}86\text{ m}^2 \cdot 85}{100} = \underline{\underline{299{,}08\text{ m}^2}}$$

Die zu verputzende Fläche beträgt $299{,}08\text{ m}^2$.

5.2 Der Dachüberstand ist die Differenz aus dem Radius des Daches (Kegel) und dem Radius des Hauptgebäudes der Mühle (Zylinder). Der Durchmesser und damit der Radius des Zylinders ist gegeben. Der Radius des Kegels muss berechnet werden. Da das Volumen des Kegels bekannt ist, wird mit der Formel $V = \frac{1}{3} \cdot r^2 \cdot \pi \cdot h$ sein Radius bestimmt.

Berechnung des Radius des Kegels:

$$V_{\text{Kegel}} = \frac{1}{3} \cdot r_K{}^2 \cdot \pi \cdot h_K$$

$$66{,}50\text{ m}^3 = \frac{1}{3} \cdot r_K{}^2 \cdot \pi \cdot 3{,}60\text{ m} \quad \Big| \cdot \frac{3}{\pi \cdot 3{,}60\text{ m}}$$

$$r_K{}^2 = 17{,}64\text{ m}^2 \quad \Big| \sqrt{}$$

$$r_K = 4{,}20\text{ m}$$

Berechnung des Dachüberstandes:

$$r_K - r_Z = 4{,}20\text{ m} - 0{,}5 \cdot 8\text{ m} = 4{,}20\text{ m} - 4\text{ m} = \underline{\underline{0{,}20\text{ m}}}$$

5.3 Die zu sanierende Dachfläche entspricht der Mantelfläche des Kegels. Um diese mit der Formel $M = r \cdot s \cdot \pi$ berechnen zu können, muss zunächst die Länge der Seitenlinie s mit dem Satz von Pythagoras berechnet werden.

Berechnung der Seitenlinie s mit dem Satz von Pythagoras:

$s^2 = r_K{}^2 + h_K{}^2$

$s^2 = (4{,}20\ \text{m})^2 + (3{,}60\ \text{m})^2 \quad |\sqrt{\ }$

$s = \sqrt{(4{,}20\ \text{m})^2 + (3{,}60\ \text{m})^2}$

$s = \sqrt{30{,}6\ \text{m}^2}$

$s = 5{,}53\ \text{m}$

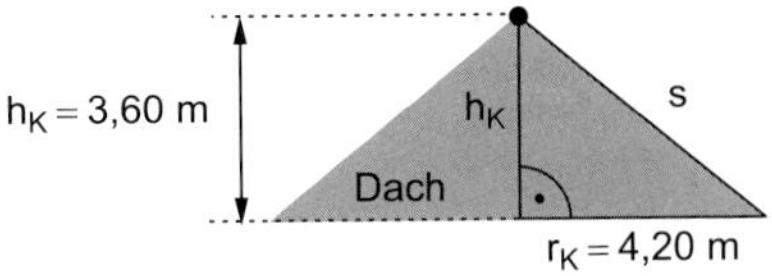

Berechnung der Mantelfläche des Kegels:

$M_{Kegel} = r_K \cdot s \cdot \pi$

$M_{Kegel} = 4{,}20\ \text{m} \cdot 5{,}53\ \text{m} \cdot \pi$

$\underline{\underline{M_{Kegel} = 72{,}97\ \text{m}^2}}$

5.4 Der zu füllende Graben entspricht einem Hohlzylinder. Um sein Volumen zu berechnen, wird zunächst die Fläche des Kreisrings ($A_{\text{großer Kreis}} - A_{\text{kleiner Kreis}}$) bestimmt. Multipliziert man diese Fläche mit der Tiefe des Grabens, ergibt sich das Volumen des Hohlzylinders.

Großer Kreis:
Radius:

$r_{\text{groß}} = \frac{d_Z}{2} + 0{,}5\ \text{m} = \frac{8\ \text{m}}{2} + 0{,}5\ \text{m} = 4{,}5\ \text{m}$

Fläche:

$A_{\text{großer Kreis}} = r_{\text{groß}}{}^2 \cdot \pi$

$A_{\text{großer Kreis}} = (4{,}50\ \text{m})^2 \cdot \pi$

$A_{\text{großer Kreis}} = 63{,}62\ \text{m}^2$

Kleiner Kreis:
Radius:

$r_{\text{klein}} = \frac{d_Z}{2} = \frac{8\ \text{m}}{2} = 4\ \text{m}$

Fläche:

$A_{\text{kleiner Kreis}} = r_{\text{klein}}{}^2 \cdot \pi$

$A_{\text{kleiner Kreis}} = (4\ \text{m})^2 \cdot \pi$

$A_{\text{kleiner Kreis}} = 50{,}27\ \text{m}^2$

Fläche des Kreisrings:

$A_{\text{Kreisring}} = A_{\text{großer Kreis}} - A_{\text{kleiner Kreis}}$

$A_{\text{Kreisring}} = 63{,}62\ \text{m}^2 - 50{,}27\ \text{m}^2$

$A_{\text{Kreisring}} = 13{,}35\ \text{m}^2$

Volumen des Grabens:

$V_{Graben} = A_{Kreisring} \cdot h_{Graben}$

$V_{Graben} = 13{,}35 \text{ m}^2 \cdot 1 \text{ m}$

$\underline{\underline{V_{Graben} = 13{,}35 \text{ m}^3}}$

Alternative Lösungsmöglichkeit:

Das Volumen des Hohlzylinders erhält man, wenn man das Volumen des inneren Zylinders vom Volumen des äußeren Zylinders abzieht.

Volumen des Grabens:

$V_{Graben} = V_{äußerer\ Zylinder} - V_{innerer\ Zylinder}$

$V_{Graben} = r_{groß}{}^2 \cdot \pi \cdot h_{Graben} - r_{klein}{}^2 \cdot \pi \cdot h_{Graben}$

$V_{Graben} = (4{,}5 \text{ m})^2 \cdot \pi \cdot 1 \text{ m} - (4 \text{ m})^2 \cdot \pi \cdot 1 \text{ m}$

$V_{Graben} = 63{,}62 \text{ m}^3 - 50{,}27 \text{ m}^3$

$\underline{\underline{V_{Graben} = 13{,}35 \text{ m}^3}}$

5.5 Da die Schnüre $\overline{BC}$ und $\overline{EF}$ parallel sind, kann diese Aufgabe mit dem Strahlensatz gelöst werden. Dafür muss zunächst die Länge der Strecke $\overline{FD}$ bestimmt werden. Weil sich die Länge $|\overline{CD}| = 7{,}20 \text{ m}$ auf acht gleich große Abstände verteilt, ist einer dieser Abstände $7{,}20 \text{ m} : 8 = 0{,}9 \text{ m}$ breit. Vom Punkt D zum Punkt F sind es sechs Abstände, also beträgt die Länge $|\overline{FD}| = 6 \cdot 0{,}9 \text{ m} = 5{,}4 \text{ m}$. Diese Strecke ist die Länge des „kurzen Strahls".

Berechnung der Länge der Strecke $\overline{FD}$:

$|\overline{FD}| = 6 \cdot \frac{7{,}20 \text{ m}}{8} = 6 \cdot 0{,}9 \text{ m} = 5{,}4 \text{ m}$

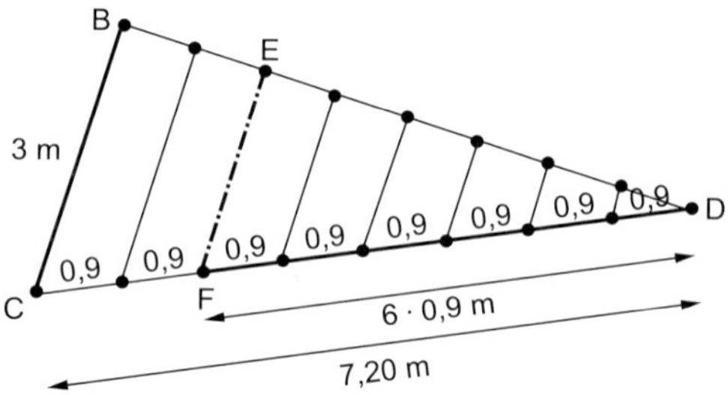

Berechnung der Länge der Schnur $\overline{EF}$ mit dem Strahlensatz:

$\frac{|\overline{EF}|}{|\overline{BC}|} = \frac{|\overline{FD}|}{|\overline{CD}|}$

$\frac{|\overline{EF}|}{3 \text{ m}} = \frac{5{,}40 \text{ m}}{7{,}20 \text{ m}} \qquad | \cdot 3 \text{ m}$

$|\overline{EF}| = \frac{5{,}40 \text{ m} \cdot 3 \text{ m}}{7{,}20 \text{ m}}$

$\underline{\underline{|\overline{EF}| = 2{,}25 \text{ m}}}$

Abschlussprüfung 2022 an drei- und vierstufigen Wirtschaftsschulen
Mathematik – Aufgabenteil A

Um dir die Prüfung 2022 schnellstmöglich zur Verfügung stellen zu können, bringen wir sie in digitaler Form heraus.

Sobald die Original-Prüfungsaufgaben 2022 freigegeben sind, können sie als PDF auf der Plattform **MyStark** heruntergeladen werden. Deinen persönlichen Zugangscode findest du auf den Farbseiten vorne im Buch.

Prüfung 2022

www.stark-verlag.de/mystark